高等院校程序设计**新形态精品**系列

Python Programming

Python 程序设计基础教程

|微课版|

林子雨 赵江声 陶继平◎编著

人民邮电出版社
北京

图书在版编目（CIP）数据

Python程序设计基础教程 : 微课版 / 林子雨，赵江声，陶继平编著. -- 北京 : 人民邮电出版社，2022.2（2023.12重印）
（高等院校程序设计新形态精品系列）
ISBN 978-7-115-57519-7

Ⅰ. ①P… Ⅱ. ①林… ②赵… ③陶… Ⅲ. ①软件工具－程序设计－高等学校－教材 Ⅳ. ①TP311.561

中国版本图书馆CIP数据核字(2021)第197883号

内 容 提 要

本书详细介绍了获得 Python 基础编程能力所需要掌握的各方面技术，内容覆盖全国计算机等级考试二级 Python 考试大纲。全书共 15 章，内容包括 Python 语言概述、基础语法知识、程序控制结构、序列、字符串、函数、面向对象程序设计、模块、异常处理、基于文件的持久化、基于数据库的持久化、图形用户界面编程、正则表达式、网络爬虫、常用的标准库和第三方库等。本书每章都安排了入门级的编程实践操作，以便读者更好地学习和掌握 Python 编程方法。

本书免费提供了全套的在线教学资源，包括 PPT、习题、源代码、软件、数据集、上机实验指南等。

本书可以作为高等院校各个专业的入门级 Python 教材，也可作为软件开发者的入门学习用书，还可作为参加 Python 等级考试的学习用书。

◆ 编　　著　林子雨　赵江声　陶继平
　责任编辑　邹文波
　责任印制　王　郁　马振武
◆ 人民邮电出版社出版发行　　北京市丰台区成寿寺路 11 号
　邮编　100164　　电子邮件　315@ptpress.com.cn
　网址　https://www.ptpress.com.cn
　三河市中晟雅豪印务有限公司印刷
◆ 开本：787×1092　1/16
　印张：17.5　　2022 年 2 月第 1 版
　字数：417 千字　　2023 年12月河北第 8 次印刷

定价：59.80 元

读者服务热线：(010)81055256　印装质量热线：(010)81055316
反盗版热线：(010)81055315
广告经营许可证：京东市监广登字 20170147 号

前言
Preface

计算机语言是程序设计最重要的工具，它是计算机能够接受和处理的、具有一定语法规则的语言。从计算机诞生至今，计算机语言经历了机器语言、汇编语言和高级语言三个阶段，如今被广泛使用的高级语言包括 C、C++、Java、Python、C#等。随着信息技术的发展，计算机程序设计在高校中成为一门必修的基础课程。学习这门课程的关键是选择一种合适的编程语言（高级语言）。以前，大部分高校采用的编程语言是 C、C++或 Java，最近几年，Python 凭借其独特的优势逐渐崭露头角。Python 是目前非常流行的编程语言，具有简洁、易读、可扩展等特点，已经被广泛应用到 Web 开发、系统运维、搜索引擎、机器学习、游戏开发等领域。在当前这个云计算、大数据、物联网、人工智能、区块链等新兴技术蓬勃发展的新时代，Python 正扮演着越来越重要的角色。对于编程初学者而言，Python 是理想的选择。对于高校教学而言，Python 也正逐渐替代 C 语言成为大学生的入门学习语言。从解决计算问题的角度，传统的 C、Java 和 VB 语言过分强调语法，并不适合非计算机专业学生解决一般计算问题，而 Python 语言作为“轻语法”程序设计语言，相比其他语言而言，具有更高的使用价值。与此同时，二十大报告明确指出“加快发展数字经济，促进数字经济和实体经济深度融合”。“十四五”时期是我国工业经济向数字经济迈进的关键时期，国家对大数据产业发展提出了新的要求，我们必须进一步加快推进大数据技术的研究与应用创新。Python 在大数据生态系统中扮演着十分重要的作用，我们可以借助于 Python 语言完成数据采集、数据分析和数据可视化等任务。因此，学习好 Python 语言对于推进数字化发展也具有十分重要的意义。

笔者带领的厦门大学计算机科学系数据库实验室团队，是国内高校具有较大影响力的、专注于大数据教学的团队。在多年的大数据教学实践中我们发现，Python 已经被广泛应用于数据科学领域。在数据采集环节，第三方库 Scrapy 支持编写网络爬虫程序采集网页数据。在数据清洗环节，第三方库 pandas 提供了功能强大的类库，可以帮助我们清洗数据、排序数据，最后得到清晰明了的数据。在数据处理分析环节，第三方库 NumPy 和 SciPy 提供了丰富的科学计算和数据分析功能，包括统计、优化、整合、线性代数、傅里叶变换、信号和图像图例、常微分方程求解、矩阵解析和概率分布等。在数据可视化环节，第三方库 Matplotlib 提供了丰富的数据可视化图表功能。

因此，在大数据科学领域，Python 已经成为应用最广泛的编程语言。

综上所述，无论是对于计算机类专业（计算机、软件工程、大数据等），还是对于非计算机类专业，Python 都已经成为大学生必学的一门编程语言。优秀的教材是在全国高校推广 Python 教学的基础，到目前为止，在这个领域已经有不少具有较强影响力的教材，我们团队算是 Python 教材编写的“后来者”。但是，我们仍然希望能够凭借自己独特的视角和丰富的教学实践，为全国高校 Python 教材贡献“绵薄之力”。作为“后来者”，我们在全面分析国内外多种同类教材的基础上，充分吸收其他教材的长处，努力克服其他教材的短板，争取编写一本让高校教师、学生分别获得更好教学体验、学习体验的优秀教材。

● 本书特色

1. 全面覆盖计算机等级考试大纲。为了满足读者参加全国计算机等级考试的需求，编者系统梳理了《全国计算机等级考试二级 Python 语言程序设计考试大纲》，力求做到本书知识点对等级考试考点的全面覆盖。

2. 支持混合式教学。编者针对全书各章节的重点、难点录制了完整的高质量微视频，读者通过扫描书中对应的二维码，即可进行自主学习，实现线上线下同步学习。

3. 提供丰富的教学配套资源。为了帮助高校一线教师更好地开展教学工作，本书配有丰富的教学资源，如 PPT、教学大纲、上机实验指南、习题、慕课/微课及在线自主学习平台等。

● 使用指南

本书共 15 章，授课教师可按模块化结构组织教学，同时可以根据所在学校关于本课程的学时安排情况，对部分章节的内容进行灵活取舍。本书在“学时建议表”中给出了针对理论内容教学的学时建议。此外，教师还可以根据学生的具体情况配合本课程开展相应的实验教学。

学时建议表

章	32 学时	48 学时
第 1 章　Python 语言概述	2	2
第 2 章　基础语法知识	2	2
第 3 章　程序控制结构	4	4
第 4 章　序列	4	4
第 5 章　字符串	2	4
第 6 章　函数	4	4
第 7 章　面向对象程序设计	4	4
第 8 章　模块	2	2
第 9 章　异常处理	2	2
第 10 章　基于文件的持久化	2	2
第 11 章　基于数据库的持久化	2	2
第 12 章　图形用户界面编程	0	4
第 13 章　正则表达式	0	4
第 14 章　网络爬虫	0	4
第 15 章　常用的标准库和第三方库	2	4

选用了本书的授课教师，可以通过人邮教育社区（www.ryjiaoyu.com）免费下载本书配套的丰富教学资源。高校大数据课程公共服务平台也免费为本书提供全部配套资源的在线浏览和下载，接受错误反馈并发布勘误信息，本书访问网址为 http://dblab.xmu.edu.cn/post/python。

本书由林子雨、赵江声、陶继平执笔，其中，林子雨负责全书规划、统稿、校对和在线资源创作，并撰写第 1～4 章、第 8 章、第 11 章、第 14 章、第 15 章的内容，赵江声负责撰写第 5 章、第 6 章、第 9 章、第 10 章、第 13 章的内容，陶继平负责撰写第 7 章、第 12 章的内容。在撰写过程中，厦门大学计算机科学系硕士研究生郑宛玉、陈杰祥、陈绍纬、周伟敬、阮敏朝、刘官山、黄连福等做了大量辅助性的工作，在此，向这些同学表示衷心的感谢。同时，感谢夏小云和黄玺在书稿校对过程中的辛勤付出。

本书撰写过程中，编者参考了大量的网络资料和相关书籍，对 Python 知识体系进行了系统的梳理，有选择性地把一些核心内容纳入本书。由于编者能力有限，书中难免存在不足之处，望广大读者不吝赐教。

林子雨

厦门大学计算机科学系数据库实验室

2021 年 5 月

目录
Contents

第1章 Python 语言概述

第2章 基础语法知识

第6章

函数

第7章

面向对象程序设计

第 8 章 模块

第 9 章 异常处理

第10章 基于文件的持久化

第11章 基于数据库的持久化

第12章 图形用户界面编程

第13章 正则表达式

第 14 章 网络爬虫

第15章

常用的标准库和第三方库

第1章 Python 语言概述

Python 是目前非常流行的编程语言，具有简洁、易读、可扩展等特点，已经被广泛应用到各个领域。从 Web 开发，到运维开发、搜索引擎，再到机器学习，甚至到游戏开发，都能够看到 Python“大显身手”。在当前这个云计算、大数据、物联网、人工智能、区块链等新兴技术蓬勃发展的新时代，Python 正扮演着越来越重要的角色。对于编程初学者而言，Python 是理想的选择。

本章从计算机语言开始讲起，然后给出 Python 简介，接着介绍 Python 开发环境的搭建，最后介绍 Python 规范。

1.1 计算机语言

计算机语言是用于人与计算机之间通信的语言，也是人与计算机之间传递信息的媒介。计算机系统的最大特征是将指令通过一种语言传达给机器。为了使电子计算机进行各种工作，就需要有一套用于编写计算机程序的字符和语法规则，由这些字符和语法规则组成的各种指令（或各种语句），就是计算机能够接受的语言。

计算机语言

1.1.1 计算机语言的种类

计算机语言的种类很多，按照其发展过程可以分为机器语言、汇编语言和高级语言。

1．机器语言

机器语言是最低级的语言，是用二进制代码表示的计算机能直接识别和执行的一种机器指令的集合。识别和执行机器语言是计算机的设计者通过计算机的硬件结构赋予计算机的操作功能。机器语言具有灵活、可直接执行和速度快等特点。不同的计算机都有各自不同的机器语言，不同型号的计算机的机器语言是不相通的，按照一种计算机的机器指令编制的程序，不能在另一种计算机上执行。在计算机发展的早期阶段，程序员使用机器语言来编写程序，编出的程序全是由 0 和 1 构成的指令代码，可读性差，还容易出错。计算机语言发展到今天，除了计算机生产厂家的专业人员外，绝大多数的程序员已经不再去学习机器语言了。

2．汇编语言

汇编语言是用于电子计算机、微处理器、微控制器或其他可编程器件的低级语言，亦称为“符号语言”。在汇编语言中，助记符代替了机器指令的操作码，地址符号或标号代替了指令或操作数的地址，从而增强了程序的可读性，并降低了编程难度。使用汇编语言编写的程序，不能直接被机器识别，还要由汇编程序（或者叫“汇编语言编译器”）将其转换成机器指令。汇编语言目标代码简短，占用内存少，执行速度快，是高效的程序设计语言，到现在依然是常用的编程语言之一。但是，汇编语言只是将机器语言做了简单编译，并没有从根本上解决机器语言的特定性，所以，汇编语言和机器自身的编程环境是息息相关的，推广和移植比较困难。

3．高级语言

由于汇编语言依赖于硬件体系，且助记符量大难记，于是人们又发明了更加简单易用的高级语言。和汇编语言相比，高级语言不但将许多相关的机器指令合成为单条指令，并且去掉了与具体操作有关但与完成工作无关的细节，如使用堆栈、寄存器等，这样就大大简化了程序中的指令。同时，由于省略了很多细节，编程者也就不需要有太多的专业知识，经过一定的学习之后都可以编程。但是，高级语言生成的程序代码一般比汇编语言设计的程序代码长，执行的速度也慢。

高级语言主要是相对于低级语言而言的，它并不是特指某一种具体的语言，而是包括了很多种编程语言，如流行的 Java、C、C++、C#、Pascal、Python、Scala、PHP 等，这些语言的语法、命令格式都各不相同。

高级语言编写的程序不能直接被计算机识别，必须经过转换才能被执行。按转换方式可将它们分为两类：解释类和编译类。对于解释类的高级语言而言（比如 Python），应用程序源代码一边由相应语言的解释器“翻译”成目标代码（机器语言），一边执行，因此，效率相对较低，而且不能生成可独立执行的可执行文件，应用程序不能脱离其解释器，但这种方式比较灵活，可以动态地调整、修改应用程序。对于编译类的高级语言而言（比如 Java），在应用程序源代码执行之前，首先需要将源代码“翻译”成目标代码（机器语言），因此，其目标程序可以脱离语言环境独立执行，使用比较方便、效率较高，但是，应用程序一旦需要修改，必须先修改源代码，再重新编译生成新的目标文件才能执行。

1.1.2 编程语言的选择

随着信息技术的发展，计算机程序设计在高校中成为一门必修的基础课程。学习这门课程的关键是选择一种合适的编程语言（高级语言）。以前，大部分高校采用的编程语言往往是 C、C++或 Java，最近几年，Python 凭借其独特的优势逐渐崭露头角。Python 语言是一种解释型、面向对象的计算机程序设计语言，广泛用于计算机程序设计教学、系统管理编程、科学计算等，特别适用于快速的应用程序开发。目前，各大高校越来越重视 Python 教学，Python 已经成为最受欢迎的程序设计语言之一。与传统编程语言的复杂开发过程不同，Python 在操作上非常方便、快捷，学习者容易掌握，可以提升学习者的编程效率，并增强其学习信心。具体而言，Python 的主要优势如下。

（1）学习入门容易。与 C、C++、Java 语言相比，用 Python 语言编写代码时不需要建立 main()函数，书写和掌握计算机算法都比较简单。而且，Python 没有大量的语法知识，学习者只要在理解的基础上掌握部分环节即可，有利于实现教学资源的合理配置。

（2）功能强大。当使用 Python 语言编写程序时，我们不需要考虑如何管理程序使用的内存之类的细节。并且，Python 有很丰富的库，其中既有官方开发的，也有第三方开发的，很多功能模块都已经写好了，我们只需要调用即可，不需要“重新发明轮子”。

（3）应用领域非常广泛。Python 语言可以应用到网站后端开发、自动化运维、数据分析、游戏开发、自动化测试、网络爬虫、智能硬件开发等各个领域。

此外，类似 Python 的编程语言也是高级语言发展的必然选择。从程序设计语言发展角度来看，高级语言的设计一直在追求接近人类的自然语言。C、Java、VB 等都在朝着这个方向努力，而 Python 则是更进了一步，它提供了十分接近人类理解习惯的语法形式。应该说，Python 语言优化了高级语言的表达形式，简化了程序设计过程，提升了程序设计效率。从计算思维培养角度来说，传统的 C、Java 和 VB 等语言过分强调语法，并不适合非计算机专业的学生。在传统应用技能教育向计算思维培养转变的过程中，教学内容变革是重中之重。对于程序设计课程，选择适合时代和技术发展的编程语言，是显著提高培养效果的前提和基础。从解决计算问题的角度，传统的 C、Java 和 VB 语言过分强调语法，而 Python 语言作为“轻语法”程序设计语言，相比其他语言而言具有更高的使用价值。

1.2 Python 简介

本节介绍什么是 Python、Python 语言的特点、Python 语言的应用以及 Python 的版本。

Python 简介

1.2.1 什么是 Python

Python（发音['paɪθən]）是 1989 年由荷兰人吉多·范罗苏姆（Guido van Rossum）发明的一种面向对象的解释型高级编程语言，它的标志如图 1-1 所示。Python 的第一个公开发行版于 1991 年发行，在 2004 年以后，Python 的使用率呈线性增长。TIOBE 公司在 2019 年 1 月发布的编程语言排行榜显示，Python 获得“TIOBE 最佳年度语言”称号，这是 Python 第 3 次被评为“TIOBE 最佳年度语言”，它也是获奖次数最多的编程语言。发展到今天，Python 已经成为最受欢迎的程序设计语言之一。

图 1-1 Python 的标志

Python 常被称为“胶水语言”，能够把用其他语言（尤其是 C/C++）制作的各种模块很轻松地连接在一起。常见的一种应用情形是，使用 Python 快速生成程序的原型（有时甚至是程序的最终界面），然后对其中有特别要求的部分用更合适的语言进行改写，比如 3D 游戏中的图形渲染模块，性能要求特别高，就可以用 C/C++重写，而后封装为 Python 可以调用的扩展类库。

Python 的设计哲学是“优雅”“明确”“简单”。在设计 Python 语言时，当面临多种选择，Python 开发者会拒绝花哨的语法，而选择明确地没有或者很少有歧义的语法。总体来说，选择 Python 开发程序具有简单、开发速度快、节省时间和精力等特点，因此，在 Python 开发领域流传着这样一句话：“人生苦短，我用 Python。”

1.2.2 Python 语言的特点

Python 作为一门高级编程语言，虽然诞生的时间并不长，但是发展速度很快，已经成为很多编程爱好者开展入门学习的第一门编程语言。但是，作为一门编程语言，Python 也和其他编程语言一样，有着自己的优点和缺点。

1．Python 语言的优点

（1）语言简单

Python 是一门语法简单且风格简约的易读语言。它注重的是如何解决问题，而不是编程语言本身的语法结构。Python 语言丢掉了分号以及花括号这些仪式化的东西，使得语法结构尽可能地简洁，代码的可读性显著提高。

相较于 C、C++、Java 等编程语言，Python 提高了开发者的开发效率，削减了 C、C++以及 Java 中一些较为复杂的语法，降低了编程工作的复杂程度。实现同样的功能时，Python 语言所包含的代码量是最少的，代码行数是其他语言的 1/5 到 1/3。

（2）开源、免费

开源，即开放源代码，也就是所有用户都可以看到源代码。Python 的开源体现在两方面：首先，程序员使用 Python 编写的代码是开源的；其次，Python 解释器和模块是开源的。

开源并不等于免费，开源软件和免费软件是两个概念，只不过大多数的开源软件也是免费软件。Python 就是这样一种语言，它既开源又免费。用户使用 Python 进行开发或者发布自己的程序，不需要支付任何费用，也不用担心版权问题，即使用于商业用途，Python 也是免费的。

（3）面向对象

面向对象的程序设计，更加接近人类的思维方式，是对现实世界中客观实体进行的结构和行为模拟。Python 语言完全支持面向对象编程，如支持继承、重载运算符、派生以及多继承等。与 C++和 Java 相比，Python 以一种非常强大而简单的方式实现面向对象编程。

需要说明的是，Python 在支持面向对象编程的同时，也支持面向过程的编程，也就是说，它不强制使用面向对象编程，这使得其编程更加灵活。在“面向过程”的编程中，程序是由过程或仅仅是可重用代码的函数构建起来的。在“面向对象”的编程中，程序是由数据和功能组合而成的对象构建起来的。

（4）跨平台

由于 Python 是开源的，因此它已经被移植到许多平台上。如果能够避免使用那些需要依赖于系统的特性，那就意味着，所有 Python 程序都无须修改就可以在很多平台上运行，包括 Linux、Windows、FreeBSD、Solaris 等，甚至还有 PocketPC、Symbian 以及 Google 公司基于 Linux 开发的 Android 平台。

解释型语言几乎天生就是跨平台的。Python 作为一门解释型语言，天生具有跨平台的特征，只要为平台提供了相应的 Python 解释器，Python 就可以在该平台上运行。

（5）强大的生态系统

在实际应用中，Python 语言的用户群体，绝大多数并非专业的开发者，而是其他领域的爱好者。对于这一部分用户来说，他们学习 Python 语言的目的不是去做专业的程序开发，而仅仅是使用现成的类库去解决实际工作中的问题。Python 极其庞大的生态系统，刚好能够满足这些用户的需求。这在整个计算机语言发展史上都是开天辟地的，也是 Python 语言在各个领域流行的原因。

Python 丰富的生态系统也给专业开发者带来了极大的便利。大量成熟的第三方库可以直接使用，专业开发者只需要使用很少的语法结构就可以编写出功能强大的代码，缩短了开发周期，提高了开发效率。常用的 Python 第三方库包括 Matplotlib（数据可视化库）、NumPy（数值计算功能库）、SciPy（数学、科学、工程计算功能库）、pandas（数据分析高层次应用库）、Scrapy（网络爬虫功能库）、BeautifulSoup（HTML 和 XML 的解析库）、Django（Web 应用框架）、Flask（Web 应用微框架）等。

2. Python 语言的缺点

（1）运行速度慢

运行速度慢是解释型语言的通病，Python 也不例外。由于 Python 是解释型语言，所以，它的速度会比 C、C++、Java 稍微慢一些。但是，由于现在的硬件配置都非常高，硬件性能的提升可以弥补软件性能的不足，所以，运行速度慢这一点对于使用 Python 开发的应用程序基本上没有影响，只有一些实时性比较强的程序可能会受到一些影响，但是也有解决办法，比如可以嵌入 C 程序。

（2）存在多线程性能瓶颈

Python 中存在全局解释器锁（Global Interpreter Lock），它是一个互斥锁，只允许一个线程来控制 Python 解释器。Python 的默认解释器要执行字节码时，都需要先申请这个锁。这意味着在任何时间点，只有一个线程可以处于执行状态。执行单线程程序的开发人员感受不到全局解释器锁的影响，但它却成为多线程代码中的性能瓶颈。

（3）代码不能加密

我们在发布 Python 程序时，实际上就是发布源代码。这一点跟 C 语言不同。C 语言不用发布源代码，只需要把编译后的机器码（也就是在 Windows 上常见的 exe 文件）发布出去。从机器码反推出源代码是不可能的，所以，凡是编译型的语言，都没有这个问题。而对于 Python 这样的解释型语言，我们必须把源代码发布出去。

（4）Python 2.x 和 Python 3.x 不兼容

一个普通的软件或者库如果不能够做到向后兼容，通常会被用户抛弃。Python 一个饱受诟病的地方就是 Python 2.x 和 Python 3.x 不兼容，这给 Python 开发人员带来了无数烦恼。

1.2.3　Python 语言的应用

Python 语言发展到今天，已经被广泛应用于数据科学、人工智能、网站开发、系统管理和网络爬虫等领域。

1. 数据科学

Python 被广泛应用于数据科学领域。在数据采集环节，在第三方库 Scrapy 的支持下，我们可以编写网络爬虫程序采集网页数据。在数据清洗环节，第三方库 pandas 提供了功能强大的类库，可以帮助我们清洗数据、排序数据，最后得到清晰明了的数据。在数据处理分析环节，第三方库 NumPy 和 SciPy 提供了丰富的科学计算和数据分析功能，包括统计、优化、整合、线性代数模块、傅里叶变换、信号和图像图例、常微分方程求解、矩阵解析和概率分布等。在数据可视化环节，第三方库 Matplotlib 提供了丰富的数据可视化图表。

2．人工智能

虽然人工智能程序可以使用各种不同的编程语言开发，但是，Python 语言在人工智能领域具有独特的优势。在人工智能领域，有许多基于 Python 语言的第三方库，如 scikit-learn、Keras 和 NLTK 等。其中，scikit-learn 是基于 Python 语言的机器学习工具，提供了简单高效的数据挖掘和数据分析功能；Keras 是一个基于 Python 语言的深度学习库，提供了用 Python 编写的高级神经网络 API；NLTK 是 Python 自然语言工具包，用于诸如标记化、词形还原、词干化、解析、POS 标注等任务。此外，深度学习框架 Tensorflow、Caffe 等，主体都是用 Python 实现的，提供的原生接口也是面向 Python 的。

3．网站开发

在网站开发方面，Python 具有 Django、Flask、Pyramid、Bottle、Tornado、web2py 等框架，使用 Python 开发的网站具有小而精的特点。知乎、豆瓣、美团、饿了么等网站都是使用 Python 搭建的。这一方面说明了 Python 作为网站开发语言的受欢迎程度，另一方面也说明 Python 用于网站开发经受住了大规模用户并发访问的考验。

4．系统管理

Python 简单易用、语法优美，特别适合系统管理的应用场景。著名的开源云计算平台 OpenStack 就是使用 Python 语言开发的。除此之外，Python 生态系统中还有 Ansible、Salt 等自动化部署工具，它们也是使用 Python 语言开发的。这么多应用广泛、功能强大的系统管理工具都使用 Python 语言开发，也反映了 Python 语言非常适合系统管理的事实。

5．网络爬虫

网络爬虫是一个自动提取网页的程序，它为搜索引擎从万维网上下载网页，是搜索引擎的重要组成部分。Scrapy 就是用 Python 实现的爬虫框架，用户只需要定制开发几个模块就可以轻松地实现一个爬虫，抓取网页内容或者各种图片。

1.2.4 Python 的版本

Python 自发布以来，主要经历了 3 个版本，分别是 1994 年发布的 1.0 版本、2000 年发布的 2.0 版本和 2008 年发布的 3.0 版本。其中，1.0 版本已经过时，2.0 版本和 3.0 版本都在持续更新。

1．Python 2.x 和 Python 3.x 的区别

Python 官方网站目前同时发行 Python 2.x 和 Python 3.x 两个不同系列的版本。它们彼此不兼容，除了输入输出方式有所不同，很多内置函数的实现和使用方式也有较大差别。总体而言，在语法层面，二者的主要区别表现在以下几个方面。

（1）在 Python 2.x 中，print 语句被 Python 3.x 中的 print()函数所代替。

（2）在 Python 3.x 中，整数之间的相除（采用除法运算符“/”实现），结果是浮点数，而在 Python 2.x 中结果是整数。

（3）Python 3.x 源代码文件默认使用 UTF-8 编码，所以支持直接写入中文，而 Python

2.x 默认编码是 ASCII 码，直接写入中文会被转换成 ANSI 编码，所以在 Python 2.x 中需要进行相应的转换。

（4）在 Python 3.x 中，range()函数与 xrange()函数被整合为一个 range()函数，所以在 Python 3.x 中不存在 xrange()函数，而在 Python 2.x 中这两个函数是并存的。

2．使用 Python 2.x 还是 Python 3.x

Python 2.x 与 Python 3.x 不兼容就会导致一个问题：对于一个编程的初学者而言，应该学习 Python 2.x 还是学习 Python 3.x 呢？这里建议直接学习 Python 3.x（本书使用 Python 3.8.7），理由如下。

（1）Python 2.x 和 Python 3.x 的思想是共通的。实际上，编程重在对编程思想的理解和经验的积累，不同的编程语言，它们的很多思想都是共通的，Python 2.x 和 Python 3.x 属于同一种编程语言，更是如此，即 Python 2.x 和 Python 3.x 在编程思想上基本是共通的。Python 2.x 和 Python 3.x 的语法虽然存在不兼容的情况，但是，也只是一小部分语法不兼容。

（2）使用 Python 3.x 是大势所趋。从总体趋势而言，会有越来越多的开发者选择 Python 3.x，放弃 Python 2.x。此外，围绕 Python 3.x 的第三方库也会逐渐丰富起来，这也会让更多开发者投入 Python 3.x 的怀抱。

1.3 搭建 Python 开发环境

搭建 Python
开发环境

本节介绍 Python 的安装、使用交互式执行环境、运行代码文件、使用 IDLE 编写代码以及第三方开发工具。

1.3.1 安装 Python

Python 可以用于多种平台，包括 Windows、Linux 和 macOS 等。本书采用的操作系统是 Windows 7 或以上版本，使用的 Python 版本是 3.8.7。请到 Python 官方网站下载与自己计算机操作系统匹配的安装包，比如，64 位 Windows 操作系统可以下载 python-3.8.7-amd64.exe。在安装过程中，要注意选中“Add Python 3.8 to PATH”复选框，如图 1-2 所示，这样可以在安装过程中自动配置 PATH 环境变量，避免了手动配置的烦琐过程。

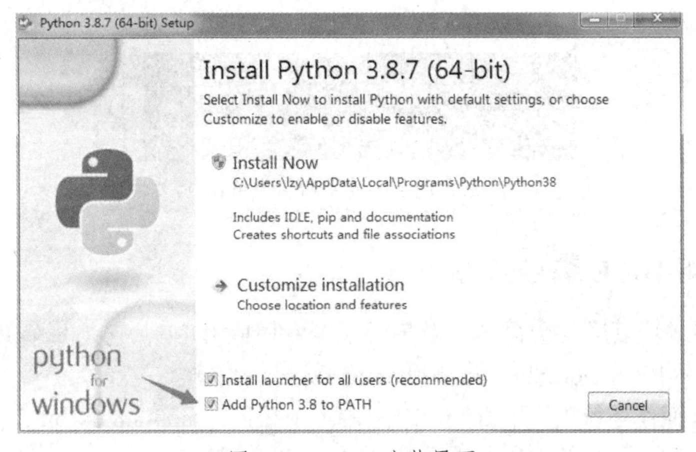

图 1-2　Python 安装界面

安装完成以后，需要检测是否安装成功。可以打开 Windows 操作系统的 cmd 命令界面，并在命令提示符后面输入“python”后回车，如果出现图 1-3 所示信息，则说明 Python 已经安装成功。

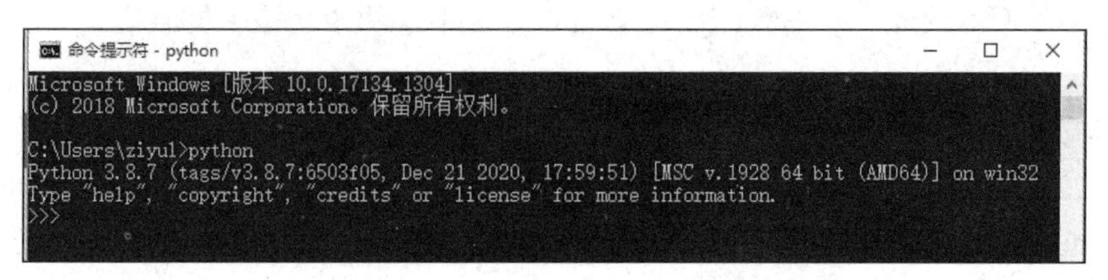

图 1-3　Python 命令行界面

1.3.2　使用交互式执行环境

图 1-3 呈现的界面就是一个交互式执行环境（或称为“解释器”），可以在 Python 命令提示符“>>>”后面输入各种 Python 代码，回车后就会立即看到执行结果，比如：

```
>>> print("Hello World")
Hello World
>>> 1+2
3
>>> 2*(3+4)
14
```

1.3.3　运行代码文件

假设在 Windows 操作系统的 C 盘根目录下已经存在一个代码文件 hello.py，该文件里面只有如下一行代码：

```
print("Hello World")
```

现在我们要运行这个代码文件。可以打开 Windows 操作系统的 cmd 命令界面，并在命令提示符后面输入如下语句：

```
$ python C:\hello.py
```

执行结果如图 1-4 所示。

图 1-4　在 cmd 命令界面中执行 Python 代码文件

1.3.4　使用 IDLE 编写代码

Python 安装成功以后，会自带一个集成式开发环境 IDLE，它是一个 Python Shell，程序开发人员可以利用 Python Shell 与 Python 交互。

在 Windows 操作系统的“开始”菜单中找到“IDLE(Python 3.8 64-bit)”，单击进入 IDLE 主窗口，如图 1-5 所示，窗口左侧会显示 Python 命令提示符“>>>”，在提示符后面输入

Python 代码，回车后就会立即执行并返回结果。

```
IDLE Shell 3.8.7
File Edit Shell Debug Options Window Help
Python 3.8.7 (tags/v3.8.7:6503f05, Dec 21 2020, 17:59:51) [MSC v.1928 64 bit (AM
D64)] on win32
Type "help", "copyright", "credits" or "license()" for more information.
>>> print("Hello World")
Hello World
>>>
Ln: 5 Col: 4
```

图 1-5 IDLE 主窗口

如果要创建一个代码文件，可以在 IDLE 主窗口的顶部菜单栏中选择“File→New File”，然后就会弹出图 1-6 所示的文件窗口，可以在里面输入 Python 代码，最后，在顶部菜单栏中选择“File→Save As…”，把文件保存为 hello.py。

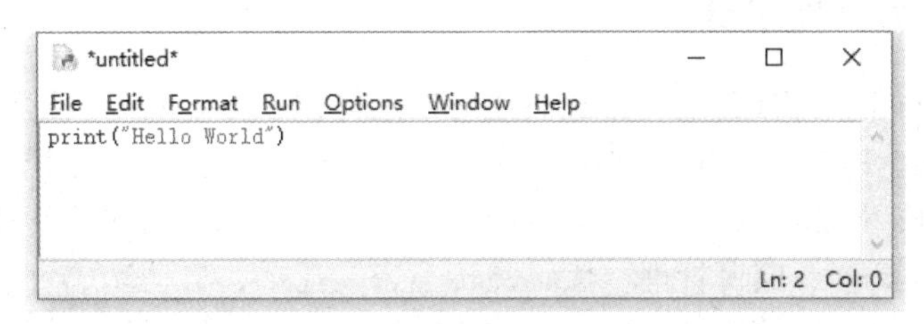

图 1-6 IDLE 的文件窗口

如果要运行代码文件 hello.py，可以在 IDLE 的文件窗口的顶部菜单栏中选择“Run→Run Module”（或者直接使用快捷键“F5”），这时就会开始运行程序。程序运行结束后，会在 IDLE Shell 窗口显示执行结果，如图 1-7 所示。

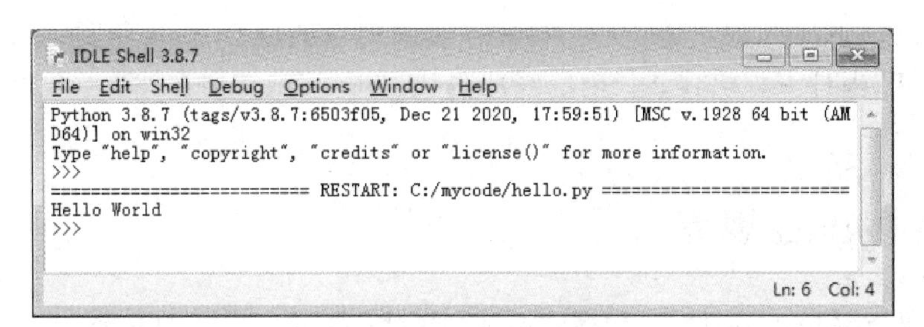

图 1-7 程序执行结果

在实际开发中，可以使用 IDLE 提供的常用快捷键（见表 1-1）来提高程序开发效率。

表 1-1 IDLE 常用快捷键

快捷键	功能说明
F1	打开 Python 帮助文档
F5	运行 Python 代码文件
Ctrl+]	缩进代码块
Ctrl+[	取消代码块缩进
Ctrl+F6	重新启动 IDLE Shell
Ctrl+Z	撤销一步操作

续表

快捷键	功能说明
Ctrl+Shift+Z	恢复上一次撤销的操作
Ctrl+S	保存文件
Alt+P	浏览历史命令（上一条）
Alt+N	浏览历史命令（下一条）
Alt+/	自动补全前面曾经出现过的单词，如果之前有多个单词具有相同前缀，可以连续按该快捷键，在多个单词中循环选择
Alt+3	注释代码块
Alt+4	取消代码块注释
Alt+g	转到某一行

1.3.5 第三方开发工具

除了 Python 自带的 IDLE 以外，我们还可以选择第三方开发工具进行 Python 编程。

（1）PyCharm。PyCharm 是一款功能强大的 Python 编辑器，具有跨平台性，可以应用在 Windows、Linux 和 macOS 系统中。PyCharm 拥有一般的集成式开发环境应该具备的功能，如调试、语法高亮、项目管理、代码跳转、智能提示、自动完成、单元测试、版本控制等。另外，PyCharm 还提供了一些很好的功能用于 Django 开发，而且支持 Google App Engine。

（2）Eclipse。Eclipse 是著名的、跨平台的自由集成式开发环境。最初主要用于 Java 开发，但是通过安装插件，可以将其作为其他计算机语言（如 C++和 Python）的开发工具。如果要使用 Eclipse 进行 Python 开发，则需要安装插件 PyDev。

（3）Jupyter Notebook。Jupyter Notebook 最初只支持 Python 开发，后来发展到可以支持其他 40 多种编程语言，目前已经成为用 Python 做教学、计算、科研的一个重要工具。

1.4 Python 规范

Python 规范

这里简要介绍 Python 规范，包括注释规则和代码缩进，完整的 Python 编码规范请参考 PEP8（可于 Python 官方网站查询）。在编写 Python 程序时，应该严格遵循这些约定俗成的规范。

1.4.1 注释规则

为代码添加注释是一个良好的编程习惯，因为添加注释有利于代码的维护和阅读。在 Python 中，通常有 3 种类型的注释，分别是单行注释、多行注释和编码规则注释。

1．单行注释

Python 中使用“#”表示单行注释。单行注释可以作为单独的一行放在被注释代码行之上，也可以放在语句或表达式之后。

【例 1-1】单行注释作为单独的一行放在被注释代码行之上。

```
01   pi = 3.14
02   r = 2
03   # 使用面积公式求出圆的面积
04   area = pi*r*r
05   print(area)
```

当单行注释作为单独的一行放在被注释代码行之上时，为了保证代码的可读性，建议在“#”后面添加一个空格，再添加注释内容。

【例 1-2】单行注释放在语句或表达式之后。

```
01   length = 3  #矩形的长
02   width = 5  #矩形的宽
03   area = length*width  #求出矩形的面积
04   print(area)
```

当单行注释放在语句或表达式之后时，同样，为了保证代码的可读性，建议注释和语句（或注释和表达式）之间至少要有两个空格。

2．多行注释

当注释内容过多，导致一行无法显示时，就可以使用多行注释。Python 中使用三个单引号或三个双引号表示多行注释。

【例 1-3】使用三个单引号的多行注释。

```
01   '''
02   文件名：area.py
03   用途：用于求解矩形的面积
04   创建日期：2021 年 7 月 1 日
05   创建人：XMU
06   '''
```

【例 1-4】使用三个双引号的多行注释。

```
01   """
02   文件名：area.py
03   用途：用于求解矩形的面积
04   创建日期：2021 年 7 月 1 日
05   创建人：XMU
06   """
```

3．编码规则注释

编码规则注释主要是为了解决 Python 2.x 中不支持直接写中文的问题，虽然该问题在 Python 3.x 中已经不存在，但是，为了方便他人了解代码文件所使用的编码，建议在文件开始位置加上编码规则注释。

【例 1-5】在文件开始位置添加编码规则注释。

```
01   # -*- coding:utf-8 -*-
02   length = 3  #矩形的长
03   width = 5  #矩形的宽
```

```
04   area = length*width  #求出矩形的面积
05   print(area)
```

1.4.2 代码缩进

Python 和其他编程语言（比如 C 和 Java）很不一样的地方在于，Python 采用代码缩进和冒号来区分代码之间的层次，而 C 和 Java 则采用大括号来分隔代码块。如果我们有其他语言（如 C 或 Java）的编程经验，那么 Python 的强制缩进一开始会让我们很不习惯。但是，如果习惯了 Python 的缩进语法，就会觉得它非常优雅。

缩进可以使用空格或者 Tab 键来实现（建议使用空格）。当使用空格实现缩进时，建议以 4 个空格作为一个缩进量。

【例 1-6】Python 的缩进语法。

```
01   length = 3              #矩形的长
02   width = 5               #矩形的宽
03   area = length*width     #矩形的面积
04   if area > 10:
05          print("大矩形")
```

常用的集成式开发环境（如 IDLE、PyCharm、Eclipse 等）都具有自动缩进的机制，比如输入“:”号之后，按回车键会自动进行缩进。

1.5 本章小结

Python 的受欢迎程度越来越高，Python 的简单语法以及解释型语言的本质，使它成为多数平台上写脚本和快速开发应用的首选编程语言。本章首先介绍了 Python 语言的发展过程、Python 语言的特点与应用，以及 Python 的版本不兼容问题；然后简要阐述了 Python 开发环境的搭建，包括如何安装 Python、如何运行代码以及如何使用开发工具；最后探讨了 Python 规范的两个主要方面，即注释规则和代码缩进。本章内容为学习者开启了 Python 的大门，第 2 章我们就正式进入 Python 的世界。

1.6 习题

简答题

1. Python 语言具有哪些优点？具有哪些缺点？
2. Python 语言可以应用到哪些领域？
3. Python 2.x 和 Python 3.x 有哪些区别？
4. 请阐述什么时候适合用 Python 2.x。
5. 常见的 Python 第三方开发工具有哪些？
6. 在 Python 中如何进行注释？
7. 请举出 IDLE 中几个常用的快捷键。
8. 请阐述如何实现代码的缩进。

第2章 基础语法知识

任何一门语言都要从基础学起，同样，Python 语言也要从基本语法学起。本章介绍 Python 语言的关键字和标识符、变量、基本数据类型、基本输入和输出、运算符和表达式。

2.1 关键字和标识符

关键字和标识符

2.1.1 关键字

Python 语言中定义了一些专有词汇，统称为“关键字”，如 break、class、if、print 等，它们都具有特定的含义，只能用于特定的位置。表 2-1 列出了 Python 语言中的所有关键字。

表 2-1 Python 语言中的所有关键字

and	as	assert	async	await	break
class	continue	def	del	elif	else
except	finally	for	from	False	global
if	import	in	is	lambda	nonlocal
not	None	or	pass	raise	return
try	True	while	with	yield	

可以通过如下方式查看 Python 语言中的所有关键字：

```
>>> import keyword
>>> keyword.kwlist
```

需要注意的是，Python 中的关键字是区分字母大小写的。例如，for 是关键字，但是 FOR 就不属于关键字。

2.1.2 标识符

Python 语言中的类名、对象名、方法名和变量名等，统称为“标识符”。

为了提高程序的可读性，在定义标识符时，要尽量遵循“见其名知其意”的原则。Python 标识符的具体命名规则如下。

（1）一个标识符可以由几个单词连接而成，以表明它的意思。

（2）标识符由一个或多个字母（A～Z 和 a～z）、数字、下划线（_）构成，并且第一个字符不能是数字，没有长度限制。

（3）标识符不能是关键字。

（4）标识符中的字母是严格区分大小写的。

（5）标识符不能包含空格、@、%和$等特殊字符。

（6）应该避免标识符的开头和结尾都使用下划线的情况，因为 Python 中大量采用这种名字定义了各种特殊方法和变量。

以下是合法的标识符：

```
MYNAME
name
name1
my_name
```

以下是非法的标识符：

```
4gen      #以数字开头
for       #属于 Python 中的关键字
$book     #包含了特殊字符$
```

2.2 变量

变量

所谓“变量”，就是在程序运行过程中值可以被改变的量。和变量相对应的是“常量”，也就是在程序运行过程中值不能改变的量。需要注意的是，Python 并没有提供定义常量的关键字，不过，PEP8 定义了常量的命名规范，即常量名由大写字母和下划线（_）组成。但是在实际应用中，常量首次被赋值以后，其值还是可以被其他代码修改。

变量的命名需要遵循以下规则。

（1）变量名必须是一个有效的标识符。

（2）变量名不能使用 Python 中的关键字。

（3）应选择有意义的单词作为变量名。

每个变量在使用前都必须赋值，赋值以后该变量才会在内存中被创建。Python 中的变量在赋值时不需要类型声明。变量赋值使用等号（=），等号运算符左边是一个变量名，等号运算符右边是存储在变量中的值。

例如，创建一个整型变量并为其赋值，可以使用如下语句：

```
>>> num = 128
```

可以看出，在为变量 num 赋值时，并没有声明其类型为整型，Python 解释器会根据赋值语句来自动推断变量类型。

需要注意的是，在 Python 3.x 中，允许变量名是中文字符，例如：

```
>>> 姓名 = "小明"
>>> print(姓名)
小明
```

但是，在实际编程中，不建议使用中文字符作为变量名。

在 Python 中，允许多个变量指向同一个值，例如：

```
>>> x=5
>>> id(x)
```

```
8791631005488
>>> y=x
>>> id(y)
8791631005488
```

在这段代码中，内置函数 id()用来返回变量所指值的内存地址。可以看出，变量 y 和变量 x 具有相同的内存地址，这是因为，Python 采用的是基于值的内存管理方式，如果为不同的变量赋值为相同值，这个值在内存中只有一份，多个变量指向同一内存地址。

当修改其中一个变量的值时，其内存地址将会发生变化，但是，这不会影响另一个变量，例如，我们可以在上面例子的基础上继续执行如下代码：

```
>>> x+=3
>>> x
8
>>> id(x)
8791631005584
>>> y
5
>>> id(y)
8791631005488
```

可以看出，在修改了变量 x 的值以后，其内存地址也发生了变化，但是，变量 y 的内存地址没有发生变化。

需要说明的是，Python 具有内存自动管理功能，对于没有任何变量指向的值，Python 自动将其删除，回收内存空间，因此，开发人员一般情况下不需要考虑内存的管理问题。

Python 还允许为多个变量同时赋值，例如：

```
>>> a = b = c = 1
>>> id(a)
8791631005360
>>> id(b)
8791631005360
>>> id(c)
8791631005360
```

上面这条赋值语句“a = b = c = 1”创建了一个整型对象，值为 1。可以看出，三个变量 a、b 和 c 被分配到相同的内存空间上。

另外，Python 语言是一种动态类型语言，变量的类型是可以随时变化的，例如：

```
>>> number = 512     #整型的变量
>>> print(type(number))
<class 'int'>
>>> number = "一流大学"   #字符串类型的变量
>>> print(type(number))
<class 'str'>
```

在上面的代码中，内置函数 type()用来返回变量类型。可以看出，在刚开始创建变量 number 时，变量被赋值为 512，变量类型为整型，然后，再为变量 number 赋值为“一流大学”，它的类型就变为了字符串类型。

2.3 基本数据类型

基本数据类型

Python 3.x 中有 6 个标准的数据类型，分别是数字、字符串、列表、元组、字典和集合。这 6 个标准的数据类型又可以进一步划分为基本数据类型和组合数据类型。其中，数字和字符串是基本数据类型，放在本节介绍；列表、元组、字典和集合是组合数据类型，将在第 3 章介绍。

2.3.1 数字

在 Python 中，数字类型包括整数（int）、浮点数（float）、布尔类型（bool）和复数（complex），而且，数字类型变量可以表示任意大的数值。

1. 整数

整数类型（简称整型）用来存储整数数值。在 Python 中，整数包括正整数、负整数和 0。按照进制的不同，整数类型还可以划分为十进制整数、八进制整数、十六进制整数和二进制整数。

（1）十进制整数：如 0、–3、8、110。

（2）八进制整数：使用 8 个数字 0、1、2、3、4、5、6、7 来表示整数，并且必须以 0o 开头，如 0o43、–0o123。

（3）十六进制整数：由 0～9、A～F 组成，必须以 0x/0X 开头，如 0x36、0Xa21f。

2. 浮点数

浮点数也称为“小数”，由整数部分和小数部分构成，如 3.14、0.2、–1.648、5.8726849267842 等。浮点数也可以用科学记数法表示，如 1.3e4、–0.35e3、2.36e-3 等。

3. 布尔类型

Python 中的布尔类型（简称布尔型）主要用来表示“真”或“假”的值，每个对象天生具有布尔类型的 True 值或 False 值。空对象、值为零的任何数字或者对象 None 的布尔值都是 False。在 Python 3.x 中，布尔值是作为整数的子类实现的，布尔值可以转换为数值，True 的值为 1，False 的值为 0，可以进行数值运算。

4. 复数

复数由实数部分和虚数部分构成，可以用 a + bj 或者 complex(a,b)表示，复数的实部 a 和虚部 b 都是浮点数类型（简称浮点型）。例如，一个复数的实部为 2.38，虚部为 18.2j，则这个复数为 2.38+18.2j。

2.3.2 字符串

字符串是 Python 中最常用的数据类型，它是连续的字符序列，一般使用单引号（' '）、双引号（" "）或三引号（''' '''或""" """）进行界定。其中，单引号和双引号中的字符序列必须在一行上，而三引号内的字符序列可以分布在连续的多行上，从而可以支持格式较为复杂的字符串。

例如，' xyz'、'123'、'厦门'、"hadoop"、'''spark'''、"""flink"""都是合法字符串，空字符串可以表示为''、" "或''' '''。

下面代码中使用了不同形式的字符串：

```
01  # university.py
02  university = '一流大学'     #使用单引号，字符串内容必须在一行
03  motto = "自强不息，止于至善。"     #使用双引号，字符串内容必须在一行
04  #使用三引号，字符串内容可以分布在连续的多行上
05  target = '''建设成为世界一流的高水平、研究型大学，
06  为国家发展和民族振兴贡献力量！'''
07  print(university)
08  print(motto)
09  print(target)
```

上面这段代码的执行结果如下：

```
一流大学
自强不息，止于至善。
建设成为世界一流的高水平、研究型大学，
为国家发展和民族振兴贡献力量！
```

Python 支持转义字符，即使用反斜杠“\”对一些特殊字符进行转义。常用的转义字符如表 2-2 所示。

表 2-2　常用的转义字符

转义字符	含义	转义字符	含义
\n	换行符	\r	回车
\t	制表符	\\	一个反斜杠\
\'	单引号	\"	双引号

比如，可以按照如下方式使用转义字符“\n”：

```
>>> print("自强不息\n止于至善")
自强不息
止于至善
```

关于字符串的更多知识将在第 5 章介绍。

2.3.3　数据类型转换

在开发应用程序时，经常需要进行数据类型的转换。Python 提供了一些常用的数据类型转换函数，如表 2-3 所示。

表 2-3　Python 常用的数据类型转换函数

函数	作用
int(x)	把 x 转换成整数类型
float(x)	把 x 转换成浮点数类型
str(x)	把 x 转换成字符串

续表

函数	作用
chr(x)	将整数 x 转换成一个字符
ord(x)	将一个字符 x 转换成对应的整数值

下面是一个关于学生成绩处理的具体实例，里面使用了数据类型转换函数：

```
>>> score_computer = 87.5
>>> score_englisht = 93.2
>>> score_math = 90.5
>>> score_sum = score_computer + score_englisht + score_math
>>> score_sum_str = str(score_sum)    #转换为字符串
>>> print("三门课程总成绩为："+score_sum_str)
三门课程总成绩为：271.2
>>> score_int = int(score_sum)    #丢弃小数部分，只保留整数部分
>>> score_int_str = str(score_int)
>>> print("去除小数部分的成绩为："+score_int_str)
去除小数部分的成绩为：271
```

2.4 基本输入和输出

通常，一个程序都会有输入、输出，这样可以与用户进行交互。用户输入一些信息，程序会对用户输入的内容进行一些适当的操作，然后输出用户想要的结果。Python 提供了内置函数 input()和 print()用于实现数据的输入和输出。

基本输入和输出

2.4.1 使用 input()函数输入

Python 提供了内置函数 input()，用于接收用户的键盘输入，该函数的一般用法为：

```
x = input("提示文字")
```

例如，编写代码要求用户输入名字，具体如下：

```
>>> name = input("请输入名字：")
请输入名字：小明
```

需要注意的是，在 Python 3.x 中，无论输入的是数字还是字符串，input()函数返回的结果都是字符串，下面代码很好地演示了这一点：

```
>>> x = input("请输入：")
请输入：8
>>> print(type(x))
<class 'str'>
>>> x = input("请输入：")
请输入：'8'
>>> print(type(x))
<class 'str'>
>>> x = input("请输入：")
请输入："8"
```

```
>>> print(type(x))
<class 'str'>
```

从上面代码的执行效果可以看出，无论是输入数值 8，还是输入字符串'8'或"8"，input()函数都返回字符串。如果要接收数值，我们需要自己对接收到的字符串进行类型转换，例如：

```
>>> value = int(input("请输入："))
请输入：8
>>> print(type(value))
<class 'int'>
```

2.4.2 使用 print()函数输出

1. print()函数的基本用法

Python 使用内置函数 print()将结果输出到 IDLE 或控制台上，其基本语法格式如下：

```
print(输出的内容)
```

其中，输出的内容可以是数字和字符串，也可以是表达式，下面是一段演示代码：

```
>>> print("计算乘积")
计算乘积
>>> x = 4
>>> print(x)
4
>>> y = 5
>>> print(y)
5
>>> print(x*y)
20
```

print()函数默认是换行的，即输出语句后自动切换到下一行，对于 Python 3.x 来说，要实现输出不换行的功能，可以设置 end='，下面是一段演示代码：

```
01  # xmu.py
02  print("自强不息")
03  print("止于至善")
04  print("自强不息",end='')
05  print("止于至善")
```

这段代码的执行结果如下：

```
自强不息
止于至善
自强不息止于至善
```

默认情况下，Python 将结果输出到 IDLE 或者标准控制台，实际上，在输出时也可以重定向，例如，可以把结果输出到指定文件，示例代码如下：

```
>>> fp = open(r'C:\motto.txt','a+')
>>> print("自强不息，止于至善！",file=fp)
>>> fp.close()
```

上述代码执行以后，就可以看到在 Windows 系统的 C 盘根目录下生成了 motto.txt 文件。

2．使用%进行格式化输出

在 Python 中，可以使用%操作符进行格式化输出。

（1）整数的输出

对整数进行格式化输出时，可以采用如下方式。

- %o：输出八进制整数。
- %d：输出十进制整数。
- %x：输出十六进制整数。

下面是具体实例：

```
>>> print('%o' % 30)
36
>>> print('%d' % 30)
30
>>> print('%x' % 30)
1e
>>> nHex = 0xFF
>>> print("十六进制是%x,十进制是 = %d,八进制是 = %o" % (nHex,nHex,nHex))
十六进制是 ff,十进制是 = 255,八进制是 = 377
```

（2）浮点数的输出

对浮点数进行格式化输出时，可以采用如下方式。

- %f：保留小数点后 6 位有效数字，如果是%.3f 则保留 3 位小数。
- %e：保留小数点后 6 位有效数字，按指数形式输出，如果是%.3e，则保留 3 位小数，使用科学记数法。
- %g：如果有 6 位有效数字，则使用小数方式，否则使用科学记数法；如果是%.3g，则保留 3 位有效数字，使用小数方式或科学记数法。

下面是具体实例：

```
>> print('%f' % 2.22)  # 默认保留 6 位小数
2.220000
>>> print('%.1f' % 2.22)  # 取 1 位小数
2.2
>>> print('%e' % 2.22)  # 默认保留 6 位小数，用科学记数法
2.220000e+00
>>> print('%.3e' % 2.22)  # 取 3 位小数，用科学记数法
2.220e+00
>>> print('%g' % 2222.2222)  # 默认保留 6 位有效数字
2222.22
>>> print('%.7g' % 2222.2222)  # 取 7 位有效数字
2222.222
>>> print('%.2g' % 2222.2222)  # 取 2 位有效数字，自动转换为科学记数法
2.2e+03
```

（3）字符串的输出

对字符串进行格式化输出时，可以采用如下方式。

- %s：字符串输出。
- %10s：右对齐，占位符 10 位。
- %-10s：左对齐，占位符 10 位。
- %.2s：截取 2 位字符串。
- %10.2s：10 位占位符，截取两位字符串。

下面是具体实例：

```
>>> print('%s' % 'hello world')  # 字符串输出
hello world
>>> print('%20s' % 'hello world')  # 右对齐，取 20 位，不够则补位
□□□□□□□□□hello world
>>> print('%-20s' % 'hello world')  # 左对齐，取 20 位，不够则补位
hello world□□□□□□□□□
>>> print('%.2s' % 'hello world')  # 取 2 位
he
>>> print('%10.2s' % 'hello world')  # 右对齐，取 2 位
□□□□□□□□he
>>> print('%-10.2s' % 'hello world')  # 左对齐，取 2 位
he□□□□□□□□
>>> name = '小明'
>>> age = 13
>>> print('姓名：%s，年龄：%d' % (name, age))
姓名：小明，年龄：13
```

在上面的代码执行结果中，“□”是本书人为标记的空格，在屏幕上只会显示空白。

3．使用“f-字符串”进行格式化输出

使用“f-字符串”进行格式化输出的基本格式如下：

```
print(f'{表达式}')
```

下面是具体实例：

```
>>> name = '小明'
>>> age = 13
>>> print(f'姓名：{name}，年龄：{age}')
姓名：小明，年龄：13
```

4．使用 format() 函数进行格式化输出

相对于基本格式化输出采用“%”的方法，format()函数功能更强大，该函数把字符串当成一个模板，通过传入的参数进行格式化，并且使用大括号“{}”作为特殊字符代替“%”。其用法有如下三种形式。

- 不带编号的“{}”。
- 带数字编号，可以调换显示的顺序，如“{1}”“{2}”。
- 带关键字，如“{key}”“{value}”。

下面是具体实例：

```
>>> print('{} {}'.format('hello','world'))  # 不带字段
hello world
>>> print('{0} {1}'.format('hello','world'))  # 带数字编号
hello world
>>> print('{0} {1} {0}'.format('hello','world'))  # 打乱顺序
hello world hello
>>> print('{1} {1} {0}'.format('hello','world'))     # 打乱顺序
world world hello
>>> print('{a} {b} {a}'.format(b='hello',a='world'))     # 带关键字
world hello world
```

2.5 运算符和表达式

运算符和表达式

与其他语言一样，Python 支持大多数运算符，包括算术运算符、关系运算符、逻辑运算符和位运算符。对于初学者而言，位运算符较少用到，因此这里不做介绍。

表达式是将一系列的运算对象用运算符联系在一起构成的一个式子，该式子经过运算以后有一个确定的值。比如，使用算术运算符连接起来的式子称为“算术表达式”，使用逻辑运算符连接起来的式子称为“逻辑表达式”。

2.5.1 算术运算符和表达式

算术运算符主要用于数字的处理。Python 中常用的算术运算符与表达式如表 2-4 所示。

表 2-4 常用的算术运算符与表达式

算术运算符	说明	表达式
+	加（两个对象相加）	4+5（结果是 9）
–	减（得到负数，或是一个数减去另一个数）	7–10（结果是–3）
*	乘（两个数相乘，或是返回一个被重复若干次的字符串）	4*5（结果是 20）
/	除（x 除以 y）	10/4（结果是 2.5）
%	取模（返回除法的余数）	10%4（结果是 2）
**	幂（返回 x 的 y 次幂）	10**2（结果是 100）
//	取整除（返回商的整数部分）	10//4（结果是 2）

2.5.2 赋值运算符和表达式

赋值运算符主要用来为变量等赋值。赋值运算符的功能是将右侧表达式的值赋值给左侧的变量，因此，赋值运算符（=）并不是数学中的等于号。Python 中常用的赋值运算符与表达式如表 2-5 所示。

表 2-5 常用的赋值运算符与表达式

赋值运算符	说明	表达式	等价形式
=	简单的赋值运算	a=b	a=b
+=	加赋值	a+=b	a=a+b

续表

赋值运算符	说明	表达式	等价形式
-=	减赋值	a-=b	a=a-b
*=	乘赋值	a*=b	a=a*b
/=	除赋值	a/=b	a=a/b
%=	取模赋值	a%=b	a=a%b
**=	幂赋值	a**=b	a=a**b
//=	取整除赋值	a//=b	a=a//b

需要注意的是，赋值运算符左侧只能是变量名，因为只有变量才拥有存储空间，可以把数值放进去。例如，表达式“a+b=c”或者“a=b+c=10”都是非法的。

2.5.3 比较运算符和表达式

比较运算符也称为“关系运算符”，主要用于比较大小，运算结果为布尔型。当关系表达式成立时，运算结果为 True，当关系表达式不成立时，运算结果为 False。Python 中常用的比较运算符与表达式如表 2-6 所示。

表 2-6 常用的比较运算符与表达式

比较运算符	说明	表达式
>	大于	4>5（结果为 False）
<	小于	4<5（结果为 True）
==	等于	4==5（结果为 False）
!=	不等于	4!=5（结果为 True）
>=	大于等于	5>=4（结果为 True）
<=	小于等于	4<=5（结果为 True）

2.5.4 逻辑运算符和表达式

逻辑运算符用于对布尔型数据进行运算，运算结果仍为布尔型。Python 中常用的逻辑运算符与表达式如表 2-7 所示。

表 2-7 常用的逻辑运算符与表达式

逻辑运算符	说明	表达式
and	逻辑与	exp1 and exp2
or	逻辑或	exp1 or exp2
not	逻辑非	not exp

在表 2-7 中，exp、exp1 和 exp2 都是表达式。使用逻辑运算符进行逻辑运算时，其运算结果如表 2-8 所示。

表 2-8 使用逻辑运算符进行逻辑运算时的结果

表达式 1	表达式 2	表达式 1 and 表达式 2	表达式 1 or 表达式 2	not 表达式 1
True	True	True	True	False
True	False	False	True	False

续表

表达式 1	表达式 2	表达式 1 and 表达式 2	表达式 1 or 表达式 2	not 表达式 1
False	False	False	False	True
False	True	False	True	True

2.5.5 运算符的优先级与结合性

所谓优先级，就是当多个运算符同时出现在一个表达式中时，先执行哪个运算符。例如，对于表达式“3+4*5”，Python 会先计算乘法，再计算加法，得到结果为 23，因为乘法的优先级要高于加法的优先级。

所谓结合性，就是当一个表达式中出现多个优先级相同的运算符时，先执行哪个运算符：先执行左边的叫“左结合性”，先执行右边的叫“右结合性”。例如，对于表达式“100/5*4”，/和*的优先级相同，应该先执行哪一个呢？这个时候就不能只依赖运算符优先级了，还要参考运算符的结合性。/和*都具有左结合性，因此先执行左边的除法，再执行右边的乘法，最终结果是 80。

Python 中大部分运算符都具有左结合性，也就是从左到右执行；只有幂运算符（**）、单目运算符（如 not）、赋值运算符和三目运算符例外，它们具有右结合性，也就是从右向左执行。表 2-9 列出了常用的 Python 运算符的优先级和结合性。

表 2-9 常用的 Python 运算符的优先级和结合性一览表

运算符	说明	结合性	优先级
()	小括号	无	高
**	幂	右	↑
+（正号）、-（负号）	符号运算符	右	
*、/、//、%	乘除	左	
+、-	加减	左	
==、!=、>、>=、<、<=	比较运算符	左	
not	逻辑非	右	
and	逻辑与	左	
or	逻辑或	左	低

2.6 本章小结

本章首先介绍了关键字和标识符的概念，然后介绍了变量的概念，需要指出的是，虽然可以使用中文字符作为变量名，但是在实际编程中不建议使用中文变量名；接下来介绍了基本数据类型，即数字和字符串，其中，数字类型又包含整数、浮点数、布尔类型和复数；然后介绍了如何使用 input()函数进行数据输入，以及如何使用 print()函数实现数据输出；最后介绍了四种运算符和表达式，包括算术运算符和表达式、赋值运算符和表达式、比较运算符和表达式、逻辑运算符和表达式，并总结了运算符的优先级与结合性。

2.7 习题

简答题

1. 请列举 Python 语言中的 10 个关键字。
2. 请阐述 Python 标识符的具体命名规则。
3. 请给出合法标识符和非法标识符的几个实例。
4. 请阐述变量的命名规则。
5. 请阐述 Python 3.x 中有哪 6 个标准数据类型，并说明其中哪些是基本数据类型，哪些是组合数据类型。
6. 请给出十进制整数、八进制整数、十六进制整数和二进制整数的具体实例。
7. 请给出几个常用的转义字符并说明其含义。
8. 请给出几个常用的数据类型转换函数并说明其含义。
9. 请举例说明 input()和 print()函数的用法。
10. 请说明运算符的优先级与结合性。

第3章 程序控制结构

结构化程序设计的概念最早由艾兹格·迪科斯彻（E. W. Dijkstra）在 1965 年提出。该概念的提出是软件发展的一个重要里程碑，它的主要观点是采用“自顶向下、逐步求精”及模块化的程序设计方法。在结构化程序设计中，主要使用 3 种基本控制结构来构造程序，即顺序结构、选择结构和循环结构。使用结构化程序设计方法编写出来的程序在结构上具有以下特点：（1）以控制结构为单位，每个模块只有一个入口和一个出口；（2）能够以控制结构为单位，从上到下顺序地阅读程序文本；（3）由于程序的静态描述与执行时的控制流程容易对应，所以阅读者能够方便、正确地理解程序的动作。

本章首先介绍程序控制结构的三种类型，然后分别介绍选择语句、循环语句和跳转语句，最后给出一些综合实例。

3.1 程序控制结构

程序控制结构

Python 程序具有三种典型的控制结构，如图 3-1 所示。

（1）顺序结构：在程序执行时，按照语句的顺序，从上而下，一条一条地顺序执行，是结构化程序中最简单的结构。

（2）选择结构：又称为“分支结构”，分支语句根据一定的条件决定执行哪一部分的语句序列。

（3）循环结构：使同一个语句组根据一定的条件执行若干次。采用循环结构可以实现有规律地重复计算处理。

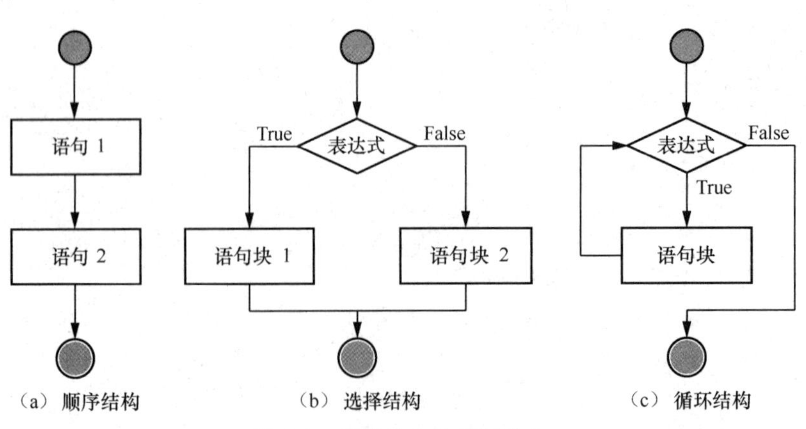

图 3-1　程序的 3 种控制结构

3.2 选择语句

选择语句

选择语句也称为“条件语句”，就是对语句中不同条件的值进行判断，从而根据不同的条件执行不同的语句。

选择语句可以分为以下 3 种形式。

（1）简单的 if 语句。

（2）if…else 语句。

（3）if…elif…else 多分支语句。

3.2.1 if 语句

简单的 if 语句用于针对某种情况进行相应的处理，通常表现为“如果满足某种条件，那么就进行某种处理”，它的一般形式为：

```
if 表达式:
    语句块
```

其中，表达式可以是一个单一的值或者变量，也可以是由运算符组成的复杂语句。如果表达式的值为真，则执行语句块，如果表达式的值为假，则跳过语句块，继续执行后面的语句，具体流程如图 3-2 所示。

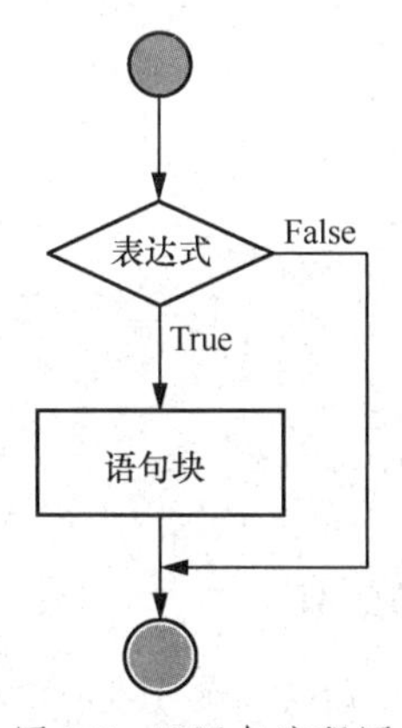

图 3-2 if 语句流程图

【例 3-1】使用 if 语句求出两个数的较小值。

```
01  # two_number.py
02  a,b,c = 4,5,0
03  if a>b:
04      c = b
05  if a<b:
06      c = a
07  print("两个数的较小值是: ",c)
```

3.2.2 if…else 语句

“if…else”语句也是选择语句的一种通用形式，通常表现为“如果满足某种条件，就进行某种处理，否则进行另一种处理”，它的一般形式为：

```
if 表达式:
    语句块 1
else:
    语句块 2
```

其中，表达式可以是一个单一的值或者变量，也可以是由运算符组成的复杂语句。如果表达式的值为真，则执行语句块 1，如果表达式的值为假，则执行语句块 2，具体流程如图 3-3 所示。需要注意的是，else 不能单独使用，必须和 if 一起使用。

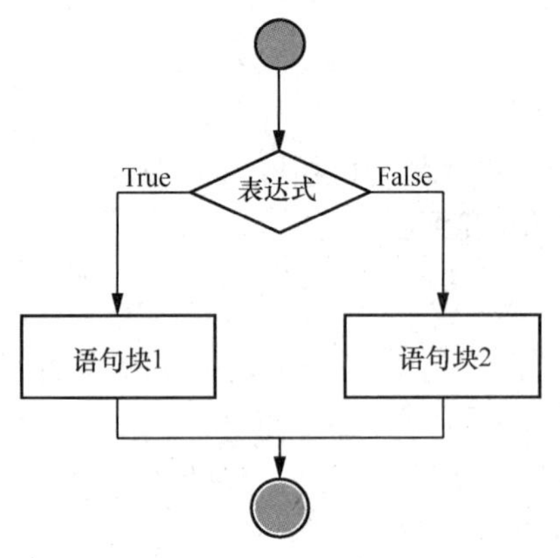

图 3-3 if…else 语句流程图

【例 3-2】判断一个数是奇数还是偶数。

```
01  # odd_even.py
02  a = 5
03  if a % 2 == 0:
04      print("这是一个偶数。")
05  else:
06      print("这是一个奇数。")
```

3.2.3 if…elif…else 多分支语句

“if…elif…else”多分支语句用于针对某一事件的多种情况进行处理，通常表现为“如果满足某种条件，就进行某种处理，否则如果满足另一种条件则执行另一种处理”，它的一般形式为：

```
if 表达式 1:
    语句块 1
elif 表达式 2:
    语句块 2
elif 表达式 3:
    语句块 3
…
else:
    语句块 n
```

其中，表达式可以是一个单一的值或者变量，也可以是由运算符组成的复杂语句。如果表达式 1 的值为真，则执行语句块 1，如果表达式 1 的值为假，则进入 elif 的判断，依次类推，只有在所有表达式都为假的情况下，才会执行 else 中的语句，具体流程如图 3-4 所示。需要注意的是，elif 和 else 都不能单独使用，必须和 if 一起使用。

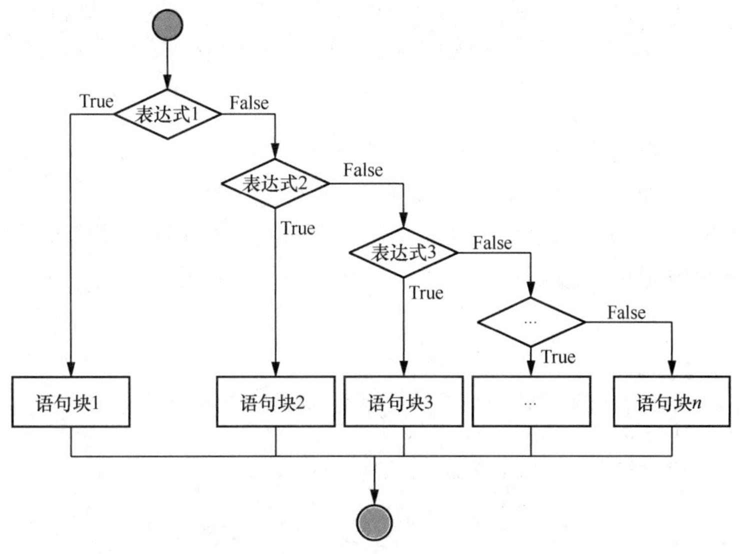

图 3-4　if…elif…else 语句流程图

【例 3-3】 判断每天上课的内容。

```
01  # lesson.py
02  day = int(input("请输入第几天课程: "))
03  if day == 1:
04        print("第 1 天上数学课")
05  elif day == 2:
06        print("第 2 天上语文课")
07  else:
08        print("其他时间上计算机课")
```

3.2.4　if 语句的嵌套

前面介绍了 3 种形式的选择语句，即 if 语句、if…else 语句和 if…elif…else 语句，这 3 种选择语句可以相互嵌套。

例如，在最简单的 if 语句中嵌套 if…else 语句，形式如下：

```
if 表达式 1:
    if 表达式 2:
        语句块 1
    else:
        语句块 2
```

再比如，在 if…else 语句中嵌套 if…else 语句，形式如下：

```
if 表达式 1:
    if 表达式 2:
```

```
        语句块 1
    else:
        语句块 2
else:
    if 表达式 3:
        语句块 3
    else:
        语句块 4
```

在开发程序时，需要根据具体的应用场景选择合适的嵌套方案。需要注意的是，在使用语句嵌套时，一定要严格遵守不同级别语句块的缩进规范。

【例 3-4】判断是否为酒后驾车。假设规定车辆驾驶员的血液酒精含量小于 20mg/100ml 不构成酒驾，酒精含量大于或等于 20mg/100ml 为酒驾，酒精含量大于或等于 80mg/100ml 为醉驾。

```
01  # drunk-driving.py
02  alcohol = int(input("请输入驾驶员每 100ml 血液酒精的含量："))
03  if alcohol < 20:
04          print("驾驶员不构成酒驾")
05  else:
06          if alcohol < 80:
07                  print("驾驶员已构成酒驾")
08          else:
09                  print("驾驶员已构成醉驾")
```

【例 3-5】判断数学成绩属于哪个等级。成绩大于等于 90 分为优，成绩大于等于 75 分并且小于 90 分为良，成绩大于等于 60 分并且小于 75 分为及格，成绩小于 60 分为不及格。

```
01  # math_score.py
02  math = int(input("请输入数学成绩："))
03  if math >= 75:
04          if math >= 90:
05                  print("数学成绩为优")
06          else:
07                  print("数学成绩为良")
08  else:
09          if math >=60:
10                  print("数学成绩及格了")
11          else:
12                  print("数学成绩不及格")
```

【例 3-6】判断某一年是否闰年。闰年的条件：（1）能被 4 整除，但不能被 100 整除的年份都是闰年，如 1996 年、2004 年是闰年；（2）能被 100 整除，又能被 400 整除的年份是闰年，如 2000 年是闰年。不符合这两个条件的年份不是闰年。

```
01  #year.py
02  year=int(input("请输入年份："))
03  if year % 4 == 0:
04          if year % 100 == 0:
05                  if year % 400 == 0:
06                          flag = 1
```

```
07              else:
08                    flag = 0
09          else:
10                flag = 1
11    else:
12          flag = 0
13    if flag == 1:
14          print(year,"年是闰年")
15    else:
16          print(year,"年不是闰年")
```

3.3 循环语句

循环语句用于重复执行某段程序代码，直到满足特定条件为止。在 Python 语言中，循环语句有以下两种形式。

（1）while 循环语句。

（2）for 循环语句。

循环语句

3.3.1 while 循环语句

while 循环语句是用一个表达式来控制循环的语句，它的一般形式为：

```
while 表达式:
      语句块
```

当表达式的返回值为真时，执行语句块（或称为“循环体”），然后重新判断表达式的返回值，直到表达式的返回值为假时，退出循环，具体流程如图 3-5 所示。

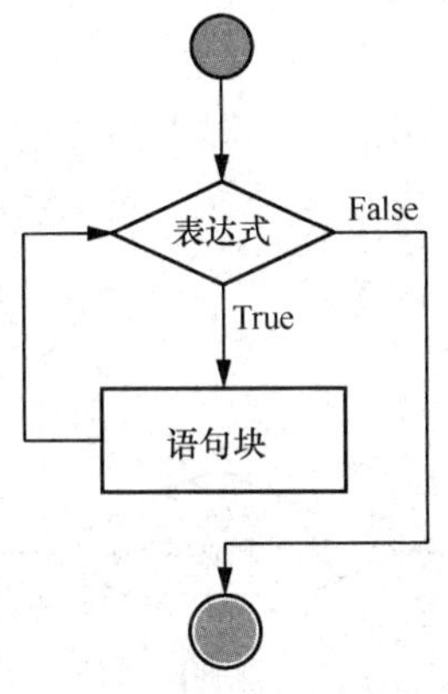

图 3-5 while 循环语句流程图

【例 3-7】用 while 循环语句实现计算 1～99 的整数和。

```
01  # int_sum.py
02  n = 1
03  sum = 0
04  while(n <= 99):
05        sum += n
06        n += 1
07  print("1~99 的整数和是：",sum)
```

【例 3-8】设计一个小游戏，让玩家输入一个数字，程序判断是奇数还是偶数。

```
01  # digit.py
02  prompt = '输入一个数字，我将告诉你，它是奇数，还是偶数'
03  prompt += '\n 输入“结束游戏”，将退出本程序：'
04  exit = '结束游戏'  # 退出指令
05  content = ''   #输入内容
06  while content != exit:
07      content = input(prompt)
08      if content.isdigit():    #isdigit()函数用于检测字符串是否只由数字组成
09          number = int(content)
10          if (number % 2 == 0):
11              print('该数是偶数')
12          else:
13              print('该数是奇数')
14      elif content != exit:
15          print('输入的必须是数字')
```

在编写 while 循环语句时，一定要保证程序正常结束，否则会造成“死循环”（或“无限循环”）。例如，在下面的代码中，i 的值永远小于 100，运行后程序将不停地输出 0。

```
01  i=0
02  while i<100:
03      print(i)
```

3.3.2　for 循环语句

for 循环语句是最常用的循环语句，一般用在循环次数已知的情况下，它的一般形式为：

```
for 迭代变量 in 对象:
    语句块
```

其中，迭代变量用于保存读取出的值；对象为要遍历或迭代的对象，该对象可以是任何有序的序列对象，如字符串、列表和元组等；被执行的语句块也称为“循环体”。具体流程如图 3-6 所示。

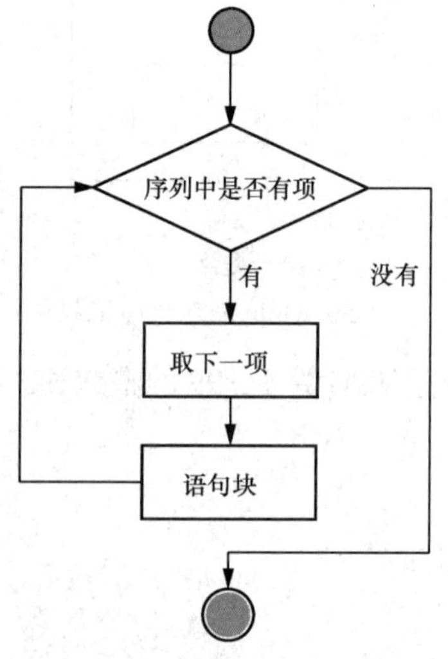

图 3-6　for 循环语句流程图

【例 3-9】用 for 循环语句实现计算 1～99 的整数和。

```
01  # int_sum_for.py
02  sum=0
03  for n in range(1,100):   #range(1,100)用于生成1到100（不包括100）的整数
04          sum+=n
05  print("1到99的整数和是：",sum)
```

【例 3-9】中用到了 range()函数，该函数的具体用法如下。

（1）range(stop)：生成从 0 开始到 stop 结束（不包含 stop）的一系列数值。比如，range(3)生成的数值是 0、1、2。

（2）range(start,stop)：生成从 start 开始到 stop 结束（不包含 stop）的一系列数值。比如，range(2,5)生成的数值是 2、3、4。

（3）range(start,stop,step)：生成从 start 开始到 stop 结束（不包含 stop）、步长为 step 的一系列数值。比如，range(2,10,2)生成的数值是 2、4、6、8，range(10,1,-2)生成的数值是 10、8、6、4、2。

【例 3-10】输出所有的“水仙花数”。所谓“水仙花数”是指一个 3 位数，其各位数字立方和等于该数本身。例如，153 是一个水仙花数，因为 $153=1^3+5^3+3^3$。

```
01  # narcissus.py
02  for i in range(100,1000):
03          a = i % 10  #个位数
04          b = i // 10 % 10  #十位数
05          c = i // 100  #百位数
06          if(i == a ** 3 + b ** 3 + c ** 3):
07                  print(i)
```

【例 3-11】判断一个数是不是素数。判断一个数 m 是不是素数的算法：让 m 被 2 到 $\sqrt{m}$ 除，如果 m 能被 2 到 $\sqrt{m}$ 的任何一个整数整除，则可以判断 m 不是素数；如果 m 不能被 2 到 $\sqrt{m}$ 的任何一个整数整除，则可以判断 m 是素数。

```
01  # prime.py
02  #由于程序中要用到求平方根的函数sqrt()，因此需要导入math模块
03  import math
04  m = int(input("请输入一个数m："))
05  n = int(math.sqrt(m))   # math.sqrt(m)返回m的平方根
06  prime = 1
07  for i in range(2,n+1):
08          if m % i == 0:
09                  prime = 0
10  if(prime == 1):
11          print(m,"是素数")
12  else:
13          print(m,"不是素数")
```

3.3.3 循环嵌套

循环嵌套就是一个循环体包含另一个完整的循环结构，而在这个完整的循环体内还可以嵌套其他的循环结构。循环嵌套很复杂，在 for 循环语句、while 循环语句中都可以嵌套，

并且它们之间也可以相互嵌套。

在 while 循环中嵌套 while 循环的格式如下：

```
while 表达式 1:
    while 表达式 2:
        语句块 2
    语句块 1
```

在 for 循环中嵌套 for 循环的格式如下：

```
for 迭代变量 1 in 对象 1:
    for 迭代变量 2 in 对象 2:
        语句块 2
    语句块 1
```

在 while 循环中嵌套 for 循环的格式如下：

```
while 表达式:
    for 迭代变量 in 对象:
        语句块 2
    语句块 1
```

在 for 循环中嵌套 while 循环的格式如下：

```
for 迭代变量 in 对象:
    while 表达式:
        语句块 2
    语句块 1
```

【例 3-12】分别输入两个学生的 3 门成绩，并分别计算平均成绩。

使用 while 循环嵌套实现，具体代码如下：

```
01  # avg_score_while.py
02  j = 1                              #定义外部循环计数器初始值
03  while j <= 2:                       #定义外部循环为执行两次
04    sum = 0                          #定义成绩初始值
05    i = 1                            #定义内部循环计数器初始值
06    name = input('请输入学生姓名:')  #接收用户输入的学生姓名，赋值给 name 变量
07    while i <= 3:                     #定义内部函数循环 3 次，就是接收 3 门课程的成绩
08          print('请输入第%d 门的考试成绩：'%i)  #提示用户输入成绩
09          sum = sum + int(input())           #接收用户输入的成绩，赋值给 sum 变量
10          i += 1  # i 变量自增 1，i 变为 2，继续执行循环，直到 i 等于 4 时，跳出循环
11    avg = sum / (i-1)                 #计算学生的平均成绩，赋值给 avg 变量
12    print(name,'的平均成绩是%d\n'%avg)     #输出学生成绩平均值
13    j = j + 1 #内部循环执行完毕后，外部循环计数器 j 自增 1，变为 2，再进行外部循环
14  print('学生成绩输入完成！')
```

【例 3-13】用 for 循环嵌套完成【例 3-10】。

```
01  # narcissus_for.py
02  for a in range(10):   #个位数的范围是 0 ~ 9
```

```
03        for b in range(10):    #十位数的范围是 0～9
04            for c in range(1,10):    #百位数的范围是 1～9
05                if(a + 10 * b + 100 * c == a ** 3 + b ** 3 + c ** 3):
06                    print(a + 10 * b + 100 * c)
```

【例 3-14】打印九九乘法表。

```
01  # multiplication_table.py
02  for i in range(1, 10):
03      for j in range(1, i+1):
04          print('{}x{}={}\t'.format(j, i, i*j), end='')
05      print()
```

该程序的执行结果如图 3-7 所示。

```
1x1=1
1x2=2   2x2=4
1x3=3   2x3=6   3x3=9
1x4=4   2x4=8   3x4=12  4x4=16
1x5=5   2x5=10  3x5=15  4x5=20  5x5=25
1x6=6   2x6=12  3x6=18  4x6=24  5x6=30  6x6=36
1x7=7   2x7=14  3x7=21  4x7=28  5x7=35  6x7=42  7x7=49
1x8=8   2x8=16  3x8=24  4x8=32  5x8=40  6x8=48  7x8=56  8x8=64
1x9=9   2x9=18  3x9=27  4x9=36  5x9=45  6x9=54  7x9=63  8x9=72  9x9=81
```

图 3-7　九九乘法表打印效果

【例 3-15】输入一个行数（必须是奇数），输出如下图形：

```
   *
  ***
 *****
*******
 *****
  ***
   *
```

```
01  # triangle.py
02  rows = int(input('输入行数（奇数）：'))
03  if rows%2!=0:
04      for i in range(0, rows//2+1):  #控制打印行数
05          for j in range(rows-i,0,-1):  #控制空格个数
06              print(" ",end='')  #打印空格，不换行
07          for k in range(0, 2 * i + 1):  #控制星号个数
08              print("*",end='')  #打印星号，不换行
09          print("")  #换行
10      for i in range(rows//2,0,-1):  #控制打印行数
11          for j in range(rows-i+1,0,-1):  #控制空格个数
12              print(" ",end='')  #打印空格，不换行
13          for k in range(2*i-1,0,-1):  #控制星号个数
14              print("*",end='')  #打印星号，不换行
15          print("")  #换行
```

3.4 跳转语句

跳转语句

Python 语言支持多种跳转语句，如 break 跳转语句、continue 跳转语句和 pass 语句。

3.4.1 break 跳转语句

break 跳转语句可以用在 for 循环、while 循环中，用于强行终止循环。只要程序执行到 break 跳转语句，就会终止循环体的执行，即使没有达到 False 条件或者序列还没被递归完，也会停止执行循环语句。如果使用嵌套循环，程序执行到 break 跳转语句将跳出当前的循环体。在某些场景中，如果需要在某种条件出现时强行终止循环，而不是等到循环条件为 False 时才退出循环，就可以使用 break 跳转语句来完成这个功能。

在 while 循环语句中使用 break 跳转语句的形式如下：

```
while 表达式1:
    语句块
    if 表达式2:
        break
```

在 for 循环语句中使用 break 跳转语句的形式如下：

```
for 迭代变量 in 对象:
    if 表达式:
        break
```

【例 3-16】使用 break 跳转语句跳出 for 循环。

```
01  # break.py
02  for i in range(0, 10) :
03      print("i 的值是: ", i)
04      if i == 2 :
05          # 执行该语句时将结束循环
06          break
```

上面代码的执行结果如下：

```
i 的值是:  0
i 的值是:  1
i 的值是:  2
```

从执行结果可以看出，当执行到 i 的值为 2 时，程序就退出了循环。

【例 3-17】使用 break 跳转语句跳出 while 循环。

```
01  # break1.py
02  x = 1
03  while True:
04      x += 1
05      print(x)
06      if x >= 4:
07          break
```

上面代码的执行结果如下：

```
2
3
4
```

从执行结果可以看出，当执行到 x 的值为 4 时，程序就退出了循环。

【例 3-18】使用 break 跳转语句跳出嵌套循环的内层循环。

```
01  # break2.py
02  for i in range(0,3) :
03          print("此时 i 的值为:",i)
04          for j in range(5):
05                  print("此时 j 的值为:",j)
06                  if j==1:
07                          break
08          print("跳出内层循环")
```

上面代码的执行结果如下：

```
此时 i 的值为: 0
此时 j 的值为: 0
此时 j 的值为: 1
跳出内层循环
此时 i 的值为: 1
此时 j 的值为: 0
此时 j 的值为: 1
跳出内层循环
此时 i 的值为: 2
此时 j 的值为: 0
此时 j 的值为: 1
跳出内层循环
```

从执行结果可以看出，在内层循环中，每当执行到 j 的值为 1 时，程序就会跳出内层循环，转而执行外层循环的代码。

如果想达到 break 跳转语句不仅跳出当前所在循环，而且跳出外层循环的目的，可先定义布尔类型的变量来标志是否需要跳出外层循环，然后在内层循环、外层循环中分别使用两条 break 跳转语句来实现。

【例 3-19】使用 break 跳转语句跳出嵌套循环的内层循环和外层循环。

```
01  # break3.py
02  exit_flag = False
03  # 外层循环
04  for i in range(0, 5) :
05          # 内层循环
06          for j in range(0, 3) :
07                  print("i 的值为: %d, j 的值为: %d" % (i, j))
08                  if j == 1 :
09                          exit_flag = True
10                          # 跳出内层循环
```

```
11                  break
12          # 如果exit_flag为True，跳出外层循环
13          if exit_flag :
14              break
```

上面代码的执行结果如下：

```
i 的值为：0，j 的值为：0
i 的值为：0，j 的值为：1
```

从执行结果可以看出，当执行到i的值为0并且j的值为1时，程序不仅跳出了内层循环，也跳出了外层循环，程序执行结束。

3.4.2 continue 跳转语句

continue 跳转语句和 break 跳转语句不同，break 跳转语句跳出整个循环，而 continue 跳转语句跳出本次循环，也就是说，程序遇到 continue 跳转语句后，会跳过当前循环的剩余语句，然后继续进行下一轮循环。

在 while 循环语句中使用 continue 跳转语句的形式如下：

```
while 表达式1:
    语句块
    if 表达式2:
        continue
```

在 for 循环语句中使用 continue 跳转语句的形式如下：

```
for 迭代变量 in 对象:
    if 表达式:
        continue
```

【例 3-20】使用 continue 跳转语句跳出 for 循环的某次循环。

```
01  # continue.py
02  for i in range(5):
03          if i == 3:
04                  continue
05          print("i 的值是:",i)
```

上面代码的执行结果如下：

```
i 的值是：0
i 的值是：1
i 的值是：2
i 的值是：4
```

从执行结果可以看出，当执行到 i 等于 3 时，程序跳出了该次循环，没有执行打印语句，继续执行下一次循环。

【例 3-21】使用 continue 跳转语句跳出 while 循环的某次循环。

```
01  # continue1.py
02  i = 0
03  while i < 5:
```

```
04    i += 1
05    if i == 3:
06        continue
07    print("i 的值是:",i)
```

上面代码的执行结果如下：

```
i 的值是：1
i 的值是：2
i 的值是：4
i 的值是：5
```

从执行结果可以看出，当执行到 i 等于 3 时，程序跳出了该次循环，没有执行打印语句，继续执行下一次循环。

【例 3-22】计算从 0 到 100 所有奇数的和。

```
01  # continue2.py
02  sum = 0
03  x = 0
04  while True:
05     x = x + 1
06     if x > 100:
07         break
08     if x % 2 == 0:
09         continue
10     sum += x
11  print(sum)
```

3.4.3 pass 语句

Python 中还有一个 pass 语句，表示空语句，它不做任何事情，一般起到占位作用。

【例 3-23】应用 for 循环输出 1～10 的偶数，在不是偶数时，应用 pass 语句占个位置，方便以后对不是偶数的数进行处理。

```
01  # pass.py
02  for i in range(1,10) :
03          if i % 2==0 :
04                  print(i,end=' ')
05          else :
06                  pass
```

3.5 综合实例

综合实例

【例 3-24】利用蒙特卡罗方法计算圆周率。

蒙特卡罗方法是一种计算方法。原理是通过大量随机样本去了解一个系统，进而得到所要计算的值。它非常强大和灵活，又相当简单易懂，很容易实现。对于许多问题来说，它往往是最简单的计算方法，有时甚至是唯一可行的方法。

这里介绍一下使用蒙特卡罗方法计算圆周率 π 的基本原理。如图 3-8 所示，假设有一个正方形的边长是 $2r$，内部有一个与之相切的圆，圆的半径为 r，则它们的面积之比是 $\pi/4$，即用圆的面积（πr^2）除以正方形的面积（$4r^2$）。

现在，如图 3-9 所示，在这个正方形内部，随机产生 10000 个点（即 10000 个坐标对 (x, y)），计算它们与中心点的距离，从而判断它们是否落在圆的内部。如果这些点均匀分布，那么圆内的点应该占到所有点的 π/4，因此，将这个比值乘以 4，就是 π 的值。

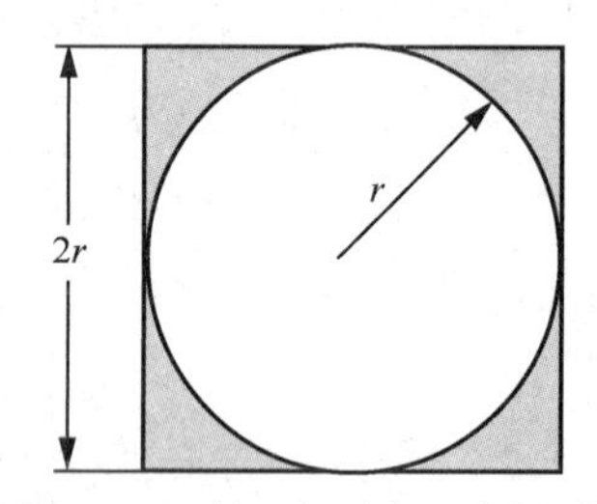

图 3-8　一个正方形和一个圆形

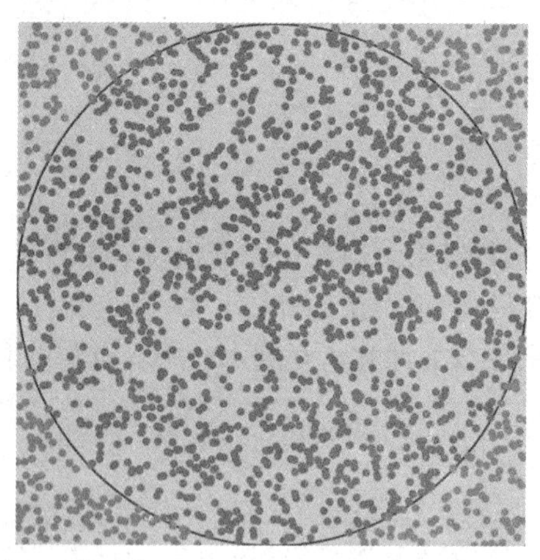

图 3-9　蒙特卡罗方法计算圆周率 π 的基本原理

程序代码如下：

```
01  # pi.py
02  from random import random
03  n=10000
04  N=0
05  for i in range(1,n):
06          x,y=random(),random()     #random()函数用于生成一个 0 到 1 之间的随机数
07          dis=pow(x**2+y**2,0.5)     #pow(a,b)函数返回 a 的 b 次幂
08          if dis<=1:
09                  N=N+1
10  pi=4*N/n
11  print("圆周率为{}".format(pi))
```

在上面的代码中，随机产生的点的个数 n 的值越大，计算得到的圆周率的值越精确。

【例 3-25】 实现一个斐波那契数列。

斐波那契数列（Fibonacci Sequence），又称黄金分割数列，因数学家莱昂纳多 · 斐波那契（Leonardo Fibonacci）以兔子繁殖为例子而引入，故又称为“兔子数列”，指的是这样一个数列：0,1,1,2,3,5,8,13,21,34,…在数学上，斐波那契数列以如下递归的方法定义：

$F(0)=0 \quad (n=0)$

$F(1)=1 \quad (n=1)$

$F(n)=F(n-1)+F(n-2) \quad (n \geqslant 2, n \in \mathbf{N})$

实现一个斐波那契数列的程序代码如下：

```
01  # fibonacci.py
02  i, j = 0, 1
03  while i < 10000:
04          print(i)
05          i, j = j, i+j
```

【例 3-26】求出 100～200 的所有素数（素数只能被 1 和该数本身整除）。

```
01  # prime_all.py
02  import math
03  i = 0
04  for n in range(100,201):
05          prime = 1
06          k = int(math.sqrt(n))  # sqrt(n)方法返回数字 n 的平方根
07          for i in range(2,k+1):
08                  if n % i == 0:
09                          prime = 0
10          if prime ==1:
11                  print("%d 是素数" % n)
```

【例 3-27】打印出如下效果的实心三角形：

```
*
**
***
****
*****
******
*******
********
*********
**********
```

```
01  # triangle1.py
02  num = int(input("请输入打印行数: "))
03  for i in range(num):
04          tab = False  #控制是否换行
05          for j in range(i+1):
06                  print('*',end='')  #打印星号，不换行
07                  if j == i:
08                          tab = True  #控制是否换行
09          if tab:
10                  print('\n' ,end = '')  #换行
```

【例 3-28】打印出如下效果的空心三角形：

```
*
**
* *
*  *
*   *
*    *
*     *
*      *
*       *
**********
```

```
01  # triangle2.py
02  num = int(input("请输入打印行数: "))
03  for i in range(num):
04          tab = False  #控制是否换行
05          for j in range(i + 1):
06                  # 判断是否最后一行
07                  if i != num-1:
08                          # 循环完成，修改换行标识符
09                          if j == i :
10                                  tab = True
11                          # 判断打印空格还是星号
12                          if (i == j or j == 0):
13                                  print('*',end='')  #打印星号，不换行
14                          else :
15                                  print(' ',end='')  #打印空格，不换行
16                  # 最后一行，全部打印星号
17                  else :
18                          print('*', end='')  #打印星号，不换行
19          if tab:
20                  print('\n', end='')  #换行
```

【例 3-29】将一张面值为 100 元的人民币等值换成 10 元、5 元和 1 元的零钞，有哪些组合？

```
01  # money.py
02  for i in range(100 // 1 + 1):
03          for j in range((100 - i * 1) // 5 + 1):
04                  for k in range ((100 - i * 1 - j * 5) // 10 + 1):
05                          if i * 1 + j * 5 + k * 10 == 100:
06                                  print("1 元%d 张, 5 元%d 张, 10 元%d 张" % (i,j,k))
```

【例 3-30】求 100 以内能被 3 和 7 整除的数。

```
01  # devide.py
02  for i in range(1,101):
03          if i % 3 == 0 and i % 7 == 0:
04                  print(i)
```

3.6 本章小结

结构化程序设计采用了“自顶向下、逐步求精”的设计思想，从问题的总体目标开始，抽象底层的细节，先专心构造高层的结构，再一层一层地分解和细化。这使设计者能把握主题，高屋建瓴，避免一开始就陷入复杂的细节，使复杂的程序设计过程变得简单明了。本章介绍了结构化程序设计中的三种典型控制结构，即顺序结构、选择结构和循环结构，并详细介绍了如何使用 if 语句、for 语句、while 语句、break 语句、continue 语句等来编写不同类型的程序，同时给出了丰富的编程实例。

3.7 习题

编程题

1. 编写程序，实现功能如下：判断输入的一个整数能否同时被 2 和 3 整除，若能，则输出“Yes”，若不能，则输出“No”（提示：可使用 input()函数和 eval()函数进行数据的输入）。

2. 空气质量问题一直被社会重点关注，一种简化的判别空气质量的模式如下：PM2.5 数值在 0～35 为优，35～75 为良，75 以上为污染。请编写程序实现如下功能：输入 PM2.5 的值，输出当日的空气质量情况。

3. 编写程序，实现分段函数的计算，分段函数如下：

$$y=\begin{cases}0,\ x<5\\5x-25,\ 5\leqslant x<10\\(x-5)^2,\ x\geqslant 10\end{cases}$$

4. 编程实现如下功能：输入层数 x，打印出如下效果的等腰三角形（图中 x=5）。

```
    *
   ***
  *****
 *******
*********
```

5. 求 1 到 10000 内的所有完美数。完美数的定义：这个数的所有真因子（即除了自身的所有因子）的和恰好等于它本身。例如，6（6 = 1 + 2 + 3）和 28（28 = 1 + 2 + 4 + 7 + 14）就是完美数。

6. 编程找出 15 个由 1、2、3、4 四个数字组成的各位不相同的三位数（如 123 和 341，反例如 442 和 333），要求用 break 控制个数。

7. 一张纸的厚度大约是 0.08mm，编程求这张纸对折多少次之后能达到珠穆朗玛峰的高度（使用数据 8848.13m）。

8. “百马百担”问题：一匹大马能驮 3 担货，一匹中马能驮 2 担货，两匹小马能驮 1 担货，如果用一百匹马驮 100 担货，需大、中、小马各几匹？

9. 编程实现一个猜数字游戏，要求如下：在 1 到 1000 中随机生成一个数赋值给 sys_num，控制台输入一个整数，赋值给 user_num，判断 user_num 与 sys_num 的关系，如果 user_num 大于 sys_num 则提示“猜大了”，如果 user_num 小于 sys_num 则提示“猜小了”，如果两者相等，则提示“恭喜你 中奖啦”。只要没中奖就需要一直猜。提示：随机生成数可以调用 random 库实现（import random）。

第4章 序列

数据结构是通过某种方式组织在一起的数据元素的集合。序列是 Python 中最基本的数据结构，是指一块可存放多个值的连续内存空间，这些值按一定的顺序排列，可通过每个值所在位置的索引访问它们。在 Python 中，序列类型包括字符串、列表、元组、字典和集合。字符串将放在第 5 章介绍，本章重点介绍列表、元组、字典和集合。

4.1 列表

列表是最常用的 Python 数据类型，列表的数据项不需要类型相同。在形式上，只要把逗号分隔的不同的数据项使用方括号括起来，就可以构成一个列表，例如：

```
['hadoop', 'spark', 2021, 2010]
[1, 2, 3, 4, 5]
["a", "b", "c", "d"]
['Monday', 'Tuesday', 'Wednesday', 'Thursday', 'Friday', 'Saturday', 'Sunday']
```

4.1.1 列表的创建与删除

列表的创建与删除

Python 提供了多种创建列表的方法，包括使用赋值运算符直接创建列表、创建空列表、创建数值列表等。

1．使用赋值运算符直接创建列表

同其他类型的 Python 变量一样，在创建列表时，也可以直接使用赋值运算符“=”将一个列表赋值给变量。例如，以下都是合法的列表定义：

```
student = ['小明', '男', 2010,10]
num = [1, 2, 3, 4, 5]
motto = ["自强不息","止于至善"]
list = ['hadoop', '年度畅销书',[2020,12000]]
```

可以看出，列表里面的元素仍然可以是列表。需要注意的是，尽管一个列表中可以放入不同类型的数据，但是，为了提高程序的可读性，一般建议在一个列表中只出现一种数据类型。

2．创建空列表

在 Python 中创建新的空列表的方法如下：

```
empty_list = []
```

这时生成的 empty_list 就是一个空列表，如果使用内置函数 len()去获取它的长度，返回结果为 0，如下所示：

```
>>> empty_list = []
>>> print(type(empty_list))
<class 'list'>
>>> print(len(empty_list))
0
```

3．创建数值列表

Python 中的数值列表很常用，用于存储数值集合。Python 提供了 list()函数，它可以将 range 对象、字符串、元组或其他可迭代类型的数据转换为列表。例如，创建一个包含 1 到 5 的整数列表：

```
>>> num_list = list(range(1,6))
>>> print(num_list)
[1, 2, 3, 4, 5]
```

下面创建一个包含 1 到 10 中的奇数的列表：

```
>>> num_list = list(range(1,11,2))
>>> print(num_list)
[1, 3, 5, 7, 9]
```

4．列表的删除

当列表不再使用时，可以使用 del 命令删除整个列表，如果列表对象所指向的值不再有其他对象指向，Python 将同时删除该值。下面是一个具体实例：

```
>>> motto = ['自强不息','止于至善']
>>> motto
['自强不息', '止于至善']
>>> del motto
>>> motto
Traceback (most recent call last):
  File "<pyshell#43>", line 1, in <module>
    motto
NameError: name 'motto' is not defined
```

从上面代码的执行结果可以看出，删除列表对象 motto 以后，该对象就不存在了，再次访问时就会抛出异常。

访问列表元素

4.1.2　访问列表元素

列表索引从 0 开始，第二个索引是 1，依次类推，如图 4-1 所示。

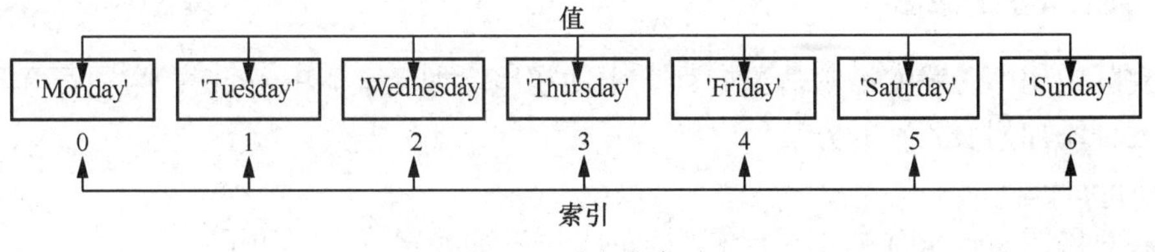

图 4-1　列表的索引

下面是一段代码实例：

```
>>> list = ['Monday', 'Tuesday', 'Wednesday', 'Thursday', 'Friday', 'Saturday', 'Sunday']
>>> print(list[0])
Monday
>>> print(list[1])
Tuesday
>>> print(list[2])
Wednesday
```

索引也可以从尾部开始，最后一个元素的索引为–1，往前一位为–2，依次类推，如图 4-2 所示。

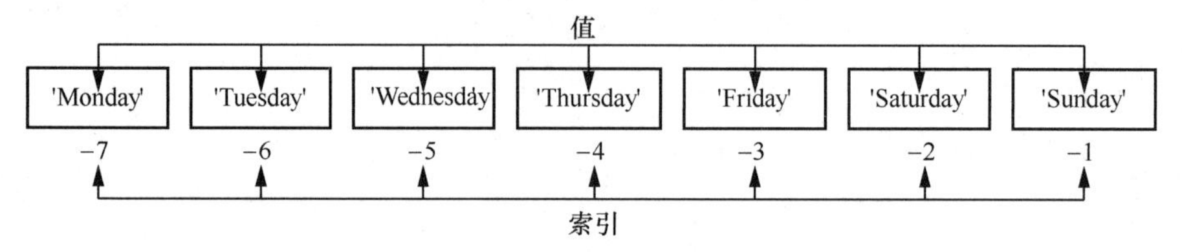

图 4-2　列表的反向索引

下面是一段代码实例：

```
>>> list = ['Monday', 'Tuesday', 'Wednesday', 'Thursday', 'Friday', 'Saturday', 'Sunday']
>>> print(list[-1])
Sunday
>>> print(list[-2])
Saturday
>>> print(list[-3])
Friday
```

可以使用 for 循环实现列表的遍历。

【例 4-1】使用 for 循环实现列表的遍历。

```
01  list1 = ["hadoop", "spark", "flink", "storm"]
02  for element in list1:
03          print(element)
```

该程序的执行结果如下：

```
hadoop
spark
flink
storm
```

4.1.3　添加、删除、修改列表元素

添加、删除、修改列表元素

1．列表元素的添加

在实际应用中，我们经常需要向列表中动态地增加元素。Python 主要提供了五种添加列表元素的方法。

（1）append()

列表对象的 append()方法用于在列表的末尾追加元素，举例如下：

```
>>> books = ["hadoop","spark"]
>>> len(books)    #获取列表的元素个数
2
>>> books.append("flink")
>>> books.append("hbase")
>>> len(books)    #获取列表的元素个数
4
```

（2）insert()

列表对象的 insert()方法用于将元素添加至列表的指定位置，举例如下：

```
>>> num_list = [1,2,3,4,5]
>>> num_list
[1, 2, 3, 4, 5]
>>> num_list.insert(2,9)
>>> num_list
[1, 2, 9, 3, 4, 5]
```

在上面的代码中，num_list.insert(2,9)表示向列表的第 2 个元素后面添加一个新的元素 9。这样会让插入位置后面所有的元素进行移动，如果列表元素较多，这样操作会影响处理速度。

（3）extend()

使用列表对象的 extend()方法可以将另一个迭代对象的所有元素添加至该列表对象尾部，举例如下：

```
>>> num_list = [1,1,2]
>>> id(num_list)
47251200
>>> num_list.extend([3,4])
>>> num_list
[1, 1, 2, 3, 4]
>>> id(num_list)
47251200
```

可以看出，num_list 调用 extend()方法将目标列表的所有元素添加到本列表的尾部，属于原地操作（内存地址没有发生变化），不创建新的列表对象。

（4）“+”运算符

可以使用“+”运算符来把元素添加到列表中，举例如下：

```
>>> num_list = [1,2,3]
>>> id(num_list)
46818176
>>> num_list = num_list + [4]
>>> num_list
[1, 2, 3, 4]
>>> id(num_list)
47251392
```

可以看出，num_list 在添加新元素以后，内存地址发生了变化，这是因为，添加新元素时，创建了一个新的列表，并把原列表中的元素和新元素依次复制到新列表的内存空间。当列表中的元素较多时，该操作速度会比较慢。

（5）“*”运算符

Python 提供了“*”运算符来扩展列表对象。可以将列表与整数相乘，生成一个新列表，新列表中的元素是原列表中元素的重复，举例如下：

```
>>> num_list = [1,2,3]
>>> other_list = num_list
>>> id(num_list)
47170496
>>> id(other_list)
47170496
>>> num_list = num_list*3
>>> num_list
[1, 2, 3, 1, 2, 3, 1, 2, 3]
>>> other_list
[1, 2, 3]
>>> id(num_list)
50204480
>>> id(other_list)
47170496
```

2．列表元素的删除

列表元素的删除主要有三种方法。

（1）使用 del 语句删除指定位置的元素

在 Python 中可以使用 del 语句删除指定位置的列表元素，举例如下：

```
>>> demo_list = ['a','b','c','d']
>>> del demo_list[0]
>>> demo_list
['b', 'c', 'd']
```

（2）使用 pop()删除元素

pop()可删除列表末尾的元素，举例如下：

```
>>> demo_list = ['a','b','c','d']
>>> demo_list.pop()
'd'
>>> demo_list
['a', 'b', 'c']
```

（3）使用 remove()根据值删除元素

可以使用 remove()方法删除首次出现的指定元素，如果列表中不存在要删除的元素，则抛出异常。举例如下：

```
>>> num_list = [1,2,3,4,5,6,7]
>>> num_list.remove(4)
>>> num_list
[1, 2, 3, 5, 6, 7]
```

3．列表元素的修改

修改列表元素的操作较为简单，举例如下：

```
>>> books = ["hadoop","spark","flink"]
>>> books
['hadoop', 'spark', 'flink']
>>> books[2] = "storm"
```

```
>>> books
['hadoop', 'spark', 'storm']
```

4.1.4 对列表进行统计

对列表进行统计

1．获取指定元素出现的次数

可以使用列表对象的 count()方法来获取指定元素在列表中的出现次数，举例如下：

```
>>> books = ["hadoop","spark","flink","spark"]
>>> num = books.count("spark")
>>> print(num)
2
```

2．获取指定元素首次出现的下标

可以使用列表对象的 index()方法来获取指定元素首次出现的下标，语法格式如下：

```
index(value,[start,[stop]])
```

其中，start 和 stop 用来指定搜索范围，start 默认为 0，stop 默认为列表长度。如果列表对象中不存在指定元素，则会抛出异常。举例如下：

```
>>> books = ["hadoop","spark","flink","spark"]
>>> position = books.index("spark")
>>> print(position)
1
```

3．统计数值列表的元素和

Python 提供了 sum()函数用于统计数值列表中各个元素的和，语法格式如下：

```
sum(aList[,start])
```

其中，aList 表示要统计的列表，start 用于指定相加的参数，如果没有指定，默认值为 0。举例如下：

```
>>> score = [84,82,95,77,65]
>>> total = sum(score)     #从 0 开始累加
>>> print("总分数是：",total)
总分数是： 403
>>> totalplus = sum(score,100)      #指定相加的参数为 100
>>> print("增加 100 分后的总分数是：",totalplus)
增加 100 分后的总分数是： 503
```

4.1.5 对列表进行排序

对列表进行排序

Python 列表提供了内置的 sort()方法用来排序，也可以用 Python 内置的全局 sorted()方法对列表排序生成新的列表。

1．使用列表对象的 sort () 方法排序

可以使用列表对象的 sort()方法对列表中的元素进行排序，排序后列表中的元素顺序将会发生改变。语法格式如下：

```
aList.sort(key=None,reverse=False)
```

其中，aList 表示要排序的列表，key 参数用于指定一个函数，此函数将在每个元素比较前被调用，例如，可以设置“key=str.lower”来忽略字符串的大小写；reverse 是一个可选参数，值为 True 表示降序排序，值为 False 表示升序排序，默认为升序排序。具体实例如下：

```
>>> num_list = [1,2,3,4,5,6,7,8,9,10]
>>> import random
>>> random.shuffle(num_list)     #打乱排序
>>> num_list
[4, 9, 10, 6, 2, 8, 1, 3, 7, 5]
>>> num_list.sort()      #升序排序
>>> num_list
[1, 2, 3, 4, 5, 6, 7, 8, 9, 10]
>>> num_list.sort(reverse=True)      #降序排序
>>> num_list
[10, 9, 8, 7, 6, 5, 4, 3, 2, 1]
```

当列表中的元素类型是字符串时，sort()函数排序的规则是，先对大写字母进行排序，再对小写字母进行排序。如果在排序时不考虑字母大小写，则需要设置“key=str.lower”。具体实例如下：

```
>>> books = ["hadoop","Hadoop","Spark","spark","flink","Flink"]
>>> books.sort()     #默认区分字母大小写
>>> books
['Flink', 'Hadoop', 'Spark', 'flink', 'hadoop', 'spark']
>>> books.sort(key=str.lower)    #不区分字母大小写
>>> books
['Flink', 'flink', 'Hadoop', 'hadoop', 'Spark', 'spark']
```

2．使用内置的 sorted () 方法排序

Python 提供了一个内置的全局 sorted()方法，可以用来对列表排序生成新的列表，原列表的元素顺序保持不变，语法格式如下：

```
sorted(aList,key=None,reverse=False)
```

其中，aList 表示要排序的列表，key 参数用于指定一个函数，此函数将在每个元素比较前被调用，例如，可以设置“key=str.lower”来忽略字符串的大小写；reverse 是一个可选参数，值为 True 表示降序排序，值为 False 表示升序排序，默认为升序排序。具体实例如下：

```
>>> score = [84,82,95,77,65]
>>> score_asc = sorted(score)     #升序排序
>>> score_asc
```

```
[65, 77, 82, 84, 95]
>>> score       #原列表不变
[84, 82, 95, 77, 65]
>>> score_desc = sorted(score,reverse=True)     #降序排序
>>> score_desc
[95, 84, 82, 77, 65]
>>> score       #原列表不变
[84, 82, 95, 77, 65]
```

4.1.6　成员资格判断

成员资格判断

如果需要判断列表中是否存在指定的值，可以采用四种不同的方式：in、not in、count()、index()。

（1）可以使用 in 操作符判断一个值是否存在于列表中，实例如下：

```
>>> books = ["hadoop","spark","flink","spark"]
>>> "hadoop" in books
True
>>> "storm" in books
False
```

（2）可以使用 not in 操作符判断一个值是否不在列表中，实例如下：

```
>>> books = ["hadoop","spark","flink","spark"]
>>> "storm" not in books
True
>>> "hadoop" not in books
False
```

（3）可以使用列表对象的 count()方法判断指定值在列表中出现的次数，如果指定的值存在，则返回大于 0 的数，如果返回 0，则表示指定的值不存在，实例如下：

```
>>> books = ["hadoop","spark","flink","spark"]
>>> books.count("spark")
2
>>> books.count("storm")
0
```

（4）可以使用 index()方法查看指定值在列表中的位置，如果列表中存在指定值，则会返回该值第一次出现的位置，否则会抛出错误，实例如下：

```
>>> books = ["hadoop","spark","flink","spark"]
>>> books.index("spark")
1
>>> books.index("storm")
Traceback (most recent call last):
  File "<pyshell#145>", line 1, in <module>
    books.index("storm")
ValueError: 'storm' is not in list
```

4.1.7　切片操作

切片操作是访问序列中元素的一种方法，切片操作不是列表特有的，Python 中的有序

序列（如字符串、元组）都支持切片操作。切片的返回结果类型和切片对象类型一致，返回的是切片对象的子序列，比如，对一个列表切片返回列表，对一个字符串切片返回字符串。

切片操作

通过切片操作可以生成一个新的列表（不会改变原列表），切片操作的语法格式如下：

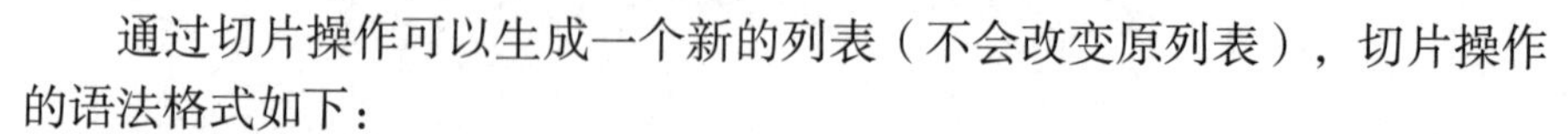

```
listname[start : end : step]
```

其中，listname 表示列表名称；start 是切片起点的索引，如果不指定，默认值为 0；end 是切片终点的索引（但是切片结果不包括终点索引的值），如果不指定，默认值为列表的长度；step 是步长，默认值是 1（也就是一个一个依次遍历列表中的元素），当省略步长时，最后一个冒号也可以省略。下面是一些切片操作的具体实例：

```
>>> num_list = [13,54,38,93,28,74,59,92,85,66]
>>> num_list[1:3]    #从索引 1 的位置开始取，取到索引 3 的位置（不含索引 3）
[54, 38]
>>> num_list[:3]  #从索引 0 的位置开始取，取到索引 3 的位置（不含索引 3）
[13, 54, 38]
>>> num_list[1:]  #从索引 1 的位置开始取，取到列表尾部，步长为 1
[54, 38, 93, 28, 74, 59, 92, 85, 66]
>>> num_list[1::]  #从索引 1 的位置开始取，取到列表尾部，步长为 1
[54, 38, 93, 28, 74, 59, 92, 85, 66]
>>> num_list[:]  #从头取到尾，步长为 1
[13, 54, 38, 93, 28, 74, 59, 92, 85, 66]
>>> num_list[::]  #从头取到尾，步长为 1
[13, 54, 38, 93, 28, 74, 59, 92, 85, 66]
>>> num_list[::-1]  #从尾取到头，逆向获取列表元素
[66, 85, 92, 59, 74, 28, 93, 38, 54, 13]
>>> num_list[::2]  #从头取到尾，步长为 2
[13, 38, 28, 59, 85]
>>> num_list[2:6:2]  #从索引 2 的位置开始取，取到索引 6 的位置（不含索引 6）
[38, 28]
>>> num_list[0:100:1]  #从索引 0 的位置开始取，取到索引 100 的位置
[13, 54, 38, 93, 28, 74, 59, 92, 85, 66]
>>> num_list[100:]     #从索引 100 的位置开始取，不存在元素
[]
>>> num_list[8:2:-2]     #从索引 8 的位置逆向取元素，取到索引 2 的位置（不含索引 2）
[85, 59, 28]
>>> num_list[3:-1]     #从索引 3 的位置取到倒数第 1 个元素（不包含倒数第 1 个元素）
[93, 28, 74, 59, 92, 85]
>>> num_list[-2]     #取出倒数第 2 个元素
85
>>> num_list       #原列表没有发生变化
[13, 54, 38, 93, 28, 74, 59, 92, 85, 66]
```

可以结合 del 命令与切片操作来删除列表中的部分元素，实例如下：

```
>>> num_list = [13,54,38,93,28,74,59,92,85,66]
>>> del num_list[:4]
>>> num_list
[28, 74, 59, 92, 85, 66]
```

4.1.8 列表推导式

列表推导式

列表推导式可以利用 range 对象、元组、列表、字典和集合等数据类型，快速生成一个满足指定需求的列表。

列表推导式的语法格式如下：

```
[表达式 for 迭代变量 in 可迭代对象 [if 条件表达式] ]
```

其中，[if 条件表达式]不是必要的，可以使用，也可以省略。

例如，利用 0 到 9 的平方生成一个整数列表，代码如下：

```
>>> a_range = range(10)
>>> a_list = [x * x for x in a_range]
>>> a_list
[0, 1, 4, 9, 16, 25, 36, 49, 64, 81]
```

还可以在列表推导式中添加 if 条件语句，这样列表推导式将只迭代那些符合条件的元素，实例如下：

```
>>> b_list = [x * x for x in a_range if x % 2 == 0]
>>> b_list
[0, 4, 16, 36, 64]
```

上面的列表推导式都只包含一个循环，实际上可以使用多重循环，实例如下：

```
>>> c_list = [(x, y) for x in range(3) for y in range(2)]
>>> c_list
[(0, 0), (0, 1), (1, 0), (1, 1), (2, 0), (2, 1)]
```

上面代码中，x 是遍历 range(3)的迭代变量（计数器），因此 x 可迭代 3 次；y 是遍历 range(2)的计数器，因此 y 可迭代 2 次。因此，表达式(x, y)一共会迭代 6 次。

Python 还支持类似于三层嵌套的 for 表达式，实例如下：

```
>>> d_list = [[x, y, z] for x in range(2) for y in range(2) for z in range(2)]
>>> d_list
[[0, 0, 0], [0, 0, 1], [0, 1, 0], [0, 1, 1], [1, 0, 0], [1, 0, 1], [1, 1, 0], [1, 1, 1]]
```

对于包含多个循环的 for 表达式，同样可以指定 if 条件。例如，要将两个列表中的数值按“能否整除”的关系配对在一起，比如列表 list1 包含 5，列表 list2 包含 20，20 可以被 5 整除，那么就将 20 和 5 配对在一起。实现上述功能的代码如下：

```
>>> list1 = [3, 5, 7, 11]
>>> list2 = [20, 15, 33, 24, 27, 58, 46, 121, 49]
>>> result = [(x, y) for x in list1 for y in list2 if y % x == 0]
>>> result
[(3, 15), (3, 33), (3, 24), (3, 27), (5, 20), (5, 15), (7, 49), (11, 33), (11, 121)]
```

4.1.9 二维列表

二维列表

所谓的“二维列表”，是指列表中的每个元素仍然是列表。比如，下面就是一个二维列表的实例：

```
[['自','强','不','息'],
['止','于','至','善']]
```

可以通过直接赋值的方式来创建二维列表，实例如下：

```
>>> dim2_list = [['自','强','不','息'],['止','于','至','善']]
>>> dim2_list
[['自', '强', '不', '息'], ['止', '于', '至', '善']]
```

还可以通过 for 循环来为二维列表赋值。

【例 4-2】 通过 for 循环来为二维列表赋值。

```
01  # create_list.py
02  dim2_list = []                  #创建一个空列表
03  for i in range(3):
04      dim2_list.append([])        #为空列表添加的每个元素依然是空列表
05      for j in range(4):
06          dim2_list[i].append(j)  #为内层列表添加元素
07  print(dim2_list)
```

该程序的执行结果如下：

```
[[0, 1, 2, 3], [0, 1, 2, 3], [0, 1, 2, 3]]
```

此外，也可以使用列表推导式来创建二维列表，实例如下：

```
>>> dim2_list = [[j for j in range(4)] for i in range(3)]
>>> dim2_list
[[0, 1, 2, 3], [0, 1, 2, 3], [0, 1, 2, 3]]
```

访问二维列表时，可以使用下标来定位，实例如下：

```
>>> dim2_list = [['自','强','不','息'],['止','于','至','善']]
>>> dim2_list[1][2]
'至'
```

4.2 元组

Python 中的列表适合存储在程序运行时变化的数据集。列表是可以修改的，这对于存储一些变化的数据而言至关重要。但是，也不是任何数据都要在程序运行期间进行修改，有时候需要创建一组不可修改的元素，此时可以使用元组。

元组

4.2.1 创建元组

元组的创建和列表的创建很相似，不同之处在于，创建列表时使用的是方括号，而创建元组时则需要使用圆括号。元组的创建方法很简单，只需要在圆括号中添加元素，并使用逗号隔开即可，实例如下：

```
>>> tuple1 = ('hadoop','spark',2008,2009)
>>> tuple2 = (1,2,3,4,5)
>>> tuple3 = ('hadoop',2008,("大数据","分布式计算"),["spark","flink","storm"])
```

创建空元组的方法如下：

```
>>> tuple1 = ()
```

需要注意的是，当元组中只包含一个元素时，需要在元素后面添加逗号，否则括号会被当作运算符使用，实例如下：

```
>>> tuple1 = (20)
>>> type(tuple1)
<class 'int'>
>>> tuple1 = (50,)
>>> type(tuple1)
<class 'tuple'>
```

也可以使用 tuple()函数和 range()函数来生成数值元组，实例如下：

```
>>> tuple1 = tuple(range(1,10,2))
>>> tuple1
(1, 3, 5, 7, 9)
```

4.2.2　访问元组

可以使用下标索引来访问元组中的元素，实例如下：

```
>>> tuple1 = ("hadoop", "spark", "flink", "storm")
>>> tuple1[0]
'hadoop'
>>> tuple1[1]
'spark'
```

对于元组而言，也可以像列表一样，采用切片的方式来获取指定的元素，实例如下：

```
>>> tuple1 = (1,2,3,4,5,6,7,8,9)
>>> tuple1[2:5]
(3, 4, 5)
```

还可以使用 for 循环实现元组的遍历。

【例 4-3】使用 for 循环实现元组的遍历。

```
01  # for_tuple.py
02  tuple1 = ("hadoop", "spark", "flink", "storm")
03  for element in tuple1:
04          print(element)
```

该程序的执行结果如下：

```
hadoop
spark
flink
storm
```

4.2.3　修改元组

元组中的元素值是不允许修改的，实例如下：

```
>>> tuple1 = ("hadoop", "spark", "flink")
>>> tuple1[0]
'hadoop'
```

```
>>> tuple1[0] = 'storm'  #修改元组中的元素值，不允许，会报错
Traceback (most recent call last):
  File "<pyshell#2>", linc 1, in <module>
    tuple1[0] = 'storm'
TypeError: 'tuple' object does not support item assignment
```

虽然元组中的元素值是不允许修改的，但是我们可以对元组进行连接组合，实例如下：

```
>>> tuple1 = ("hadoop", "spark", "flink")
>>> tuple2 = ("java","python","scala")
>>> tuple3 = tuple1 + tuple2
>>> tuple3
('hadoop', 'spark', 'flink', 'java', 'python', 'scala')
```

此外，也可以对元组进行重新赋值来改变元组的值，实例如下：

```
>>> tuple1 = (1,2,3)
>>> tuple1
(1, 2, 3)
>>> tuple1 = (4,5,6)
>>> tuple1
(4, 5, 6)
```

4.2.4 删除元组

元组属于不可变序列，无法删除元组中的部分元素，只能使用 del 命令删除整个元组对象，具体语法格式如下：

```
del tuplename
```

其中，tuplename 表示要删除元组的名称。具体实例如下：

```
>>> tuple1 = ("hadoop", "spark", "flink", "storm")
>>> del tuple1
>>> tuple1
Traceback (most recent call last):
  File "<pyshell#79>", line 1, in <module>
    tuple1
NameError: name 'tuple1' is not defined
```

可以看出，一个元组被删除以后，就不能再次引用，否则会抛出异常。

4.2.5 元组推导式

和生成列表一样，我们也可以使用元组推导式快速生成元组。元组推导式的语法格式如下：

```
(表达式 for 迭代变量 in 可迭代对象 [if 条件表达式] )
```

其中，[if 条件表达式]不是必要的，可以使用，也可以省略。

通过和列表推导式做对比可以发现，除了元组推导式是用圆括号将各部分括起来，而列表推导式用的是方括号，其他完全相同。不仅如此，元组推导式和列表推导式的用法也完全相同。例如，可以使用下面的代码生成一个包含数字 1 到 9 的元组：

```
>>> tuple1 = (x for x in range(1,10))
>>> tuple1
<generator object <genexpr> at 0x0000000002C7FC80>
```

可以看出，使用元组推导式生成的结果并不是一个元组，而是一个生成器对象，这一点和列表推导式是不同的。

如果我们想要使用元组推导式获得新元组或新元组中的元素，可以使用如下方式：

```
>>> tuple1 = (x for x in range(1,10))
>>> tuple(tuple1)
(1, 2, 3, 4, 5, 6, 7, 8, 9)
```

也可以使用__next__()方法遍历生成器对象来获得各个元素，实例如下：

```
>>> tuple1 = (x for x in range(1,10))
>>> print(tuple1.__next__())
1
>>> print(tuple1.__next__())
2
>>> print(tuple1.__next__())
3
>>> tuple1 = tuple(tuple1)
>>> tuple1
( 4, 5, 6, 7, 8, 9)
```

4.2.6　元组的常用内置函数

元组的常用内置函数如下。

- len(tuple)：计算元组大小，即元组中的元素个数。
- max(tuple)：返回元组中元素的最大值。
- min(tuple)：返回元组中元素的最小值。
- tuple(seq)：将列表转为元组。

【例 4-4】元组的常用内置函数应用实例。

```
01  # tuple_function.py
02  tuple1 = ("hadoop", "spark", "flink", "storm")
03  #计算元组的大小
04  len_size = len(tuple1)
05  print("元组大小是：",len_size)
06  # 返回元组中元素的最大值和最小值
07  tuple_number = (1,2,3,4,5)
08  max_number = max(tuple_number)
09  min_number = min(tuple_number)
10  print("元组最大值是：",max_number)
11  print("元组最小值是：",min_number)
12  # 将列表转为元组
13  list1 = ["hadoop", "spark", "flink", "storm"]
14  tuple2 = tuple(list1)
15  # 打印 tuple2 数据类型
16  print("tuple2 的数据类型是：",type(tuple2))
```

该程序的执行结果如下：

```
元组大小是： 4
元组最大值是： 5
元组最小值是： 1
tuple2 的数据类型是： <class 'tuple'>
```

4.2.7 元组与列表的区别

元组和列表都属于序列，二者的区别主要体现在以下几个方面。

（1）列表属于可变序列，列表中的元素可以随时修改或删除，比如使用 append()、extend()、insert()向列表添加元素，使用 del、remove()和 pop()删除列表中的元素。元组属于不可变序列，没有 append()、extend()和 insert()等方法，不能修改其中的元素，也没有 remove()和 pop()方法，不能从元组中删除元素，更无法对元组元素进行 del 操作。

（2）元组和列表都支持切片操作，但是，列表支持使用切片方式来修改其中的元素，而元组则不支持使用切片方式来修改其中的元素。

（3）元组的访问和处理速度比列表快。如果只是对元素进行遍历，而不需要对元素进行任何修改，那么一般建议使用元组而非列表。

（4）作为不可变序列，与整数、字符串一样，元组可以作为字典的键，而列表则不可以。

在实际应用中，经常需要在元组和列表之间进行转换，具体方法如下。

（1）tuple()函数可以接受一个列表作为参数，返回同样元素的元组。

（2）list()函数可以接受一个元组作为参数，返回同样元素的列表。

下面是元组和列表互相转换的实例：

```
>>> list1 = ["hadoop", "spark", "flink", "storm"]
>>> tuple1 = tuple(list1)    #把列表转换成元组
>>> tuple1
('hadoop', 'spark', 'flink', 'storm')
>>> print("tuple1 的数据类型是：",type(tuple1))
tuple1 的数据类型是： <class 'tuple'>
>>> tuple2 = (1,2,3,4,5)
>>> list2 = list(tuple2)   #把元组转换成列表
>>> list2
[1, 2, 3, 4, 5]
>>> print("list2 的数据类型是：",type(list2))
list2 的数据类型是： <class 'list'>
```

4.2.8 序列封包和序列解包

程序把多个值赋给一个变量时，Python 会自动将多个值封装成元组，这种功能被称为“序列封包”。下面是一个序列封包的实例：

```
>>> values = 1, 2, 3
>>> values
(1, 2, 3)
>>> type(values)
<class 'tuple'>
```

```
>>> values[1]
2
```

程序允许将序列（元组或列表等）直接赋值给多个变量，此时序列的各元素会被依次赋值给每个变量（要求序列的元素个数和变量的个数相等），这种功能被称为“序列解包”。可以使用序列解包功能对多个变量同时赋值，实例如下：

```
>>> a, b, c = 1, 2, 3
>>> print(a, b, c)
1 2 3
```

可以对 range 对象进行序列解包，实例如下：

```
>>> a, b, c = range(3)
>>> print(a, b, c)
0 1 2
```

可以将元组的各个元素依次赋值给多个变量，实例如下：

```
>>> a_tuple = tuple(range(1, 10, 2))
>>> print(a_tuple)
(1, 3, 5, 7, 9)
>>> a, b, c, d, e = a_tuple
>>> print(a, b, c, d, e)
1 3 5 7 9
```

下面是一个关于列表的序列解包的实例：

```
>>> a_list = [1, 2, 3]
>>> x, y, z = a_list
>>> print(x, y, z)
1 2 3
```

4.3 字典

字典

字典也是 Python 提供的一种常用的数据结构，它用于存放具有映射关系的数据。比如有一份学生成绩表数据，语文 67 分，数学 91 分，英语 78 分，如果使用列表保存这些数据，则需要两个列表，即["语文","数学","英语"]和[67,91,78]。但是，使用两个列表来保存这组数据以后，就无法记录两组数据之间的关联关系。为了保存这种具有映射关系的数据，Python 提供了字典，字典相当于保存了两组数据，其中一组数据是关键数据，被称为“键”（key）；另一组数据可通过键来访问，被称为“值”（value）。

字典具有如下特性。

（1）字典的元素是“键值对”，由于字典中的键是非常关键的数据，而且程序需要通过键来访问值，因此字典中的键不允许重复，必须有唯一值，而且键必须不可变。

（2）字典不支持索引和切片，但可以通过键查询值。

（3）字典是无序的对象集合，列表是有序的对象集合，两者之间的区别在于，字典当中的元素是通过键来存取的，而不是通过偏移量存取。

（4）字典是可变的，并且可以任意嵌套。

4.3.1　字典的创建与删除

字典用大括号“{}”标识。在使用大括号语法创建字典时，大括号中应包含多个键值对，键与值之间用英文冒号隔开，多个键值对之间用英文逗号隔开。具体实例如下：

```
>>> grade = {"语文":67, "数学":91, "英语":78}    #键是字符串
>>> grade
{'语文': 67, '数学': 91, '英语': 78}
>>> empty_dict = {}    #创建一个空字典
>>> empty_dict
{}
>>> dict1 = {(1,2):"male",(1,3):"female"}    #键是元组
>>> dict1
{(1, 2): 'male', (1, 3): 'female'}
```

需要指出的是，元组可以作为字典的键，但列表不能作为字典的键，因为字典要求键必须是不可变类型，但列表是可变类型，所以列表不能作为字典的键。

此外，Python 还提供了内置函数 dict()来创建字典，实例如下：

```
>>> books = [('hadoop', 132), ('spark', 563), ('flink', 211)]
>>> dict1 = dict(books)
>>> dict1
{'hadoop': 132, 'spark': 563, 'flink': 211}
>>> scores = [['计算机', 85], ['大数据', 88], ['Spark 编程', 89]]
>>> dict2 = dict(scores)
>>> dict2
{'计算机': 85, '大数据': 88, 'Spark 编程': 89}
>>> dict3 = dict(curriculum='计算机',grade=87)  #通过指定参数创建字典
>>> dict3
{'curriculum': '计算机', 'grade': 87}
>>> keys = ["语文","数学","英语"]
>>> values = [67,91,78]
>>> dict4 = dict(zip(keys,values))
>>> dict4
{'语文': 67, '数学': 91, '英语': 78}
>>> dict5 = dict()    #创建空字典
>>> dict5
{}
```

上面代码中，zip()函数用于将可迭代的对象作为参数，将对象中对应的元素打包成一个个元组，然后返回由这些元组组成的列表，例如：

```
>>> x = [1,2,3]
>>> y = ["a","b","c"]
>>> zipped = zip(x,y)
>>> zipped
<zip object at 0x0000000002CC9D40>
>>> list(zipped)
[(1, 'a'), (2, 'b'), (3, 'c')]
```

对于不再需要的字典，可以使用 del 命令删除，实例如下：

```
>>> grade = {"语文":67, "数学":91, "英语":78}
>>> del grade
```

还可以使用字典对象的 clear()方法清空字典中的所有元素，让字典变成一个空字典，实例如下：

```
>>> grade = {"语文":67, "数学":91, "英语":78}
>>> grade.clear()
>>> grade
{}
```

4.3.2 访问字典

字典包含多个键值对，而键是字典的关键数据，因此对字典的操作都是基于键的，主要操作如下。

- 通过键访问值。
- 通过键添加键值对。
- 通过键删除键值对。
- 通过键修改键值对。
- 通过键判断指定键值对是否存在。

与列表和元组一样，对于字典而言，通过键访问值时使用的也是方括号语法，只是此时在方括号中放的是键，而不是列表或元组中的索引，若指定的键不存在，则会抛出异常，实例如下：

```
>>> grade = {"语文":67, "数学":91, "英语":78}
>>> grade["语文"]
67
>>> grade["计算机"]
Traceback (most recent call last):
  File "<pyshell#9>", line 1, in <module>
    grade["计算机"]
KeyError: '计算机'
```

Python 中推荐使用字典对象的 get()方法获取指定键的值，其语法格式如下：

```
dictname.get(key[,default])
```

其中，dictname 表示字典对象，key 表示指定的键，default 是可选项，用于当指定的键不存在时返回一个默认值，如果省略，则返回 None，具体实例如下：

```
>>> grade = {"语文":67, "数学":91, "英语":78}
>>> grade.get("数学")
91
>>> grade.get("英语","不存在该课程")
78
>>> grade.get("计算机","不存在该课程")
'不存在该课程'
>>> grade.get("计算机")
>>> #执行结果返回 None，屏幕上不可见
```

另外，可以使用字典对象的 items()方法获取键值对列表，使用字典对象的 keys()方法获取键列表，使用字典对象的 values()方法获取值列表，具体实例如下：

```
>>> grade = {"语文":67, "数学":91, "英语":78}
>>> items = grade.items()
>>> type(items)
<class 'dict_items'>
>>> items
dict_items([('语文', 67), ('数学', 91), ('英语', 78)])
>>> keys = grade.keys()
>>> type(keys)
<class 'dict_keys'>
>>> keys
dict_keys(['语文', '数学', '英语'])
>>> values = grade.values()
>>> type(values)
<class 'dict_values'>
>>> values
dict_values([67, 91, 78])
```

可以看出，items()、keys()、values()三个方法依次返回 dict_items、dict_keys 和 dict_values 对象，Python 不希望用户直接操作这几个对象，用户可通过 list()函数把它们转换成列表，实例如下：

```
>>> grade = {"语文":67, "数学":91, "英语":78}
>>> items = grade.items()
>>> list(items)
[('语文', 67), ('数学', 91), ('英语', 78)]
>>> keys = grade.keys()
>>> list(keys)
['语文', '数学', '英语']
>>> values = grade.values()
>>> list(values)
[67, 91, 78]
```

还可以通过 for 循环对 items()方法返回的结果进行遍历，实例如下：

```
>>> grade = {"语文":67, "数学":91, "英语":78}
>>> for item in grade.items():
        print(item)
('语文', 67)
('数学', 91)
('英语', 78)
>>> for key,value in grade.items():
        print(key,value)
语文 67
数学 91
英语 78
```

此外，Python 还提供了 pop()方法，用于获取指定键对应的值，并删除这个键值对，实例如下：

```
>>> grade = {"语文":67, "数学":91, "英语":78}
>>> grade.pop("英语")
78
>>> grade
{'语文': 67, '数学': 91}
```

4.3.3 添加、修改和删除字典元素

字典是可变序列，因此，可以对字典进行元素的添加、修改和删除操作。可以使用如下方式向列表中添加元素：

```
dictname[key] = value
```

其中，dictname 表示字典对象的名称；key 表示要添加的元素的键，可以是字符串、数字或者元组，但是键必须具有唯一性，并且是不可变的；value 表示要添加的元素的值。具体实例如下：

```
>>> grade = {"语文":67, "数学":91, "英语":78}
>>> grade["计算机"] = 93
>>> grade
{'语文': 67, '数学': 91, '英语': 78, '计算机': 93}
```

当需要修改字典对象某个元素的值时，可以直接为该元素赋予新值，新值会替换原来的旧值。具体实例如下：

```
>>> grade = {"语文":67, "数学":91, "英语":78}
>>> grade
{'语文': 67, '数学': 91, '英语': 78}
>>> grade["语文"] = 88
>>> grade
{'语文': 88, '数学': 91, '英语': 78}
```

当不再需要字典中的某个元素时，可以使用 del 命令将其删除。具体实例如下：

```
>>> grade = {"语文":67, "数学":91, "英语":78}
>>> del grade["英语"]
>>> grade
{'语文': 67, '数学': 91}
```

另外，还可以使用字典对象的 update()方法，用一个字典所包含的键值对来更新已有的字典。在执行 update()方法时，如果被更新的字典包含对应的键值对，那么原值会被覆盖；如果被更新的字典不包含对应的键值对，则该键值对会被添加进去。具体实例如下：

```
>>> grade = {"语文":67, "数学":91, "英语":78}
>>> grade.update({"语文":59,"数学":91,"英语":78,"计算机":98})
>>> grade
{'语文': 59, '数学': 91, '英语': 78, '计算机': 98}
```

4.3.4 字典推导式

和列表推导式、元组推导式类似，可以使用字典推导式快速生成一个符合需求的字典。

字典推导式的语法格式如下：

```
{表达式 for 迭代变量 in 可迭代对象 [if 条件表达式]}
```

其中，用“[]”括起来的部分是可选项，可以省略。可以看到，和其他推导式的语法格式相比，唯一的不同在于，字典推导式用的是大括号“{}”。具体实例如下：

```
>>> word_list = ["hadoop","spark","hdfs"]
>>> word_dict = {key:len(key) for key in word_list}
>>> word_dict
{'hadoop': 6, 'spark': 5, 'hdfs': 4}
```

还可以根据列表生成字典，具体实例如下：

```
>>> name = ["张三", "李四", "王五", "李六"]  #名字列表
>>> title = ["教授", "副教授", "讲师", "助教"]  #职称列表
>>> dict1 = {i : j for i, j in zip(name, title)}      #字典推导式
>>> dict1
{'张三': '教授', '李四': '副教授', '王五': '讲师', '李六': '助教'}
```

下面给出一个实例，交换现有字典中各键值对的键和值：

```
>>> olddict = {"hadoop": 6, "spark": 5, "hdfs": 4}
>>> newdict = {v: k for k, v in olddict.items()}
>>> newdict
{6: 'hadoop', 5: 'spark', 4: 'hdfs'}
```

还可以在上面实例的基础上，使用 if 表达式筛选符合条件的键值对：

```
>>> olddict = {"hadoop": 6, "spark": 5, "hdfs": 4}
>>> newdict = {v: k for k, v in olddict.items() if v>5}
>>> newdict
{6: 'hadoop'}
```

4.4 集合

集合

集合是一个无序的不重复元素序列。集合中的元素必须是不可变类型。在形式上，集合的所有元素都放在一对大括号“{}”中，两个相邻的元素之间使用逗号分隔。

4.4.1 集合的创建与删除

可以直接使用大括号“{}”创建集合，实例如下：

```
>>> dayset = {'Monday', 'Tuesday', 'Wednesday', 'Thursday', 'Friday', 'Saturday', 'Sunday'}
>>> dayset
{'Tuesday', 'Monday', 'Wednesday', 'Saturday', 'Thursday', 'Sunday', 'Friday'}
```

在创建集合时，如果存在重复元素，Python 会自动保留一个。具体实例如下：

```
>>> numset = {2,5,7,8,5,9}
>>> numset
{2, 5, 7, 8, 9}
```

与列表推导式类似，集合也支持集合推导式，实例如下：

```
>>> squared = {x**2 for x in [1, 2, 3]}
>>> squared
{1, 4, 9}
```

也可以使用 set()函数将列表、元组、range 对象等其他可迭代对象转换为集合，语法格式如下：

```
setname = set(iteration)
```

其中，setname 表示集合名称，iteration 表示列表、元组、range 对象等可迭代对象，也可以是字符串，如果是字符串，返回的是包含全部不重复字符的集合，具体实例如下：

```
>>> set1 = set([1,2,3,4,5])     #从列表转换得到集合
>>> set1
{1, 2, 3, 4, 5}
>>> set2 = set((2,4,6,8,10))     #从元组转换得到集合
>>> set2
{2, 4, 6, 8, 10}
>>> set3 = set(range(1,5))     #从 range 对象转换得到集合
>>> set3
{1, 2, 3, 4}
>>> set4 = set("自强不息，止于至善")     #从字符串转换得到字符集合
>>> set4
{'于', '息', '善', '强', '至', '不', '止', '自', '，'}
```

需要注意的是，创建一个空集合必须用 set()而不是{}，因为{}是用来创建一个空字典的，实例如下：

```
>>> empty_set = set()
>>> empty_set
set()
```

当不再使用某个集合时，可以使用 del 命令删除整个集合，具体实例如下：

```
>>> numset = {1,2,3,4,5}
>>> del numset
```

4.4.2 集合元素的添加与删除

可以使用 add()方法向集合中添加元素，被添加的元素只能是字符串、数字及布尔类型的 True 或者 False 等，不能是列表、元组等可迭代对象。如果被添加的元素已经在集合中存在，则不进行任何操作，实例如下：

```
>>> bookset = {"hadoop","spark"}
>>> bookset
{'spark', 'hadoop'}
>>> bookset.add("flink")
>>> bookset
{'flink', 'spark', 'hadoop'}
>>> bookset.add("spark")
>>> bookset
{'flink', 'spark', 'hadoop'}
```

可以使用 pop()、remove()方法删除集合中的一个元素，使用 clear()方法清空集合中的

所有元素，实例如下：

```
>>> numset = {1,2,3,4,5}
>>> numset.pop()
1
>>> numset
{2, 3, 4, 5}
>>> numset.remove(4)
>>> numset
{2, 3, 5}
>>> numset.clear()
>>> numset
set()
```

4.4.3 集合的并集、交集与差集操作

集合有并集、交集、差集等操作。所谓并集是指把两个集合中的元素合并在一起，并且去除重复的元素。所谓交集是指取出两个集合中相同的元素。对于集合 A 和 B，集合 A 中的元素在集合 B 中有重复时，去掉重复元素后集合 A 中剩余的元素就是 A 与 B 的差集。

Python 集合支持常见的集合操作，包括并集、交集、差集等。具体实例如下：

```
>>> a = set('abc')
>>> b = set('cdef')
>>> a | b  #并集
{'e', 'f', 'c', 'b', 'd', 'a'}
>>> a & b  #交集
{'c'}
>>> a - b   #差集
{'b', 'a'}
>>> a.intersection(b)  #交集
{'c'}
>>> a.difference(b)  #差集
{'b', 'a'}
```

4.5 本章小结

在学习编程语言时，必须掌握基本的数据结构。对于 Python 而言，最基本的数据结构就是序列。Python 的序列包括 5 种类型，即字符串、列表、元组、字典和集合，在实际应用开发中，我们可以根据需要进行选择。序列类型有一些通用的方法，如切片、索引等，还有一些很实用的内置函数，如计算序列长度、求最大最小元素等。掌握了基本的数据结构以后，就可以对不同类型的数据进行合理的组织，并在此基础上对数据进行各种操作，实现具体的逻辑功能。

4.6 习题

编程题

1. 设计 3 个字典 dict_a、dict_b 和 dict_c，每个字典存储一个学生的信息，包括 name

和 id，然后把这 3 个字典存储到一个列表 student 中，遍历这个列表，将其中每个人的所有信息都打印出来。

2. 使用列表编写一个程序，用户输入一个月份，程序输出该月份对应的英文单词。

3. 编写一个用户登录程序，把多个用户的用户名和密码信息事先保存到列表中，当用户登录时，首先判断用户名是否存在，如果不存在，则要求用户重新输入用户名（最多给 3 次机会）；如果用户名存在，则继续判断密码是否正确，如果正确，则提示登录成功，如果密码错误，则提示重新输入密码（最多给 3 次机会）。

4. 有一个列表 nums = [3, 6, 10, 14, 2, 7]，请编写一个程序，找到列表中任意相加等于 9 的元素集合，如[(3, 6), (2, 7)]。

5. 使用字典编写一个程序，让用户输入一个英文句子，然后统计每个单词出现的次数。

6. 编写一个程序，创建一个名为 universities 的字典，其中将三所大学作为键。对于每所大学，都创建一个字典，设置两个键 province 和 type，分别保存该大学的省份和类型。最后对 universities 字典进行遍历，打印出每所大学及其省份和类型信息。

7. 编写一个程序，通过 for 循环创建 201 条数据，数据格式如下：

xiaoming1　　xiaoming1@china.com　　pwd1
xiaoming2　　xiaoming2@china.com　　pwd2
xiaoming3　　xiaoming3@china.com　　pwd3

提示用户输入页码，当用户输入指定页码时，显示该页面内的数据（每页显示 10 条数据）。

8. 使用列表设计一个程序为参加歌手大赛的选手计算最终得分。评委给出的分数是 0～10 分。选手最后得分为：去掉一个最高分，去掉一个最低分，计算其余评委的打分的平均值。

第5章 字符串

在计算机的实际应用中，字符串的应用非常广泛。只要涉及“源代码”的内容，都与字符串有关。而且，所谓“超文本标记语言（Hyper Text Markup Language，HTML）”，其本质依旧是字符串。在密码学中，加密的原文一般来说也是字符串。在各种多语言应用程序中，每种语言的翻译结果也是字符串。所以，学习和掌握字符串的常用操作方法是学习计算机编程的一个重要组成部分。

本章首先介绍字符串的基本概念，然后介绍字符串的索引和切片、字符串的拼接、特殊字符和字符转义、原始字符串和格式化字符串、字符串的编码，最后介绍字符串的常用操作。

5.1 字符串的基本概念

字符串的基本概念

字符串是 Python 的六大数据结构之一，这种类型的数据可谓是最常使用的数据类型了，在使用 print()函数的过程中，它的第一个参数就是一个字符串。字符串是一个不可变类型，即声明之后，其中的所有字符都不能再修改。判定一个变量是不是字符串，需要使用 isinstance()函数，例如：

```
>>> testString = "ts"
>>> isinstance(testString, str)
True
```

可以看到，该函数有两个参数，第一个参数是需要判断的变量本身，第二个参数是 str，也就是字符串（string）的缩写。当返回值为 True 时，说明该值是一个字符串；当返回值为 False 时，该值不是一个字符串。这个函数经常用于判断输入的值的类型是否被正确地转换。比如，用户输入了“2021-05-01”，在经过某个函数转换后，需要判断它是一个日期还是一个字符串时，就需要使用 isinstance()函数。

字符串的声明非常简单，将一串字符使用单引号或者双引号包裹起来就可以了。在 Python 中，无论哪种引号包裹的都是字符串，但需要注意的是，引号必须配对使用，比如，不能以双引号开始、单引号结束。下面是字符串的一些实例：

```
>>> aString = 'Hello World'
>>> bString = "I'm a String"
>>> cString = '<div class="my"></div>'
>>> dString = "这是一个错误的示例，不能双引号开始，单引号结束'
SyntaxError: EOL while scanning string literal
```

被引号包裹的内容称为“字符串字面量”，在有具体语境的情况下，也可以直接称为“字面量”或者“字面值”。比如，上面的 aString 的字面量就是 Hello World。字面量与包裹用的引号合在一起才是“字符串”。比如，aString 的字符串是'Hello World'（包含引号）。当然，在书写时，不用管声明用的是单引号还是双引号，只要写出一对正确的引号就可以。字符串开始和结束的引号必须配对使用，但是，在字符串中间就不需要配对使用了。

可以看到，上述过程中，选用的字符串都只有一行。而在实际操作中，字符串经常需要编写多行。比如，一段 Python 的源代码就是一个多行字符串。在 Python 中，可以使用三引号来表示一个多行字符串，这种表达法称为“长字符串”。具体实例如下：

```
>>> aString = '''\
#-*- coding:utf-8 -*-
x = 1;
y = 1;
print(x + y);
'''
>>> print(aString)
#-*- coding:utf-8 -*-
x = 1;
y = 1;
print(x + y);
```

在这里，三引号同样需要配对使用。实际上，多行注释的本质就是一个没有被赋值给变量的多行字符串，因为它没有被赋值给其他变量，所以解释器在解释的时候就将其直接跳过，也就达到了多行注释的目的。

在上面的实例中还可以看到，第一行结尾有一个“\”。这个符号是一个转义字符（简称转义符），意味着本行结尾的换行符不计入输出。如果不加这个符号，输出效果如下：

```
>>> aString = '''
#-*- coding:utf-8 -*-
x = 1;
y = 1;
print(x + y);
'''
>>> print(aString)
# 注意，这里会输出一个空行
#-*- coding:utf-8 -*-
x = 1;
y = 1;
print(x + y);
```

注意观察上面的“print(aString)”的输出，多出了一个空行。所以，当一个多行字符串的一行结束时，如果不希望在输出时将换行符也输出，就需要在行尾增加一个“\”。在实际使用中，这种写法可以让输出更加美观。比如，下面的写法就不是很美观：

```
>>> aString = '''#-*- coding:utf-8 -*-
x = 1;
y = 1;
print(x + y);
'''
```

所以，适当地使用“\”可以让代码变得更加美观。

5.2 字符串的索引和切片

字符串的索引
和切片

本节内容介绍字符串的索引和切片。

5.2.1 字符串的索引

字符串的本质是字符的组合，在一个字符串中，每一个组成部分都称为一个字符。图 5-1 给出了一个包含 5 个字符的字符串，其中，每个字符所在的位置称为“字符的偏移量”，通过偏移量来查询字符串中指定位置字符的方法称为“索引查询”。当然，在实际操作过程中，说“偏移量为 2 的字符是一个感叹号”会显得很奇怪，所以一般直接说“索引值为 2 的字符是一个感叹号”就可以了。也就是说，在实际的使用环境下，“索引值”指的就是偏移量。

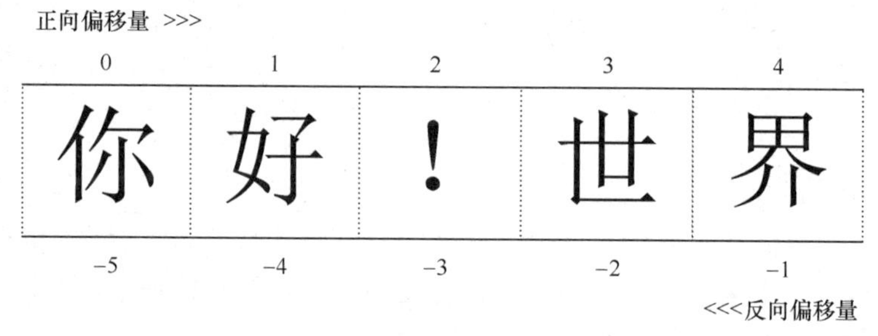

图 5-1　字符的偏移量

字符串的索引可以分为两种：正向索引和反向索引。其中，正向索引指的是符合阅读习惯的索引方式，比如，我们平时阅读中文时，按照从左至右的顺序阅读。也就是说，正向索引的开始点是字符串的左边第一个字符，其索引值是 0，之后每个字符的索引值依次增加 1。也就是说，正向索引中所有的索引值都是正数或 0。

反向索引则是反其道而行之，按照从右至左的顺序编号。由于索引值 0 已经被正向索引使用，为了不产生歧义，反向索引的索引值从–1 开始，从右至左依次减 1。也就是说，反向索引所有的索引值都是负数。

在字符串中，使用下标运算符“[]”来查询指定索引值对应的字符，具体实例如下：

```
>>> aString = "你好！世界"
>>> aString[3]
'世'
>>> aString[-4]
'好'
>>> aString[-0]
'你'
```

在使用索引时，需要特别注意以下两点。

（1）数学上–0、+0 和 0 都指的是同一个数字 0，所以，哪怕使用的索引值是–0，所代表的也是正向索引的第一个字符。反向索引的第一个字符的索引值是–1。

（2）索引的结果是一个只读的值。与 C、Java、C#等语言相比，Python 因为基础数据类型里没有字符型，所以不能通过改变索引对应值的方法修改字符串，否则会报错，下面是一个具体实例：

```
>>> aString = "你好！世界"
>>> aString[2] = '2'
Traceback (most recent call last):
File "<pyshell#25>", line 1, in <module>
  aString[2] = '2'
TypeError: 'str' object does not support item assignment
```

在 Python 中，修改字符串都是通过字符串拼接的方法实现的。比如，在上面这个实例中，代码试图修改字符串的第 3 个字符，那么就需要取出第 1 个和第 2 个字符，再取出第 4 个和第 5 个字符，然后将这些字符与修改后的字符进行拼接，再赋值给原来的变量，以达到修改的效果。总体而言，当需要修改字符串中索引值为 n 的字符时，基本步骤如下。

（1）求出字符串的长度 m。

（2）如果 $m<n$，那么返回失败。

（3）取出索引值为 0 至 $n-1$ 的字符串，记为 leftString。

（4）取出索引值为 $n+1$ 至 $m-1$ 的字符串，记为 rightString。

（5）把 leftString、修改后的字符和 rightString 拼接为一个新的字符串 newString。

（6）输出 newString。

5.2.2 字符串的切片

字符串的切片操作与列表的对应操作类似，不同点在于返回的是一个字符串而不是列表。由于返回值是原字符串的一部分，所以这里也可以将返回值称为原字符串的“子字符串”，或者简称为“子串”。切片操作的基本方法如下。

（1）返回[*m*,*n*]的子串，可以使用 aString[*m*:*n*]这种写法。这里的 m 必须小于 n，同时，返回的值包含 m 而不包含 n。比如，原字符串 aString="string"，aString[1:3]的值为"tr"，也就是"string"中索引值 1 和 2 对应的字符串。m 和 n 也可以是负数，但是需要注意负数的大小关系，不能写成 aString[-1:-3]，第一个参数值必须小于第二个参数值，正确的写法是 aString[-3:-1]。同样，这种情况下的返回值是不包括-1 所代表的字符的。

如果使用了错误的索引值，那么系统将返回一个空字符串，而不会提示一个错误或者异常，所以，这是一个无论任何时候都可以安全使用的方法。具体实例如下：

```
>>> aString = "string"
>>> aString[1:3]
'tr'
>>> aString[-3:-1]
'in'
>>> aString[-1:-3]
''
```

（2）如果 m 和 n 分别指的是字符串的开头和结尾，那么就可以不写。比如，查询从第 2 个字符开始到字符串结尾的子串，就可以写成 aString[1:]。再比如，反向查询从开头到倒数第二个字符，就可以写成 aString[:-2]。特别指出，如果 m 和 n 都不写，那么就代表着字符串从头取到尾，这也是一个特别的子串，也就是字符串本身，写法是 aString[:]。具体实例如下：

```
>>> aString = "string"
>>> aString[1:]
'tring'
>>> aString[:-2]
'stri'
>>> aString[:]
'string'
```

（3）切片的第三种写法是 aString[*m*::*n*]，用于从字符串中索引值为 *m* 的字符（即第 *m*+1 个字符）开始，每 *n* 个字符取出一次的情况。假设原字符串 aString 为"string"，下面对 *n* 为正、*n* 为负、不写 *n* 以及不写 *m* 与 *n* 等四种情况分别说明。

① 如果 *n* 为正，则查询方向为正向索引的方向。例如，aString[1::2]表示的是从索引值为 1 的字符（即第 2 个字符）开始，向右每 2 个字符取一次，也就是取索引值为 1、3、5 的字符组成的字符串"tig"。aString[–5::2]表示的是从索引值为–5 的字符开始，向右每 2 个字符取一次，也就是取索引值为–5、–3、–1 的字符组成的字符串，也是"tig"。特别指出，*m* 不写则代表从索引值 0 开始查询。

② 如果 *n* 为负，则查询的方向为反向索引的方向。例如，aString[5::–2]表示的是从索引值为 5 的字符（即第 6 个字符）开始，向左每 2 个字符取一次，也就是取索引值为 5、3、1 的字符组成的字符串"git"。aString[–1::–2]表示的是从索引值为–1 的字符开始，向左每 2 个字符取一次，也就是取索引值为–1、–3、–5 的字符组成的字符串，也为"git"。特别指出，*m* 不写则代表从索引值–1 开始查询。

③ 如果不写 *n*，则视为 aString[m::1]。例如，aString[3::]的值为"ing"，aString[-3::]的值也是"ing"，它们分别从索引值为 3 和–3 的字符开始，以正向索引的方向取每个字符直至字符串结尾。

④ 如果 *n* 和 *m* 都不写，则视为 aString[0::1]，即从字符串的开头开始取每一个字符，显然结果就是字符串本身。特别指出，如果 *n* 为 0，则系统会返回一个错误。

由此可以发现，aString[*m*::*n*]的本质为，从索引值为 *m* 的字符开始，取出索引值为 *m*、*m*+*n*、*m*+2*n*、…… *m*+*kn* 的字符组成的字符串。这里 *k* 指的是在字符串边界里可以取到的最大正整数。所以，在这个操作中，*m* 称为“起始位置”，*n* 称为“步长”。上述所有操作的具体实例如下：

```
>>> aString = "string"
>>> aString[1::2]
'tig'
>>> aString[-5::2]
'tig'
>>> aString[::2]
'srn'
>>> aString[5::-2]
'git'
>>> aString[-1::-2]
'git'
>>> aString[::-2]
'git'
>>> aString[::0]
Traceback (most recent call last):
  File "<pyshell#44>", line 1, in <module>
    aString[::0]
```

```
ValueError: slice step cannot be zero
>>> aString[::]
'string'
```

5.3 字符串的拼接

字符串的拼接

字符串拼接用于将数个短的字符串连接成一个长的字符串。字符串拼接主要有加号连接、%连接、join()函数、format()函数和格式化字符串等方法。其中，format()函数和格式化字符串将会在5.5节中介绍，本节只介绍其他3种方法。

所谓“加号连接”是指直接将两个字符串用加号连接在一起。比如，要拼接字符串"thon"和变量prefix = "py"，可以使用如下方式：

```
>>> prefix = "py"
>>> result = prefix + "thon"
>>> result
'python'
```

这种方法简单明了，但是效率不高。从其运行原理来说，由于Python的字符串是不可变类型，因此，一个字符串在生成之后如果要修改，就只能新生成一个新的字符串。对于字符串操作“a+b+c+d+e+…”而言，在运行时，系统会按照规则先将a和b拼接为一个新字符串，再将新字符串与c拼接成一个新字符串，依次类推。也就是说，如果有n个字符串拼接，那么中间就会生成n–2个临时字符串，哪怕程序员是看不到这些字符串的，但是还是一样会消耗内存空间。

为了解决上面这个问题，就需要使用%连接，这种连接方式只需要申请一次内存空间。比如，对于上面的这个实例，如果使用%连接，则采用如下方式：

```
>>> prefix = "py"
>>> result = "%sthon" % prefix
>>> result
'python'
```

如果读者学习过C语言，看到上述代码应该会感到非常亲切，这个就是C语言中格式字符串的写法。当然，随着Python的不断发展和进步，这种方法已经在Python 2.6中被淘汰，取而代之的是format()函数和格式化字符串。所以，%连接在这里不再展开介绍，有兴趣的读者可以自行在网上搜索相关资料进行学习。

在字符串拼接中，还有一种场景，那就是重复输出一个字符若干次。比如，要显示一个进度值为40%的滚动条，就需要使用如下方式：

```
>>> bar = "\u2589"
>>> print("4/10:[" + bar * 4 + "--" * 6 + "] = 40%")
4/10:[▉▉▉▉------------] = 40%
```

这里使用乘号表示一个字符串出现若干次，“\u2589”代表一个黑色的方块。

还有一种非常常用的拼接方法就是join()函数，它可以将一个列表拼接为一个字符串，这种方式广泛地用于生成参数表，如生成URL查询字符串。该函数是字符串的成员函数，所以使用时需要以一个字符串为对象，指定的字符串将成为拼接的分隔符。比如，要将列表["Hello", "World", "Python"]用逗号拼接，可以采用如下方式：

```
>>> ",".join(["Hello", "World", "Python"])
'Hello,World,Python'
```

【例 5-1】 假设有一个字典{"username": "sample", "code": "2002001001", "source": "python"}，使用字符串拼接方法生成该字典对应的 URL 查询字符串。

所谓的 URL 查询字符串指的是 URL 里的 QueryString 部分，其生成规则是将字典里的每一项写成“key=value”的形式，然后使用“&”进行分隔，即需要写成“username=sample&code=2002001001&source=python”的形式。程序的编写思路如下。

（1）遍历字典，将字典中的每一项变成“key=value”的形式，存入一个列表。

（2）以“&”作为分隔符对象，使用 join()函数，将列表转变为要求的字符串。

基于以上编程思路，具体实现代码如下：

```
01  # string_join.py
02  sourceDict = {
03          "username": "sample",
04          "code": "2002001001",
05          "source": "python"
06  }
07
08  array = [];
09  for (key, value) in sourceDict.items():
10          array.append(key + "=" + value)
11
12  queryString = "&".join(array)
13  print(queryString)
```

该程序的执行结果如下：

```
username=sample&code=2002001001&source=python
```

从上文可知，字符串拼接是一种运算，比如使用 str+str1，那么在运行过程中就有 3 个字符串字面量，也就是 str、str1 和它们的运算结果。实际上，在一部分情况下，在编写代码时，字符串的内容就已经确定了，只不过字符串可能特别长，如果写成一个字符串，就会使代码变得非常难以阅读，例如：

```
>>> sql = "SELECT ID, Name, AccessLevel FROM [Users] WHERE Name=@p1 AND Password=@p2";
```

在书写时，这样长的字符串显得非常没有条理、没有章法，并且不好阅读。那么如果将它写成

```
>>> sql = "SELECT ID, Name, AccessLevel"
>>> sql = sql + " FROM [Users]"
>>> sql = sql + " WHERE Name=@p1 AND Password=@p2";
```

虽然看上去只有一个变量 sql，但是，运行过程中一共会产生 5 个字符串字面量。所以，对于这种情况，在 Python 中，可以直接将多个字符串字面量连续书写，从而将其自动拼接：

```
>>> sql = ("SELECT ID, Name, AccessLevel "
    "FROM [Users] "
    "WHWERE Name=@p1 AND Password=@p2")
>>> sql
'SELECT ID, Name, AccessLevel FROM [Users] WHWERE Name=@p1 AND Password=@p2'
```

可以看出，在书写时，直接将 2 个字符串字面量写在一起，就能将其拼接起来，例如：

```
>>> "Py"'thon'
'Python'
```

还可以直接使用长字符串的写法，例如：

```
>>> sql = """\
SELECT ID, Name, AccessLevel \
FROM [Users] \
WHERE Name=@p1 AND Password=@p2\
"""
>>> sql
'SELECT ID, Name, AccessLevel FROM [Users] WHERE Name=@p1 AND Password=@p2'
```

可以看出，使用长字符串的写法和使用字符串自动拼接的方法，返回的结果完全一致，并且后者看起来更简单明了。此外，在书写源代码时，每一行都写一个“\”并不美观，所以，正常来说都是使用字符串拼接的方式。

5.4 特殊字符和字符转义

特殊字符和字符转义

在字符串的实际使用过程中，存在着一些无法直接显示的字符，如换行符、水平制表符等，这些符号被称为“特殊字符”。此外，如果在双引号包裹的字符串中必须使用双引号，那么这种情况下双引号也是一种“特殊字符”。为了在字符串中表达这些字符，就需要使用字符转义的形式来书写。字符转义的方法是使用“\”加一些特定的字符。在 Python 中，常用的转义字符如表 5-1 所示。

表 5-1　常用的转义字符

转义字符	含义
\newline	使用时是反斜杠加换行 实际效果是反斜杠加换行全部被忽略
\\	反斜杠（\）
\'	单引号（'）
\"	双引号（"）
\n	换行符（LF）
\r	回车符（CR）
\t	水平制表符（TAB）
\ooo	表示一个八进制码位的字符，比如 \141 表示的是字母 a
\xhh	表示一个十六进制码位的字符，比如 \x61 表示的是字母 a

需要注意的是，标记为“\newline”的转义字符并不是写为“\newline”，实际的使用方法如下：

```
>>> sql = """\
SELECT ID, Name, AccessLevel \
FROM [Users] \
WHERE Name=@p1 AND Password=@p2\
"""
>>> sql
'SELECT ID, Name, AccessLevel FROM [Users] WHERE Name=@p1 AND Password=@p2'
```

在这里，每一行结尾的“\”即是这个转义符，其含义是反斜杠和之后的换行符全部不显示在实际的字符串中。

另外两个容易混淆的是转义符“\r”和“\n”。在 ASCII 码中，CR 表示的是回车符，对应的是“\r”。所谓回车，指的是老式打字机在一行打印完以后，装纸滚筒移到最右边的动作。换行才是指切换至下一行。所以，表现在实际应用中，“\r”指的是光标回到行首，“\n”指的是直接切换至下一行，且光标位置不变。也就是说，在键盘上，按下回车键产生的实际效果应该是“\r\n”。因此，我们平时所说的“回车符”，也就是键盘上的回车键按下所产生的特殊符号，其准确命名应该是“回车式换行符”。

不过，在现在的新系统中，人们发现“\r\n”基本上是连用的，已经很少有换行但不回车的操作了。因此，在新系统中“\n”就表示“回车式换行符”，而不再需要使用“\r”了。实际效果如下所示：

```
>>> sql = "SELECT * \nFROM [Users] \nWHERE user=@p1"
>>> print(sql)
SELECT *
FROM [Users]
WHERE user=@p1
```

需要特别注意的一点是，在 IDLE 中，回车符“\r”是不显示的。所以，如果使用到“\r”，那么就需要将 Python 程序放在 cmd 命令界面中运行。

水平制表符（Tab）对应的就是键盘上的 Tab 键。每一个“\t”的实际效果就是按一次键盘上的 Tab 键。在一般的场景中，比如 IDLE 或者记事本，每一个“\t”表示的就是将光标后移 8 个字符。使用水平制表符是为了达到对齐的目的，在输出时，前后各加一个“|”字符，就正好是一个 10 个字符宽的单元格。由于垂直制表符并不常用，所以一般来说，“制表符”就代表着水平制表符（Tab）。具体实例如下：

```
>>> table = "xyz\t5字符\tabc\n123456781234567812345678"
>>> print(table)
xyz     5字符    abc
123456781234567812345678
```

前面曾提到过，所有的源代码都可以视为字符串，Python 的源代码也不例外。在运行 Python 代码时，解释器会先从文件中将源代码以字符串的形式读入内存，再进行操作。在 Python 的源代码中，缩进使用的是“空格符”而不是“制表符”。Python 的缩进其实是 4 个空格，并且每个空格都可以单独选中，所以应该是 4 个“空格符”。而如果使用其他语言，如 C#，缩进经常使用的是“制表符”，也就是说，虽然也是 4 个空格的宽度，但是不能单独选中每个空格。

在 Python 3.x 中，缩进推荐使用“空格符”，并且不允许混合使用“制表符”和“空格符”。如果打开的是 Python 2.x 的代码，那么就需要将混合使用的缩进统一转换为“空格符”。

表 5-1 中最后一类转义字符指的是使用八进制或十六进制码位。这里所谓的码位指的是 ASCII 码字符的码位，比如，字母 a 在 ASCII 码中的码位是 97，在 Python 中，就可以使用转义的方法将其表现出来。例如，十进制数 48 转换为八进制数是 60，转换为十六进制数是 30，因此，ASCII 码中 48 所表示的字符就可以用如下方式来显示：

```
>>> print("\60")
0
>>> print("\x30")
0
```

从表 5-1 可以看到，有一个转义字符是“\ooo”，它代表着最多只能使用一个 3 位的八进制数。同理，转义字符“\xhh”指的是只能使用 2 位的十六进制数。比如“回车符”的 ASCII 码是 13，也就是十六进制数 D，那么就必须写成“\x0D”，而不能写成“\xD”。

单引号和双引号的转义字符虽然不常用，但也有需要注意的地方。首先，无论包裹字符串使用的是哪种引号，将引号转义肯定不会错。其次，如果包裹用的引号和字符串中使用的引号不同，那么引号可以不转义。具体实例如下：

```
>>> print("\'")
'
>>> print('\"')
"
>>> print("I'm fine, thank you")
I'm fine, thank you
```

所以，包裹字符串的引号的选择就取决于字符串里到底使用了哪种引号。例如，在录入一段英文的文章时，由于英文经常需要使用单引号表示缩写，如“I'm”或“You're”等，因此包裹用的引号一般是双引号。而在平时写代码的时候，由于输入双引号需要多按一个上档键（Shift），因此建议使用单引号定义字符串。

在三引号的长字符串中，如果需要表达另一个三引号，那么只需将其中任意一个引号转义就行，具体实例如下：

```
>>> print('''\
'\''\
''')
'''
```

还有一类转义字符在表 5-1 中并没有列出，即只能在字符串中使用的转义字符“\uhhhh”以及“\uhhhhhhhh”，这些内容将在 5.6 节中进行介绍。

5.5 原始字符串和格式化字符串

本节介绍原始字符串和格式化字符串。

5.5.1 原始字符串

原始字符串

对于某些应用场景，比如输入一个文件的路径，其中会有大量的需要转义的字符“\”，如果每一个都要输入“\\”就太麻烦了。所以，在 Python 里，引入了“原始字符串”的概念。所谓“原始字符串”，就是指在字符串前加先导符“r”（也可以是大写的“R”），之后，字符串里的所有内容都不会被转义。具体实例如下：

```
>>> aString = r"c:\desktop\python\homework.py"
>>> print(aString)
c:\desktop\python\homework.py
```

```
>>> aString = "c:\\desktop\\python\\homework.py"
>>> print(aString)
c:\desktop\python\homework.py
```

上面实例中，首先使用了原始字符串方式，然后又使用了转义方式，可以看出，前者更加简单易懂。但这里有一个问题：既然“\”已经没有转义的作用了，那么，在这个字符串中如果需要使用引号，该如何处理呢？这时，要分为三种情况处理。

（1）如果字面量只用到一种引号，显然只需要包裹时用另一种引号就可以。

（2）如果字面量同时用两种引号，那么可以在原始字符串中使用三连引号。

（3）如果字面量里同时出现两种三连引号，就只能放弃使用原始字符串，而改为使用普通的需要转义的字符串。

下面是具体实例：

```
>>> aString = r"I'm fine, thank you"
>>> aString
"I'm fine, thank you"
>>> aString = r'''I'm fine, thank you'''
>>> aString
"I'm fine, thank you"
```

5.5.2 格式化字符串

格式化字符串

在字符串拼接时，很多时候并不能直接简单地将数量值与字符串拼接在一起，例如，账单中的数值需要保留两位小数，再如，在显示时，为了美观，需要对齐某些内容。这时，就需要用到一种称为“格式化字符串”的特殊字符串。具体实例如下：

```
>>> aString = "{0:>4}: {1:.2f}".format("价格", 10)
>>> aString
'■■价格: 10.00'
```

在上面这个实例中，格式化字符串指的就是调用 format()函数的对象，也就是“{0:>4}: {1:.2f}”。在格式化字符串中，可以看到有一些被花括号“{}”包裹的部分，它们在 Python 中被称为“格式规格迷你语言”。这种格式规格迷你语言的基本规则如下：

```
{参数编号:格式化规则}
```

参数编号如果写为 0，则对应着 format()函数的第一个参数，如果写 1，则对应着第 2 个参数。每个参数可以使用多次。格式化规则的书写方法如下：

```
[对齐方式][符号显示规则][#][0][填充宽度][千分位分隔符][.<小数精度>][显示类型]
```

书写格式化规则时，除非对应部分不出现，否则就必须严格按照上述顺序，绝对不能修改。比如，“{0:<#05}”绝对不能写成“{0:<5#0}”，必须严格按照上述顺序，这样<才代表对齐方式，#和 0 都是规则中的对应符号，5 代表填写宽度，其他使用默认值。

在格式化规则中，“对齐方式”指的是文本是居中、居左还是居右，空白部分使用什么字符填充。对齐方式的书写规则：[填充文本](>|<|^|=)。比如，如果填充宽度是 20 格，文本居右显示，空白处填写加号，就要写成：{0:+>20}。这里，“+”是填充文本，“>”指居右，数字 20 代表着填充宽度。具体实例如下：

```
>>> aString = "{0:+>20}".format("价格", 10)
>>> aString
'++++++++++++++++++价格'
```

在默认情况下，填充文本是空格符，可以不写。

对齐方式里，“<”表示左对齐，“>”表示右对齐，“^”表示居中对齐。在记忆这三个符号时把它们全部当成箭头，就比较容易记住，箭头指向就是对齐方向。“=”比较特殊，它只能用在数字上，表示填充时把填充文本放在正负号的右边，专门用来显示如“-000010”这样的文本。在使用这种对齐方式时，一般要书写填充文本0。具体的对比效果如下所示：

```
>>> aString = "{0:=+5}".format(10)
>>> aString
'+■■10'
>>> aString = "{0:0=+5}".format(10)
>>> aString
'+0010'
>>> aString = "{0:>+5}".format(10)
>>> aString
'■■+10'
```

从上面实例中可以看到，格式化字符串里书写了一个“+”，这个就对应着格式化规则中的“符号显示规则”。这条规则只适用于数字，对于字符串是不生效的并且会提示错误。“符号显示规则”的取值在默认情况下是“-”，即表示只有负数才显示符号，正数不显示符号。“符号显示规则”取值为“+”时，表示无论正数还是负数都显示符号。“符号显示规则”为“空格符”时，表示正数在符号位显示一个空格，负数显示负号。具体实例如下：

```
>>> "{0:< 5}{0:<-5}{0:<+5}{0:<5}".format(10)
'■10■■10■■■+10■■10■■■'
>>> "{0:<5}{0:<-5}{0:<+5}{0:< 5}".format(-10)
'-10■■-10■■-10■■-10■■'
```

在格式化规则中，符号显示规则后面的“#”表示如果以二进制显示数字，则显示前导符“0b”，如果以八进制显示数字，则显示前导符“0o”，如果以十六进制显示数字，则显示前导符“0x”。如果不是上述情况，就没有任何效果。具体实例如下：

```
>>> "{0:<#8b}{0:<#8o}{0:<#8d}{0:<#8x}{0:#8X}".format(10)
'0b1010■■0o12■■■■10■■■■■■0xa■■■■■■■■■■0XA'
```

再次强调，格式化规则必须严格按照顺序书写，绝对不能把“#”写到数字的后面，否则会报错。如果这里还要同时加上符号显示规则，就必须写成“{0:<+#8b}”，绝对不能把“+”和“#”的位置对调，否则会报告一个错误，具体实例如下：

```
>>> "{0:<+#8b}{0:<#8o}{0:<#8d}{0:<+#08x}{0:0=+#8X}".format(10)
'+0b1010■0o12■■■■10■■■■■■+0xa0000+0X0000A'
>>> "{0:<#+8b}{0:<#8o}{0:<#8d}{0:<+#08x}{0:0=+#8X}".format(10)
Traceback (most recent call last):
  File "<pyshell#102>", line 1, in <module>
    "{0:<#+8b}{0:<#8o}{0:<#8d}{0:<+#08x}{0:0=+#8X}".format(10)
ValueError: Invalid format specifier
```

在格式化规则中，“#”后面的0（如上面实例中的{0:<+#08x}），其含义等价于将填充字符修改为0。也就是说，“{0:<+#08x}”等价于“{0:0<+#8x}”。在0之后，输入的是填

充宽度，其值是一个数字值，表示填充内容占的宽度。

在格式化规则中，千分位分隔符只有两种取值，即“,”和“_”，实例如下：

```
>>> "{0:10,}{0:10_}".format(1000000)
' 1,000,000 1_000_000'
```

在格式化规则中，千分位分隔符之后是“小数精度”，也就是显示的小数位数，不足的部分会用 0 补齐。比如常见的保留两位小数，就使用这个写法。需要注意的是，在有小数位数时，必须指定这个参数是一个浮点数，否则会报错。具体实例如下：

```
>>> "{0:>010.2f}元整".format(1000000)
'1000000.00元整'
>>> "{0:>010.2}元整".format(1000000)
Traceback (most recent call last):
  File "<pyshell#106>", line 1, in <module>
    "{0:>010.2}元整".format(1000000)
ValueError: Precision not allowed in integer format specifier
```

在格式化规则中，最后一部分是“显示类型”，指的是数据如何呈现，根据输入数据的类型，可以分成三类，即字符串类型、整数类型和小数类型，表 5-2、表 5-3 和表 5-4 给出了每种类型的可用形式。

表 5-2　字符串类型的可用形式

类型	含义
's'	参数以字符串的形式显示。这是默认的内容，可以省略
不填写	同's'

表 5-3　整数类型的可用形式

类型	含义
b	二进制数
c	字符，输出时将其转换为对应的 Unicode 字符
d	十进制数
o	八进制数
x	十六进制数，9 以上的数字用小写字母表示
X	十六进制数，9 以上的数字用大写字母表示
n	与 d 相似，不过它会用当前区域的设置来插入适当的数字分隔符
不填写	同 d

表 5-4　小数类型的可用形式

类型	含义
e	科学记数法，小数点前有 1 位，小数点后取“小数精度”部分指定的数值。如“{0:.2e}”表示小数点前 1 位，小数点后 2 位。如果没有指定小数精度，则 float 型取 6 位
E	科学记数法，与 e 相似，不同之处在于它使用大写字母 E 作为分隔字符
f	正常的小数表示，小数的位数取“小数精度”的数值。如果不指定，则 float 型取 6 位。如果没有小数则不显示小数和小数点

类型	含义
F	定点表示，与 f 相似，但会将 nan 转为 NAN 并将 inf 转为 INF
G	显示“小数精度”位有效数字。如果有效数字超出，则改为显示科学记数法
G	同 g，但 e、nan、inf 会使用大写显示
n	同 g，不过它会用当前区域的设置来插入适当的数字分隔符
%	会将数字乘以 100 并且按 f 显示，之后加一个“%”
不填写	同 g

下面是具体实例：

```
>>> "{0:n}".format(555555555)
'555555555'
>>> "{0:.3f}".format(555555555)
'555555555.000'
>>> "{0:.3g}".format(555555555)
'5.56e+08'
>>> "{:c}{:c}".format(20320,22909)
'你好'
```

在使用格式化字符串时，比较麻烦的地方在于每次都要写一个 format()函数。Python 也为大家准备了更加简单的写法，就是“格式化字符串字面量”，也可以称为“f-string”。特点是在字符串前加前导符“f”或“F”。在使用时，将格式规格迷你语言的第一部分换成变量名或者表达式就可以了，具体实例如下：

```
>>> price = 10
>>> amount = 5
>>> f"价格：{price * amount:.2f}"
'价格：50.00'
```

5.6 字符串的编码

字符串的编码

计算机是不能直接保存字符的，只能保存二进制数，哪怕写成字节的形式，也只是一个 0～255 的数字。所以，这些数字哪个代表什么字符就是一个需要解决的问题。换言之，需要建立一个字符与数字之间的对应关系。早在计算机出现之前，电报就使用“点”和“线”的组合来表示各个字母和数字，比如非常有名的“莫尔斯码”。如果我们将“点”视为 0，“线”视为 1，那么在莫尔斯码中，“01”就代表着字母“A”，“1000”就代表着字母 B，依次类推。这样就组成了一个数字与字母的函数关系，这个关系就可以称为“字符集”。当然，莫尔斯码并不适合计算机，比如“01”和“1”在计算机里都可以视为 1，但是在莫尔斯码中，一个是字母 A，一个是字母 T。

于是，我们需要一个更适合计算机处理和显示的字符集。在早期的计算机中，这个字符集就是“美国信息互换标准代码”，即 ASCII 码。ASCII 码分为控制字符和可显示字符两部分。表 5-5 给出了 ASCII 码可显示字符。

表 5-5　ASCII 码可显示字符

二进制	十进制	十六进制	图形	二进制	十进制	十六进制	图形	二进制	十进制	十六进制	图形
0010 0000	32	20	(空格)(SP)	0100 0000	64	40	@	0110 0000	96	60	`
0010 0001	33	21	!	0100 0001	65	41	A	0110 0001	97	61	a
0010 0010	34	22	"	0100 0010	66	42	B	0110 0010	98	62	b
0010 0011	35	23	#	0100 0011	67	43	C	0110 0011	99	63	c
0010 0100	36	24	$	0100 0100	68	44	D	0110 0100	100	64	d
0010 0101	37	25	%	0100 0101	69	45	E	0110 0101	101	65	e
0010 0110	38	26	&	0100 0110	70	46	F	0110 0110	102	66	f
0010 0111	39	27	'	0100 0111	71	47	G	0110 0111	103	67	g
0010 1000	40	28	(	0100 1000	72	48	H	0110 1000	104	68	h
0010 1001	41	29	)	0100 1001	73	49	I	0110 1001	105	69	i
0010 1010	42	2A	*	0100 1010	74	4A	J	0110 1010	106	6A	j
0010 1011	43	2B	+	0100 1011	75	4B	K	0110 1011	107	6B	k
0010 1100	44	2C	,	0100 1100	76	4C	L	0110 1100	108	6C	l
0010 1101	45	2D	-	0100 1101	77	4D	M	0110 1101	109	6D	m
0010 1110	46	2E	.	0100 1110	78	4E	N	0110 1110	110	6E	n
0010 1111	47	2F	/	0100 1111	79	4F	O	0110 1111	111	6F	o
0011 0000	48	30	0	0101 0000	80	50	P	0111 0000	112	70	p
0011 0001	49	31	1	0101 0001	81	51	Q	0111 0001	113	71	q
0011 0010	50	32	2	0101 0010	82	52	R	0111 0010	114	72	r
0011 0011	51	33	3	0101 0011	83	53	S	0111 0011	115	73	s
0011 0100	52	34	4	0101 0100	84	54	T	0111 0100	116	74	t
0011 0101	53	35	5	0101 0101	85	55	U	0111 0101	117	75	u
0011 0110	54	36	6	0101 0110	86	56	V	0111 0110	118	76	v
0011 0111	55	37	7	0101 0111	87	57	W	0111 0111	119	77	w
0011 1000	56	38	8	0101 1000	88	58	X	0111 1000	120	78	x
0011 1001	57	39	9	0101 1001	89	59	Y	0111 1001	121	79	y
0011 1010	58	3A	:	0101 1010	90	5A	Z	0111 1010	122	7A	z
0011 1011	59	3B	;	0101 1011	91	5B	[	0111 1011	123	7B	{
0011 1100	60	3C	<	0101 1100	92	5C	\	0111 1100	124	7C	|
0011 1101	61	3D	=	0101 1101	93	5D	]	0111 1101	125	7D	}
0011 1110	62	3E	>	0101 1110	94	5E	^	0111 1110	126	7E	!
0011 1111	63	3F	?	0101 1111	95	5F	_				

在 Python 中，可以使用 ord()函数将一个 ASCII 码可显示字符转换为其对应的数字，也可以使用 chr()函数进行反向转换。具体实例如下：

```
>>> chr(97)
'a'
>>> ord('a')
97
```

当然，如果要一次性转换非常多的字符，这个方法就无效了，因为 ord()函数一次只能转换一个字符。这时，就需要用到“字节串字面量”。所谓“字面量”就是指内容本身，比如前文所述的“字符串”引号里面的内容，就称为该字符串的“字面量”。而这里我们需要的是将一个字符串转换为若干个字节，所以表述上就称之为“字节串字面量”。

字节串字面量中每一个字节对应一个字符。由于一个字节只有 8 个二进制位，所以它只能表示 0～255 这 256 个字符。Python 规定，字节串字面量只能保存 ASCII 码中存在的字符（包括控制字符和可显示字符）以及十六进制码。书写时，需要在字符串前加字母 b（大小写都可以）。具体实例如下：

```
>>> string = b"bytes literal"
>>> type(string)
<class 'bytes'>
>>> string[0]
98
```

从上面实例可以看出，字节串字面量的数据类型是 bytes（bytes 对象是一个[0,255]区间上的整数不可变序列）。对其进行索引，每一位返回的其实是字符的 ASCII 码，而不是字符。当然，也可以直接使用 ASCII 码书写字符串中的每一个字符。具体实例如下：

```
>>> string = "\x61\x62\x63"
>>> string
'abc'
```

在学习了以上知识之后，就可以发现一个问题：ASCII 码平时用来显示英文是足够的，但是，对于中文、日文、韩文等其他语言而言，显然是不够用的，比如，中文的常用字就超过 256 个，无法用 ASCII 码来表示全部汉字。这时就需要针对特定语言设计专门的字符集。以中文为例，我国就自行研发了两种适用于中文的字符集，分别是 GB2312 码和 GBK 码，它们与 ASCII 码的关系是，GB2312 码（1980 年制定）包含 ASCII 码，而 GBK 码（1995 年制定）包含 GB2312 码。

在这里，需要特别注意一个问题，在 ASCII 码中，每一个字符用 7 位表示，而在 GB2312 码和 GBK 码中，每一个字符用 16 位表示。所以，采用 GBK 码或 GB2312 码保存的文件，使用 ASCII 码方式打开时都会显示乱码。具体实例如下：

```
>>> string = "测试字符串"
>>> gbk = string.encode("gbk")
>>> gbk
b'\xb2\xe2\xca\xd4\xd7\xd6\xb7\xfb\xb4\xae'
>>> gbk.decode("gbk")
'测试字符串'
>>> gbk.decode("ascii")
Traceback (most recent call last):
  File "<pyshell#124>", line 1, in <module>
    gbk.decode("ascii")
UnicodeDecodeError: 'ascii' codec can't decode byte 0xb2 in position 0: ordinal not
in range(128)
```

在上面实例中，使用了两个函数 encode()和 decode()。其中，encode()是编码函数，它将源字符串按照一定的编码规则转换为字节串字面量。ASCII 码、GB2312 码和 GBK 码的编码规则非常简单，直接把字符所对应的数字存进文件里就可以了。比如，“测”字的 GBK 码是“0xB2E2”，那么就可以直接把这个字分成 2 个字节存入文件。decode()就是编码函数的反函数，作用是把字节按照编码规则反向地转换为对应字符，所以称为“解码函数”。

前面曾提到，字节串字面量只能保存 ASCII 码中存在的字符以及十六进制码。显然，中文字符不在 ASCII 码中，所以显示为十六进制码。当然，如果两个字符集互相包含，那么就可以相互转换，具体实例如下：

```
>>> string = "测试字符串"
>>> gb2312 = string.encode("gb2312")
>>> gb2312
b'\xb2\xe2\xca\xd4\xd7\xd6\xb7\xfb\xb4\xae'
>>> gb2312.decode("gbk")
'测试字符串'
```

这也解释了在 1.4.1 节的第 3 点中，要求在行首加编码规则注释“# -*- coding:utf-8 -*-”的原因。在 Python 2.x 中，使用的默认编码是 ASCII 码，因此，如果写中文的话，显然就会出现编码错误，加入这个注释，是为了让文字正确显示。那么，什么是 UTF-8 呢？

在说明 UTF-8 之前，需要先介绍一种被称为 Unicode 的字符集，它是 ASCII 码的扩展形式。Unicode 里包含了世界上大多数语言所需要用到的字符，从 Windows NT 开始，Windows 操作系统的底层就不再是 ASCII 码，而是 Unicode。Unicode 根据不同的编码规则，又可以分为 UTF-8、UTF-16 和 UTF-32 等。

这里需要注意 Unicode 与 UTF-8 之间的关系。ASCII 码和 Unicode 都是字符集，都是为每一个字符分配一个码位，比如在 ASCII 码中，字符“a”的码位是 97，在 Unicode 中，汉字“知”的码位是 30693，记为 U+77E5，也可以理解成[0x77E5]。码位是可以直接用来输入的，如果你把 Unicode 全部记下来，就可以直接使用码位打字。比如，打开 Word 文档，按住 Alt 键用小键盘输入“30693”，再放开 Alt 键，就可以显示出汉字“知”。而 UTF-8、UTF-16 等是针对 Unicode 字符集的“编码规则”，也就是将每一个“码位”转换为字节序列的规则。根据 UTF-8 这个规则，U+77E5 应该编写为 3 个字节记录在文件中，分别是[0xE7]、[0x9F]和[0xA5]。

与 ASCII 码相同，在字符串中也可以直接使用 Unicode 码书写字符，这时需要使用到转义字符“\uhhhh”，其中，“\u”后面接的 4 个十六进制字符代表 2 个字节。比如，“你”的 Unicode 编码是 U+4F60，“好”的编码是 U+597D。所以，“你好”就可以书写为“\u4F60”和“\u597D”，具体实例如下：

```
>>> string = "\u4f60\u597d"
>>> string
'你好'
>>> string.encode("utf-8")
b'\xe4\xbd\xa0\xe5\xa5\xbd'
```

再次强调，Unicode 码与保存到文件中的、使用 UTF-8 转换过的二进制位是不一样的，这里一定要注意区分。在与他人交流时，如果说的是编码规则，就要说“UTF-8”，如果说的是码表或者字符集，则要说“Unicode”。

最后，选用哪种编码规则保存文件取决于个人爱好以及受众。比如制作一个面向中国用户的应用程序，使用 UTF-8、GBK 或者 GB2312 都是可以的。如果制作一个面向全球用户的应用程序，显然使用 UTF-8 会更合适一些，这也是 Python 3.x 默认的编码规则是 UTF-8 的原因。

5.7 字符串的常用操作

字符串的常用
操作

字符串的常用操作可以分为两种，即类型转换函数和字符串操作函数。在开发过程中经常用到的函数如下。

（1）类型转换函数 int()、long()、float()、complex()、tuple()、list()、chr()、ord()、unichr()、hex()和 oct()。根据函数名就可以判断出函数的作用，比如，int("100")就是将字符串"100"转为数字 100。具体实例如下：

```
>>> int("100")
100
>>> list("I'm fine, thank you")
['I', "'", 'm', ' ', 'f', 'i', 'n', 'e', ',', ' ', 't', 'h', 'a', 'n', 'k', ' ', 'y', 'o', 'u']
```

（2）表达式转换函数 eval()。比如，eval("10+20+30")输出数字 60。具体实例如下：

```
>>> price = 50
>>> amount = 12
>>> eval("price * amount")
600
```

eval()函数非常有用，需要说明的是，该函数的参数是一个表达式，也就是说可以有变量。

（3）长度计算函数 len()。比如，len("123")输出数字 3。这个函数同样也是字符串的常用函数，在进行词法分析时，必定会用到。具体实例如下：

```
>>> len("price * amount")
14
```

（4）大小写转换函数 lower()和 upper()。这两个函数非常简单，作用就是把字符串里的英文字母转换为对应的大写字符或者小写字符，对非英文字母不起作用。在实际使用过程中，凡是大小写不敏感的场合都需要使用本函数。比如，用户输入验证码时，大写小写都可以通过。再如，使用十六进制数时，九以上的数字使用字母表示，大小写也是一样的。具体实例如下：

```
>>> print("my python lesson".upper())
MY PYTHON LESSON
>>> print("My 1st Python Lesson".lower())
my 1st python lesson
```

（5）查询函数 find()。在字符串的使用过程中，查询函数可以说是最常用的函数了。比如在商品搜索过程中，用户输入了关键词，那就需要在数据库里搜索每个商品名是否包含这个关键词。查询函数 find()的使用方法如下：

```
>>> "It's python".find("yt")
6
>>> "It's python".find("C")
-1
>>> "It's python".find("yt", 2, 5)
-1
```

该函数的第一个参数是待查询的字符串。比如，要查询“Python 课程”中是否包含“课程”二字，那么第一个参数就要写成“课程”。第二个参数是查询的开始位置，不写就是0。第三个参数是查询的结束位置，不写就是字符串的总长。执行查询，如果包含，则返回第一个字符在字符串中的位置，如果不包含，则返回−1。

（6）字符串分解函数 split()。该函数也是在开发过程中极其常用的函数。在实际使用过程中，如果用户输入了一串被精心设计过的字符串，那么往往需要使用本函数进行分解。比如，邮箱地址的格式是“用户名@域名”，可以使用 split 函数将其分解。具体实例如下：

```
>>> print("email_address@domain".split("@"))
['email_address', 'domain']
```

在使用 split()函数的过程中，需要注意一下它的参数。该函数有两个参数。第一个参数表示分隔符，例如，上面的实例中的分隔符就是“@”，当然，在实际使用过程中分隔符也可能是其他字符。第二个参数是切割次数。比如，字符串“Python#C#C++#JAVA#C#”是由 5 门语言组成的，也就是 Python、C、C++、Java 和 C#。但是，如果用“#”来分隔，就会出现如下所示的结果：

```
>>> print("Python#C#C++#JAVA#C#".split("#"))
['Python', 'C', 'C++', 'JAVA', 'C', '']
```

可以看到，系统将最后的“C#”中的“#”也视为分隔符。在正常使用过程中，如果预知待分隔字符串包含分隔符，则应当更换分隔符。不过，也可以使用 split()函数的第二个参数解决这个问题，具体实例如下：

```
>>> print("Python#C#C++#JAVA#C#".split("#", 4))
['Python', 'C', 'C++', 'JAVA', 'C#']
```

这里的第二个参数的实际含义是处理多少个分隔符，设置为 4 就是处理前 4 个分隔符，也就是字符串会被分成 5 段，设置为 *n* 就是处理前 *n* 个分隔符，字符串会被分成 *n*+1 段。

5.8 本章小结

字段串操作是各种数据结构中最基本的操作。学习和掌握字符串操作对于学习包括 Python 在内的各种编程语言都非常重要，因为其在数据展示、数据持久化、文法和词法分析等方面的应用十分普遍。本章包含多个字符串知识点，如字符串的索引、切片、各种字符串拼接方法、特殊字符、字符转义、原始字符串、格式化字符串及常用操作等，本章对这些知识点做了详细的介绍，并提供了丰富的实例。在学习字符串操作时，可以先从实际出发，学习字符串在实际应用中需要如何处理，再学习处理过程需要使用的内部函数是如何编制的，最后从编制这些内部函数的过程中学习和理解字符串的本质。

5.9 习题

编程题

1. 从 1 计数至 1000，并且以进度条的形式显示计数进度（提示：此题在 Windows 命令行模式下执行比较简单）。

2. 试着用写成一行的字符串，输出以下内容：

堂堂

堂堂堂堂

堂堂食堂堂堂

堂堂堂堂

堂堂门堂

3. 任意给定一个字符串，在不使用 Python 自带的字符串切片方法的前提下，使用代码进行字符串切片，输出结果；再用 Python 自带的字符串切片方法对该字符串切片，也输出结果。

4. 编写代码验证每种字符串拼接方法的效率。

5. 找出“你好！世界！”的 Unicode 字符，并用字符串输出。

6. 编程输出图 5-2。其中，0、1、2、……和–1、–2、–3、……都是字符串的索引值，字符串需要由变量指定，每一个框都是由加号和减号组成的，箭头是大于号和小于号。

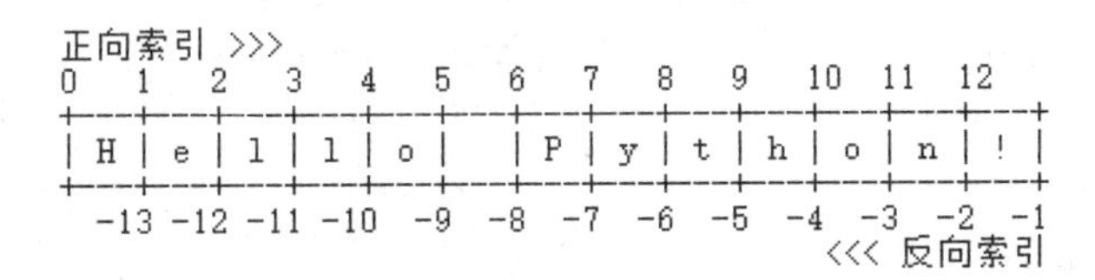

图 5-2 编程输出

第6章 函数

函数是可以重复使用的用于实现某种功能的代码块。与其他语言类似，在 Python 中，函数的优点也是提高程序的模块性和代码复用性。Python 有很多内置函数，如 print()；此外，pandas、NumPy、Matplotlib 等第三方类库都包含了很多的函数可供调用；当然，我们也可以自己定义函数，称作“用户自定义函数”。

本章首先介绍 Python 中的两种函数，即普通函数和匿名函数，然后介绍参数传递的方法，最后介绍参数的类型。

6.1 普通函数

普通函数一般包含函数名（必需）、参数列表、变量、代码块（必需）、return 等部分。

基本定义及调用

6.1.1 基本定义及调用

定义函数的语法如下：

```
def 函数名(参数列表):
    函数体
```

定义函数需要遵循以下规则。

（1）函数代码块从形式上包含函数名部分和函数体部分。

（2）函数名部分以 def 关键字开头，后接函数标识符名称和圆括号“()”，以冒号“:”结尾。

（3）圆括号内可以定义参数列表（可以为 0 个、1 个或多个参数），即使参数个数为 0，圆括号也必须有；函数形参不需要声明其类型。

（4）函数的第一行语句可以选择性地使用文档字符串存放函数说明。

（5）函数体部分的内容需要缩进。

（6）使用“return [表达式]”结束函数，选择性地返回一个值给调用方，不带表达式的 return 语句相当于返回 None。

函数定义完成之后，就可以被调用了。函数可通过另一个函数调用执行，也可以直接从 Python 命令提示符执行。

在下面的代码中，我们先定义一个 hello()函数，没有带参数，然后调用：

```
>>> def hello():
        print("Hello Python")
>>> hello()
Hello Python
```

例 6-1 为带有一个参数的函数的实例，通过例 6-1 可以发现，对已经定义的函数，可以多次调用，这样就提高了代码的复用性。

【例 6-1】 定义一个带有参数的函数。

```
01  # i_like.py
02  # 定义带有参数的函数
03  def like(language):
04        '''打印喜欢的编程语言！'''
05        print("我喜欢{}语言！".format(language))
06        return
07  # 调用函数
08  like("C")
09  like("C#")
10  like("Python")
```

上面代码的执行结果如下：

```
我喜欢 C 语言!
我喜欢 C#语言!
我喜欢 Python 语言!
```

需要注意的是，函数的第一行语句使用文档字符串来进行函数说明，可以用内置函数 help()查看函数说明，具体代码如下：

```
>>> help(like)
Help on function like in module __main__:
like(language)
打印喜欢的编程语言!
```

例 6-2 为带有多个参数的函数的实例。

【例 6-2】 求出从整数 a1 到整数 a2 的所有整数之和。

```
01  # sum_seq.py
02  # 定义函数
03  def sum_seq(a1,a2):
04       val = (a1 + a2) * (abs(a2 - a1)+1)/2
05       return val
06  #调用函数
07  print(sum_seq(1,9))
08  print(sum_seq(3,4))
09  print(sum_seq(2,11))
```

上面代码的执行结果如下：

```
45.0
7.0
65.0
```

6.1.2 文档字符串

文档字符串、函数标注和 return 语句

前面的函数定义规则提到，函数的第一行语句可以选择性地使用文档字符串（documentation strings）存放函数说明。关于文档字符串有如下约定。

（1）第一行应为对象目的的简要描述。

（2）如果有多行，则第二行应为空白行。其目的是将摘要与其他描述从视觉上分隔开。后面几行应该是一个或多个段落，描述对象的调用约定、副作用等。

文档字符串及其约定其实是可选而非必需的，没有增加文档字符串并不会造成语法错误。当然，如果用规范的文档字符串为函数增加注释，则可以为程序阅读者提供友好的提示和使用说明，提高函数代码的可读性。

可以用内置函数 **help()**或者“函数名.**__doc__**”来查看函数的注释。

【例 6-3】在函数中使用文档字符串。

```
01  # docstr.py
02  # 函数定义
03  def docstr_demo(n):
04        '''函数的简要描述
05
06        函数参数 n：传递函数的参数的描述'''
07        return
08
09  # 打印函数文档字符串的两种方式
10  help(docstr_demo)
11  print("-------------------------------")
12  print(docstr_demo.__doc__)
```

上面代码的执行结果如下：

```
Help on function docstr_demo in module __main__:

docstr_demo(n)
      函数的简要描述

      函数参数 n：传递函数的参数的描述

-------------------------------
函数的简要描述

      函数参数 n：传递函数的参数的描述
```

6.1.3 函数标注

函数及函数的形参都可以不指定类型，但是这往往会导致在阅读程序或函数调用时无法知道参数的类型。Python 提供“函数标注”（function annotations）的手段为形参标注类型。函数标注是关于用户自定义函数中使用的参数类型的元数据信息，它以字典的形式存放在函数的“__annotations__”属性中，并且不会影响函数的任何其他部分。在例 6-4 中，位置参数、默认参数（在 6.4 节参数类型中介绍）以及函数返回值都被标注了类型，形参的标注方式是在形参后加冒号和数据类型，函数返回值的标注方式是在形参列表和 def 语句结尾的冒号之间加上复合符号“->”和数据类型。值得注意的是，函数标注仅仅是标注了参数或返回值的类型，但并不会限定参数或返回值的类型，在函数定义和调用时，参数和返回值的类型是可以改变的。

【例 6-4】函数参数和返回值类型的标注。

```
01  # anno_demo.py
02  # 函数定义
03  def anno_demo(p1:str,p2:str = "is my favorite!")->str :
04        s = p1 + " " + p2
05        print("函数标注：",anno_demo.__annotations__)
06        print("传递的参数：",p1,p2)
07        return s
08
09  # 函数调用
10  print(anno_demo("Python"))
```

上面代码的执行结果如下：

```
函数标注：  {'p1': <class 'str'>, 'p2': <class 'str'>, 'return': <class 'str'>}
传递的参数：  Python is my favorite!
Python is my favorite!
```

6.1.4 return 语句

“return [表达式]”语句用于退出函数，选择性地向调用方返回一个表达式。特别指出，不带表达式的 return 返回 None。

【例 6-5】使用 return 语句根据条件判断有选择性地返回。

```
01  # quotient.py
02  # 求商
03  def quotient(dividend,divisor):
04        if (divisor == 0):
05              return
06        else:
07              return dividend/divisor
08
09  # 函数调用
10  # 除数不为 0
11  a = 99
12  b = 3
13  print( a,"/" ,b," = ",quotient(a,b))
14
15  # 除数为 0
16  a = 99
17  b = 0
18  print( a,"/" ,b," = ",quotient(a,b))
```

上面代码的执行结果如下：

```
99 / 3  =  33.0
99 / 0  =  None
```

特别指出，如果函数没有 return 语句或者没有执行到 return 语句就退出函数，则该函数以返回 None 结束。

6.1.5 变量作用域

变量作用域

函数内部或者外部会经常用到变量。函数内部定义的变量一般为局部变量，函数外部定义的变量为全局变量。变量起作用的代码范围称为“变量作用域”。

变量（包括局部变量和全局变量）的作用域都从定义的位置开始，在定义之前访问则会报错。

比如，在解释器环境中，直接使用没有定义的变量，就会报错，如下所示：

```
>>> print(x,y)
Traceback (most recent call last):
  File "<pyshell#1>", line 1, in <module>
    print(x,y)
NameError: name 'x' is not defined
```

在独立代码文件中，直接使用没有定义的变量，也会报错。

【例 6-6】在独立代码文件中，直接使用没有定义的变量。

```
01  # func_var1.py
02  def func():
03      x = 1
04      print(x,y)
05      y = 100
06
07  func()
```

上面代码执行以后会出现错误信息，示例如下：

```
Traceback (most recent call last):
  File "C:/Python38/mycode/chapter05/func_var1.py", line 7, in <module>
    func()
  File "C:/Python38/mycode/chapter05/func_var1.py", line 4, in func
    print(x,y)
UnboundLocalError: local variable 'y' referenced before assignment
```

函数内定义的局部变量，其作用域仅在函数内；一旦函数运行结束，则局部变量都被删除而不可访问。

【例 6-7】全局变量与局部变量的作用域示例。

```
01  # func_var2.py
02  x,y = 2,200         #全局变量
03
04  def func():
05      x,y = 1,100     #局部变量作用域仅在函数内部
06      print("函数内部: x=%d,y=%d" % (x,y))
07
08  print("函数外部: x=%d,y=%d" % (x,y))
09  func()
10  print("函数外部: x=%d,y=%d" % (x,y))
```

上面代码的执行结果如下：

```
函数外部：x=2,y=200
函数内部：x=1,y=100
函数外部：x=2,y=200
```

从例 6-7 可以看出，虽然全局变量与局部变量名称相同，但由于作用域不同，其所包含的值也不相同。

在函数内部可以通过 global 定义的方式来定义全局变量，该全局变量在函数运行结束后依然存在并可访问。下面对例 6-7 做简单的修改，在函数内部使用 global 定义全局变量 x，其同名全局变量在函数外已经定义，该变量在函数内外是同一个变量，所以在函数内部该变量所有的运算结果也反映到函数外；如果函数内部用 global 定义的全局变量在函数外部没有同名的，则调用该函数后，创建新的全局变量。

【例 6-8】在函数内部用 global 定义全局变量。

```
01  # func_var3.py
02  x,y = 2,200          #全局变量
03
04  def func():
05      global x
06      x,y = 1,100      #局部变量作用域仅在函数内部
07      print("函数内部：x=%d,y=%d" % (x,y))
08
09  print("函数外部：x=%d,y=%d" % (x,y))      #函数调用前
10  func()
11  print("函数外部：x=%d,y=%d" % (x,y))      #函数调用后
```

上面代码的执行结果如下：

```
函数外部：x=2,y=200
函数内部：x=1,y=100
函数外部：x=1,y=200
```

通过例 6-8 可以发现，对于变量 x 而言，函数 func()调用前，x 的值为 2；函数 func()调用时，x 的值由 2 变为 1，所以打印结果为 1；函数 fun()调用后，由于在函数内部 x 是全局变量，所以其值也反映到函数外部。

而对于变量 y 而言，例 6-8 中的全局变量 y 和局部变量 y 是两个不同的变量。局部变量 y 在函数 func()调用过程中不会改变全局变量 y 的值。这也说明，如果局部变量和全局变量名字相同，则局部变量在函数内部会“屏蔽”同名的全局变量。

6.1.6 函数的递归调用

函数的递归调用

递归（recursion）是一种特殊的函数调用形式，是函数在定义时直接或间接调用自身的一种方法，目的是将大型复杂的问题转化为一个与之相似的但规模较小或更为简单的问题。构成递归需要具备以下条件。

（1）子问题须与原来的问题为同样的问题，但规模较小或更为简单。

（2）调用本身须有出口，不能无限制调用，即有边界条件。

例如，求非负整数的阶乘，公式为 $n!=1\times2\times3\times\cdots\times n$。可以用循环的方式来实现，即按照公式从 1 乘到 n 来获得结果。但仔细分析后可以发现，n 的阶乘其实是 $n-1$ 的阶乘与 n 的乘积，即 $n!=(n-1)!\times n$，这符合递归所需的条件。下面分别用循环和递归的方式来实现，可以比较这两种实现方式。一般而言，递归会大大地减少程序的代码量，让程序更加简捷。

【例 6-9】用循环的方式实现非负整数的阶乘。

```
01  # factorial_loop.py
02  def factorial_loop(n):
03      '''用循环的方式求非负整数 n 的阶乘'''
04      val = 1
05      if n==0:
06          return val
07      else:
08          i = 1
09          while i<=n:
10              val = val * i
11              i += 1
12          return val
13
14  # 调用函数
15  print(factorial_loop(5))
```

【例 6-10】用递归的方式实现非负整数的阶乘。

```
01  # factorial_recursion.py
02  def factorial_recursion(n):
03      '''用递归的方式求非负整数 n 的阶乘'''
04      if n==0:
05          return 1
06      else:
07          return n*factorial_recursion(n-1)
08
09  # 调用函数
10  print(factorial_recursion(5))
```

求斐波那契数列是另一个典型的递归案例。斐波那契数列是这样一个数列：0,1,1,2,3,5,8,13,21,34,⋯。在数学上，斐波那契数列以如下递归的方法定义：$F(0)=0$，$F(1)=1$, $F(n)=F(n-1)+F(n-2)$（$n\geqslant2$，$n\in\mathbf{N}$）。

【例 6-11】使用递归方法求斐波那契数列中的第 n 个元素。

```
01  # fibonacci.py
02  def fibonacci(n):
03      '''求斐波那契数列中的第 n 个元素'''
04      fn = 0
05      if n == 1:
06          fn = 0
07      elif n== 2:
08          fn = 1
09      else:
10          fn = fibonacci(n-2) + fibonacci(n-1)
11      return fn
12
```

```
13  # 调用函数
14  for i in range(1,10):
15        print (fibonacci(i))
```

6.2 匿名函数

匿名函数

前面曾经提到，Python 有一种特殊的函数叫“匿名函数”。它其实是没有采取使用 def 语句定义函数的标准方式，而用 lambda 方式来简略定义的函数。匿名函数没有函数名，其 lambda 表达式只可以包含一个表达式，常用于不想定义函数但又需要函数的代码复用功能的场合。匿名函数具有以下特点。

（1）lambda 表达式只包含一个表达式，函数体比 def 简单很多，所以匿名函数更加简洁。

（2）lambda 表达式的主体是一个表达式，而不是一个代码块。lambda 表达式中只能封装有限的逻辑。

（3）匿名函数拥有自己的命名空间，且不能访问自己参数列表之外或全局命名空间里的参数。

匿名函数定义如下：

```
匿名函数名 = lambda [arg1 [,arg2,.....argn]]:expression
```

其中，arg*为参数列表，expression 为表达式，表示函数要进行的操作。

【例 6-12】分别用普通函数和匿名函数的方式求两个数的平方差。

```
01  # variance.py
02  # 计算两个数的平方差
03
04  # 以普通函数方式定义
05  def variance1(a,b):
06        return b**2 - a**2
07
08  # 以匿名函数方式定义
09  variance2 = lambda a,b: b**2 - a**2
10
11  x,y = 4,5
12
13  # 普通函数调用
14  print("以普通函数方式定义的函数计算：")
15  print("{}*{} - {}*{} = {}".format(y,y ,x ,x,variance1(x,y)))
16
17  # 匿名函数调用
18  print("==============================")
19  print("以匿名函数方式定义的函数计算：")
20  print("{}*{} - {}*{} = {}".format(y,y ,x ,x,variance2(x,y)))
```

上面代码的执行结果如下：

以普通函数方式定义的函数计算：

```
5*5 - 4*4 = 9
==============================
```

以匿名函数方式定义的函数计算：

```
5*5 - 4*4 = 9
```

从例 6-12 可以看出，对于不复杂的仅用一个表达式即可实现的函数，匿名函数与普通函数差别不大。与普通函数比较而言，匿名函数的调用形式与之相同，而定义会更简洁一些。所以，对于只需要包含一个表达式的函数，可以选择匿名函数；而对于复杂的、不能用一个表达式来完成的任务，匿名函数则力不从心，此时使用普通函数是正确的选择。

6.3 参数传递

参数传递

参数是函数的重要组成部分。函数定义语法中，函数名后括号内的参数列表是用逗号分隔开的形参（parameters），可以包含 0 个或多个参数。在调用函数时，向函数传递实参（arguments），根据不同的实参参数类型，将实参的值或引用传递给形参。

通过前面章节的学习，我们已经知道，在 Python 中，各种数据类型都是对象。其中字符串、数字、元组等是不可变（immutable）对象，列表、字典等是可变（mutable）对象。而变量被赋值某个数据类型的对象时，不需要事先声明变量名及其类型，直接赋值即可，此时，不仅变量的“值”发生变化，变量的“类型”也随之发生变化。这里之所以打引号，是因为变量本身并无类型，也不直接存储值，而是存储了值的内存地址或者引用（指针）。

Python 函数在传递不可变对象和可变对象这两种参数时，变量的值和存储的地址是否发生变化？只有明晰这个问题，才能更好地编写函数。

6.3.1 给函数传递不可变对象

下面的例 6-13 中函数的参数传递的是数字类型，是不可变对象，这里要重点观察其定义及调用阶段变量的变化情况。

【例 6-13】给函数传递不可变对象。

```
01  # transfer_immutable.py
02  # 函数定义
03  def transfer_immutable(var):
04          print("-------------------------函数内部-------------------------")
05          print("函数内部赋值前，变量值：",var," --- 变量地址：",id(var))
06          var += 77
07          print("函数内部赋值后，变量值：",var," --- 变量地址：",id(var))
08          print("-------------------------函数内部-------------------------")
09          return(var)
10
11  # 函数调用
12  var_a = 11
13  print("函数外部调用前，变量值：",var_a," --- 变量地址：",id(var_a))
14  transfer_immutable(var_a)
15  print("函数外部调用后，变量值：",var_a," --- 变量地址：",id(var_a))
```

上面代码的执行结果如下：

```
函数外部调用前，变量值： 11 --- 变量地址： 140705103677424
-------------------------函数内部-------------------------
函数内部赋值前，变量值： 11 --- 变量地址： 140705103677424
函数内部赋值后，变量值： 88 --- 变量地址： 140705103679888
-------------------------函数内部-------------------------
函数外部调用后，变量值： 11 --- 变量地址： 140705103677424
```

从例 6-13 可以看出，不可变对象在传递给函数时，实参和形参是同一个对象（值和地址都相同）；但在函数内部，不可变对象类型的变量在重新赋值后，形参变成一个新的对象（地址发生改变），函数外部的实参在函数调用前后并未发生改变。可见，对于不可变对象的实参，传递给函数的仅仅是值，函数不会影响其引用（存放地址）。

6.3.2 给函数传递可变对象

将例 6-13 做简单的修改，函数内部几乎相同，不同的是实参的类型是可变对象的列表。

【例 6-14】给函数传递可变对象。

```
01  # transfer_mutable.py
02  # 函数定义
03  def transfer_mutable(varlist):
04          print("-------------------------函数内部-------------------------")
05          print("函数内部赋值前，变量值：",varlist," --- 变量地址：",id(varlist))
06          varlist += [4,5,6,7]
07          print("函数内部赋值后，变量值：",varlist," --- 变量地址：",id(varlist))
08          print("-------------------------函数内部-------------------------")
09          return(varlist)
10
11  # 函数调用
12  var_a = [1,2,3]
13  print("函数外部调用前，变量值：",var_a," --- 变量地址：",id(var_a))
14  transfer_mutable(var_a)
15  print("函数外部调用后，变量值：",var_a," --- 变量地址：",id(var_a))
```

上面代码的执行结果如下：

```
函数外部调用前，变量值： [1, 2, 3] --- 变量地址： 2353139853056
-------------------------函数内部-------------------------
函数内部赋值前，变量值： [1, 2, 3] --- 变量地址： 2353139853056
函数内部赋值后，变量值： [1, 2, 3, 4, 5, 6, 7] --- 变量地址： 2353139853056
-------------------------函数内部-------------------------
函数外部调用后，变量值： [1, 2, 3, 4, 5, 6, 7] --- 变量地址： 2353139853056
```

通过例 6-14 可以发现，传递可变对象的实参，事实上是把值和引用都传递给形参。函数内部对形参的改变，同时也改变了实参。

6.3.3 关于参数传递的总结

关于 Python 函数的不可变对象和可变对象这两种参数的传递形式，这里做如下总结。

（1）不可变对象：对于函数 fun(a)，调用时传递不可变对象类型的值给 a，传递的只是 a 的值，没有影响 a 对象本身。如果在 fun(a)内部修改 a 的值，则新生成一个 a。

（2）可变对象：对于函数 fun(la)，调用时传递可变对象类型的值给 la，则是将 la 真正地传递过去，在函数 fun(la)内部修改 la 后，函数 fun(la)外部的 la 也会受影响。

6.4 参数类型

参数类型

Python 函数的参数有以下几种类型：位置参数、关键字参数、默认参数、不定长参数。

6.4.1 位置参数

位置参数，在函数调用时是必须有的，而且顺序和数量都要与声明时保持一致。下面的实例中定义了一个有两个位置参数的函数。第一次调用时没有参数，运行时报错显示缺少两个必需的参数；第二次调用时仅有一个参数，运行时报错信息不同，显示缺少第二个参数；第三次调用时，提供了两个参数，函数正确运行。

```
>>> #定义一个函数，其有两个位置参数
>>> def required_param(p1,p2):
        print(p1,p2)
        return
>>> #调用函数，缺少 2 个参数
>>> required_param()
Traceback (most recent call last):
  File "<pyshell#9>", line 1, in <module>
    required_param()
TypeError: required_param() missing 2 required positional arguments: 'p1' and 'p2'
>>> #调用函数，缺少 1 个参数
>>> required_param("a string")
Traceback (most recent call last):
  File "<pyshell#11>", line 1, in <module>
    required_param("a string")
TypeError: required_param() missing 1 required positional argument: 'p2'
>>> #调用函数，提供 2 个参数
>>> required_param("Hello","World")
Hello World
```

6.4.2 关键字参数

在函数调用时，参数的传入使用了参数的名称，则该类参数称为关键字参数。使用关键字参数允许函数调用时参数的顺序与声明时不一致，因为 Python 解释器能够用参数名匹配参数值。所以，在函数调用中，关键字参数放置的顺序可以随意，但是关键字参数必须跟随在位置参数的后面。实例如下：

```
>>> # 定义一个函数，有 1 个位置参数、2 个关键字参数
>>> def key_param(p1,kp1,kp2):
        print(p1,kp1,kp2)
        return
```

```
>>> # 调用函数
>>> key_param("p1",kp2="kp2",kp1="kp1")
p1 kp1 kp2
```

在这个例子中，在 key_param("p1",kp2="kp2",kp1="kp1")这种调用下，函数定义中的 kp1、kp2 是关键字参数，而 p1 是位置参数，这是由函数的调用决定的。此时，函数调用时，p1 必须有，而且位置必须跟声明时一致，即放在第一个位置；而 kp1、kp2 顺序可随意。

如果函数调用改为 key_param(p1="p1",kp2="kp2",kp1="kp1")，那么此时 p1 是何种参数呢？这时 p1 也变为关键字参数了，可见关键字参数与函数调用紧密相关。实际上，函数调用也可以改为 key_param(kp2="kp2",p1="p1",kp1="kp1")，也就是说，当三个参数都是关键字参数的时候，三个参数传递的顺序可以随意。

6.4.3 默认参数

如果在函数定义时，某个参数使用了默认值，则该参数是默认参数；如果函数调用时没有传递该参数，则使用默认值。例 6-15 以某学生社团纳新的会员管理为例，假定社团的新成员的年级一般为“大一”，所以 grade 参数使用默认参数。

【例 6-15】在函数定义中使用默认参数。

```
01  # param1.py
02  # 定义一个函数
03  # 某社团纳新，会员一般为大一学生
04  def new_member(name,student_id,grade="大一"):
05      print("姓名",name)
06      print("学号",student_id)
07      print("年级",grade)
08      print("----------------------------")
09      return
10
11  # 调用函数
12  new_member("张三","0001")
13  new_member("李四","0002","大二")
```

上面代码的执行结果如下：

```
姓名 张三
学号 0001
年级 大一
----------------------------
姓名 李四
学号 0002
年级 大二
----------------------------
```

值得注意的是，默认参数是在函数定义的时候就参加计算的。下面的示例中，函数调用 func()会打印什么值呢？答案是在函数定义时就确定的值，即“大一”，而非在函数定义之后才被赋值的“大二”。

```
>>> gradeone = '大一'
>>> def func(grade=gradeone):
        print(grade)
>>> gradeone = '大二'
>>> #函数调用
>>> func()
大一
```

6.4.4 不定长参数

如果我们希望函数参数的个数不确定，则往往需要用到不定长参数。不定长参数的定义方式主要有两种：*parameter 和**parameter，前者接收多个实参并将其放在一个元组中，后者则接收键值对并将其放在字典中。这两种定义方式的基本语法分别如下。

方式一：

```
def functionname([formal_args,] *var_args_tuple ):
    function_suite
    return [expression]
```

方式二：

```
def functionname([formal_args,] **var_args_dict ):
    function_suite
    return [expression]
```

例 6-16 给出第一种方式的示例函数，它使用了不定长参数。

【例 6-16】 对所有数字参数求和。

```
01  # param2.py
02  # 定义函数
03  def cal_sum(*a):
04      sum = 0
05      for ele in a:
06          sum += ele
07      return sum
08
09  # 调用函数
10  print(cal_sum(1,2))
11  print(cal_sum(1,2,3,4))
```

上面代码的执行结果如下：

```
3
10
```

例 6-17 给出第二种方式的示例函数，它使用了不定长参数，实参传递进函数后被转变为字典类型。

【例 6-17】 使用不定长参数，实参传递进函数后被转变为字典类型。

```
01  # param3.py
02  # 函数定义
03  def userinfo(**p):
04      print(p)
```

```
05    for k,v in p.items():
06          print(k,":",v)
07
08  # 函数调用
09  userinfo(name = 'zhangsan' , id = '0001' , sex= 'male')
10  print("=======================================================")
11  userinfo(name = 'lisi' , id = '0002' , sex= 'female')
12  print("=======================================================")
13  userinfo(name = 'wangwu' , id = '0003' , sex= 'female')
```

上面代码的执行结果如下:

```
{'name': 'zhangsan', 'id': '0001', 'sex': 'male'}
name : zhangsan
id : 0001
sex : male
=======================================================
{'name': 'lisi', 'id': '0002', 'sex': 'female'}
name : lisi
id : 0002
sex : female
=======================================================
{'name': 'wangwu', 'id': '0003', 'sex': 'female'}
name : wangwu
id : 0003
sex : female
```

6.4.5 特殊形式

Python 中为了确保可读性和运行效率，可以对参数传递形式进行限制：通过在函数定义的参数列表中增加“/”或“*”（可选），确定参数项是仅按位置、按位置也按关键字，还是仅按关键字传递。图 6-1 所示为函数定义参数列表中增加“/”或“*”的相关语法和规定。

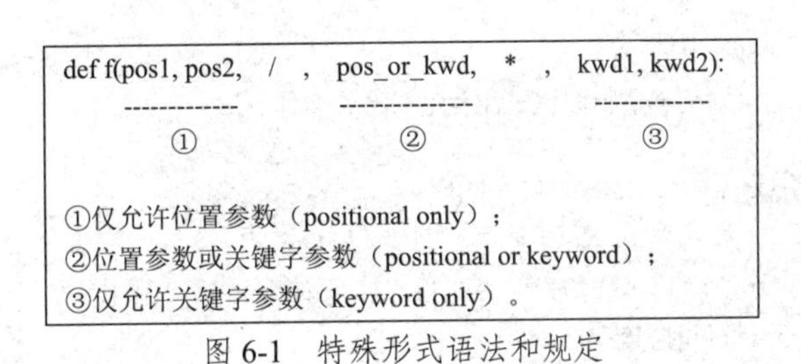

图 6-1 特殊形式语法和规定

如果函数定义中未使用“/”和“*”，则参数传递的类型可以是位置参数或关键字参数。如果函数定义中使用“/”，则“/”前面的形参仅限位置参数，这意味着函数调用时，实参应与形参一一对应，也不能按照关键字参数的方式来传递；如果函数定义中使用“*”，则其后的形参仅限关键字参数；而在“/” 和“*”之间的形参可以为位置参数或关键字参数。

6.4.6 参数传递的序列解包

函数定义的参数列表如果包含多个位置参数的形参，则可以用列表、元组、集合、字典或其他可迭代的对象作为实参来进行参数传递，需要在实参名称前加一个星号（*），此时 Python 解释器会对实参进行所谓的解包操作，将序列中的值分别传递给多个单变量的形参。下面是序列解包的实例：

```
>>> def func(p1,p2,p3):
      # 形参列表中有多个位置参数
          print(p1,p2,p3)
          return
>>> list1 = ["a1","a2","a3"]
>>> func(*list1)  #对列表进行解包
a1 a2 a3
>>> tup1 = ("a1","a2","a3")
>>> func(*tup1)   #对元组进行解包
a1 a2 a3
>>> dict={'a':1,'b':2,'c':3}
>>> func(*dict)    #对字典的键进行解包
a b c
>>> func(*dict.values())   #对字典的值进行解包
1 2 3
>>> set1 = {'a','b','c'}
>>> func(*set1)    #对集合进行解包
b c a
>>> r1 = range(1,4)
>>> func(*r1)     #对其他序列类型进行解包
1 2 3
```

这是单个星号（*）对参数传递的序列解包的情形，而两个星号（**）则是针对字典的值进行解包的。需要注意的是，字典的键须与形参的名称保持一致，否则会报错。实例如下：

```
>>> def func(p1,p2,p3):
      # 形参列表中有多个位置参数
          print(p1,p2,p3)
          return
>>> p = {'p1':1,'p2':2,'p3':3}
>>> func(**p)     #对字典进行解包，注意键与形参名称一致
1 2 3
>>> func(*p.values())    #对字典的值进行解包
1 2 3
>>> p = {'a1':1,'a2':2,'a3':3}    #字典的键与形参名称不一致
>>> func(**p)    #解包时出错
Traceback (most recent call last):
  File "<pyshell#58>", line 1, in <module>
    func(**p)    #解包时出错
TypeError: func() got an unexpected keyword argument 'a1'
```

6.5 本章小结

函数是 Python 的重要部分。本章从普通函数开始逐步介绍函数的各个组成部分，着重阐述了多种参数类型的差异，详细分析了参数传递不同类型的对象时对实参和形参的影响，

还介绍了匿名函数和递归调用函数等。

6.6 习题

编程题

1. 编写函数，返回斐波那契数列的列表。注：斐波那契数列指的是这样一个数列：0,1,1,2,3,5,8,13,21,34,⋯。在数学上，斐波那契数列以如下递归的方法定义：$F(0)=0$，$F(1)=1$, $F(n)=F(n-1)+F(n-2)$（$n\geqslant 2$，$n \in \mathbf{N}$）。

2. 编写函数，打印 n 行的金字塔。

3. 编写函数，用非递归形式实现冒泡排序。

4. 编写函数，用递归形式实现汉诺塔问题。

第7章 面向对象程序设计

面向对象程序设计（简称面向对象编程）是一种在大型项目开发中被广泛使用的编程范式。大部分高级语言都支持面向对象编程。Python 是一门完全支持面向对象编程的语言。本章将首先介绍面向对象编程的基本概念，包括类、对象、继承等；然后详细介绍 Python 中面向对象编程的基本语法与常用知识点。

7.1 面向对象编程概述

面向对象编程概述

在前面几章的内容里，我们将数据（变量）和基于数据的操作（函数）完全区别对待，数据是包含具体信息的量，函数是对数据进行运算变换的语句体，一个程序就是数据和函数的集合体。如果将数据和函数整合成一个高层的概念体，就进入了面向对象的程序设计（Object Oriented Programming，OOP）。

7.1.1 对象与类

面向对象编程的核心概念是对象。在我们的自然语言里，对象是对客观存在的事物的一个统称。不同的对象之间相互依存但边界清晰。在计算机程序世界里，对象是建立在数据和基于数据的操作之上的实体。对象之间逻辑边界清晰，在对象之外，整个程序就是各种对象的生成、调用、交互与销毁的过程。通过对象的概念，将数据和业务逻辑细节进行合适的隐藏，只对外提供一些访问接口，用户无须知道对象内部实现的细节，但可以通过该对象对外提供的接口与对象进行安全有效的交互。这个过程称为“封装”，它使得程序的组织更加清晰，可读性更强，同时可扩展性更好。

与对象紧密相关的一个概念是类。类是对不同对象的共同属性和共同行为特征的抽象。作为一种抽象的数据类型，类定义了对象所具有的静态特征和动态行为。在面向对象的术语里，一般将静态特征称为“属性”，将动态行为称为“方法”。例如，在《模拟人生》这个游戏里，可以定义一个“建筑工”类来建模现实世界的建筑工人，它可能包括“姓名”“年龄”“身高”等属性，同时还具有“走路”“跑步”“搬砖”等方法。

通俗地说，类是用来创建对象的蓝图或模板。通过类这个模板，可以制造出一个个具体的对象，这些对象称为“类的实例”（instance），这个过程称为“实例化”（instantiation）。从同一个类实例化出的对象具有相同的属性和方法，但属性的取值可能不同，方法的执行结果也可能不同。例如，通过前面定义的“建筑工”类可以实例化出张三、李四等具体的建筑工实例，但他们的年龄、身高等属性的值可能不一样，走路的快慢和搬砖的能力也可能不一样。

7.1.2 继承与多态

一个系统的多个类之间通常是存在功能上的纵向层级关系的，也就是说，一个类可能是另一个类的扩展或者特殊化。因此，为了提高代码的复用性，可以将两个类所共有的功能抽象为一个上层类，而将扩展的功能抽象为一个下层类。在面向对象的编程术语里，用继承来表示这种类之间的层级关系。继承是通过已存在的类来建立新类的技术，已存在的类称为“父类”或“基类”，新类称为“子类”或“派生类”。新类不仅继承了父类的属性和方法，还可以增加新的属性和方法。

通俗地说，继承所描述的是一种从属关系，如果有两个类 A 和 B 可以描述为“B 是 A”，则可以表示为 B 继承 A。例如，如果有“动物”类和“狗”类，因为“狗是动物”，所以可以表示为“狗”类继承“动物”类。继承所表示的从属关系具有传递性，如果 B 继承 A，C 继承 B，那么也可以说 C 继承 A。

子类在继承父类时，除了可以原封不动地继承父类的方法，还可以修改父类的方法，这个过程称为“重写”（override）。基于这一原则，我们经常将一些具有类似功能但实现细节不是完全一致的方法抽象到父类中，父类只描述这种方法的对外输入输出功能，而不给出具体的实现，这种方法称为“抽象方法”，包含这种方法的类称为“抽象类”。当从抽象类派生子类时，子类需要根据具体的场景实现父类中定义的抽象方法，不同的子类给出的具体实现可能不一样。例如，假设“动物”类具有一个“发出叫声”的方法，但不同的动物发出的叫声可能不一样，“狗”子类是汪汪叫，“猫”子类是喵喵叫。这种同一个方法具有不同实现的特征，称为“多态”（polymorphism）。多态使得程序的灵活性或可扩展性更好。例如，假设有一个“动物”类的数组，可以遍历数组统一调用“发出叫声”这个方法，而不需要考虑实际运行时这个数组包含的是“狗”类的对象还是“猫”类的对象，多态保证了“发出叫声”会自动动态绑定到“狗”类或“猫”类的“发出叫声”方法，即使后续增加了一个新的“鸭子”子类，它也会自动发出嘎嘎叫，原来的调用代码无须修改。

7.2 Python 中的面向对象

Python 中的面向对象

Python 是一门完全面向对象的语言。在 Python 的世界里，一切都是对象，包括各种值类型的对象、序列类型的对象、函数以及模块等。

7.2.1 对象

每个对象都可以有多个变量名，但只有唯一的整数值身份号（identity），可以使用内置函数 id()来查看对象的身份号。一个对象一旦被创建，身份号就保持不变。Python 采用引用计数技术自动管理对象所占用内存的回收，一般来说，用户不需要关注该过程。可以用 is 操作符检查两个对象是不是同一个对象，也就是身份号是否相等。如果对象所包含的值不能改变，则称为“不可变对象”，反之，如果所包含的值可以改变，则称为“可变对象”。前面章节介绍过的 int、float 等数字类型的值都是不可变对象，而列表、集合等的值都是可变对象。值得一提的是，当可变对象有多个引用名时，通过一个引用名对对象的修改，对另一个引用名而言也是可见的，因为它们操作的是同一个对象。举例如下：

```
>>> a = 34
>>> b = a  #a 和 b 是同一个对象 34 的不同名字，二者都指向对象 34
>>> b = 45  #将名字 b 重新指派给了对象 45（并不是改变 b 指向对象的值，因为 b 指向的是不可变对象）
>>> a    #a 指向的对象保持不变
34
>>> a is b  #a 和 b 已经指向不同的对象了
False
>>> c = [1,2,3]
>>> d = c  #c 和 d 是同一个列表对象[1,2,3]的不同名字，并没有创建一个新对象
>>> d[0] = 100  #通过名字 d 修改了列表对象
>>> c    #c 和 d 指向的还是同一个对象
[100, 2, 3]
>>> c is d
True
```

Python 用关键字 None 表示空对象。没有显式返回值的函数都默认返回 None。

对于一个给定的对象，可以用“.”运算符调用其属性或方法，使用内置函数 dir()可以查看对象所支持的所有属性与方法，该函数将对象的所有属性名和方法名以一个列表的形式返回。举例如下：

```
>>> a = 12
>>> dir(a)   #查看整数对象的属性与方法，下面省略了部分返回内容
['__abs__', '__add__', '__and__', '__bool__', '__ceil__', '__class__', '__delattr__', '__dir__', '__divmod__', '__doc__', …… 'bit_length', 'conjugate', 'denominator', 'from_bytes', 'imag', 'numerator', 'real', 'to_bytes']
>>> a.bit_length()   #调用对象的 bit_length()方法，该方法返回整数的二进制位数
4
>>> dir('hello')   #查看字符串对象的属性与方法，下面省略了部分返回内容
['__add__', '__class__', '__contains__', '__delattr__', '__dir__', '__doc__', '__eq__', '__format__', '__ge__', '__getattribute__', …… 'rpartition', 'rsplit', 'rstrip', 'split', 'splitlines', 'startswith', 'strip', 'swapcase', 'title', 'translate', 'upper', 'zfill']
```

7.2.2 类

Python 将所有对象分成了不同的类别，这个类别就称为对象所属的“类”，或称为“类型”。Python 有很多内置的类型，每一个类型都有一个名称，如前面章节已经介绍过的 int、float 等数字类型及列表、集合等序列类型。有了类型的概念，就可以用类型来实例化出一个该类型的具体对象，相应的语法为“类型名（参数列表）”。可以使用内置函数 type()来查看一个对象所属的类型。举例如下：

```
>>> i = int(123)   #通过类型名 int 实例化对象，等效于 i = 123
>>> type(i)   #type()函数返回对象所属的类型对象
<class 'int'>   #i 属于 int 类，即整数类型
>>> type("Hello World")
<class 'str'>  #"Hello World"属于 str 类，即字符串类型
>>> type([7,8,9])
<class 'list'> #[7,8,9]属于 list 类，即列表类型
>>> def fun():
```

```
        print("Hello World")
>>> type(fun)
    <class 'function'>  #fun 属于函数类型
```

既然 Python 里一切都是对象，那么对象所属的类型本身也是对象，例如，上面提到的 int、str、list 及 function 等，都是对象。既然是对象，那也就有相应的类型。在 Python 里，所有的类型对象都属于名为 type 的类型。举例如下：

```
>>> type(int)
<class 'type'>
>>> type(str)
<class 'type'>
>>> type(list)
<class 'type'>
>>> type(type(fun))
<class 'type'>
```

需要指出的是，Python 的官方文档中，“类型”有两个对应的词，分别是“class”和“type”。在 Python 3.x 中，当表示类型这个概念时，这两个词可以互换使用；当分别作为自定义类的关键字和类型对象所属的类名时，不能互换。

Python 具有丰富的内置类型系统。简要概括起来，可以分为三大类别。第一类是用于表示数据的内置类型，如 int、str 等基本数据类型及 list、set 等序列类型；第二类是用于表示程序结构的内置类型，如函数对象的类型、type 类型，还有本章后面将提到的 object 类型（表示所有类型的默认父类型）；第三类是用于表示 Python 解释器内部相关操作的类型，例如，types.TracebackType 表示的是异常出现时的回溯对象的类型，它记录了异常发生时的堆栈调用等信息。对于大部分使用者而言，使用最多的就是表示数据的第一类内置类型。

7.3 自定义类

自定义类

除了可以使用内置的类型，用户还可以定义自己的类型。本节将详细介绍用户类型的定义与使用。

7.3.1 类的定义与实例化

像大多数高级语言一样，Python 使用关键字 class 来定义一个类。基本语法如下：

```
class 类名:
    """类文档字符串"""
    类的实现
```

对于类的定义，有如下规定。

（1）类名必须是一个合法的 Python 标识符，且按照 Python 的编码规范，类名的首字母要求大写。当然，也可以根据自己或团队的代码规范来命名，基本原则是保证项目的代码规范一致性。

（2）类文档字符串是位于类体最前面的、一个由三引号包裹起来的字符串，作为类的帮助文档。定义好后可以使用类的“__doc__”属性来获取该字符串。在一些集成式开发环境中，在实例化类时会自动提示这个文档字符串。

（3）类的实现部分包括属性和方法的定义。类的实现部分的每一条定义语句相对 class 关键字都必须有相同的缩进。类属性的定义就是将变量的定义移到类的内部，只需要给出相应的变量名和初始值。类方法的定义语法与函数一样，也使用 def 关键字，相当于定义在类里面的函数。但是，与类外的函数不同的是，类方法的第一个参数都是指向调用者实例的引用，在定义时一般习惯用 self 作为参数名（也可以使用其他标识符作为参数名）。属性和方法统称为类的成员。

下面是一个简单的自定义类：

```
01  class MyFirstClass:
02          """A simple example class"""
03          state = 12345
04          def fun(self):
05                return 'Hello World'
```

上面的实例代码定义了一个名为 MyFirstClass 的类，它包含了一个属性 state 和一个方法 fun()。定义了一个类后，就可以使用类名加括号的形式生成一个该类的对象。实例化成功后，相应的实例可以使用“.”操作符来访问类的成员。下面首先实例化一个名为 c 的 MyFirstClass 类的对象，然后依次访问属性 state 和方法 fun()。在方法的访问中，不需要提供第一个 self 参数，相应的调用者对象 c 自动被绑定到 self。

```
>>> MyFirstClass.__doc__  #返回类的文档字符串
'A simple example class'
>>> c = MyFirstClass ()      #实例化对象
>>> c.state
12345
>>> c.fun()
Hello World
```

在类的内部，成员之间的相互访问也需要使用“.”操作符，而不能直接用成员名进行访问。举例如下：

```
>>> class MyTestClass:
            value = 456
            def fun1(self):
                  print("My value is ", self.value)  #不能省略 self 直接访问 value
            def fun2(self):
                  fun1()  #执行时将出现 NameError
>>> a = MyTestClass()
>>> a.fun1()
My value is 456
>>> a.fun2()
Traceback (most recent call last):
File "<stdin>", line 1, in <module>
File "<stdin>", line 7, in fun2
NameError: name 'fun1' is not defined
```

7.3.2 构造器

当实例化一个类时，Python 会自动调用一个名为“__new__”的方法（名称以双下画线开头与结尾，这类方法将在 7.5.3 节进一步介绍），创建一个最原始的对象，该方法继承自父类 object（将在 7.6 节详细介绍）。有了这个原始对象后，再使用该对象调用一个名为“__init__”的特殊方法进行对象的初始化。这些方法并不需要用户显式调用，而是在实例化类时自动被调用，称为“类的构造器（constructor）方法”。在实际应用中，用户一般不需要重写“__new__”方法，只需要重新实现“__init__”方法来执行一些具体的初始化操作。

“__init__”方法可以有参数，这些参数将在实例化时被提供，当然也可以像普通函数一样，给这些参数提供默认值。实例化时只需要将相应的值放在类名后的括号里面。举例如下：

```
>>> class Student:
        def __init__(self,name="无名氏"):
            print("开始实例化一个 Student 对象,名为",name)
>>> a = Student('张三')
开始实例化一个 Student 对象,名为张三
>>> b = Student()
开始实例化一个 Student 对象,名为无名氏
```

7.3.3 类属性与实例属性

Python 的类定义里有两种属性，分别称为“类属性”和“实例属性”。类属性在类内部的所有方法之外进行定义。例如，7.3.1 节的 state 就属于 MyFirstClass 的类属性。类属性是由类及类的所有实例共用的，可以通过类名或实例名进行访问。在 C++及 Java 等高级语言中，将这种由类的所有实例共用的数据成员称为“静态（static）成员”。Python 没有沿用这一说法，而是改用“类属性”来表述。

除了类属性，Python 还有实例属性的概念。与类属性不同的是，实例属性是由一个具体的实例所独有的，不同实例的实例属性之间是完全独立的。实例属性一般在构造器“__init__”方法里面初始化。举例如下：

```
>>> class Car:
        wheels = 4     #wheels 是类属性
        def __init__(self, owner):    #构造器方法
            self.owner = owner    #owner 是实例属性
>>> a = Car('Mike')
>>> b = Car('Tom')
>>> a.owner,b.owner   #通过实例访问实例属性
('Mike', 'Tom')
>>> a.wheels,b.wheels,Car.wheels  #通过实例或类访问类属性
(4, 4, 4)
```

得益于 Python 的动态类型特性，除了在类的内部进行定义，类属性和实例属性都可以在使用时动态添加。使用“类名.新的类属性名 = 初始值”来动态添加类属性，添加成功后，类的所有实例都拥有这个新增加的类属性。使用“类的实例.新的实例属性名 = 初始值”来动态添加实例属性，添加成功后，该实例属性只属于相应的实例，类的其他实例并没有该实例属性。接着上面的代码，举例如下：

```
>>> Car.brand = 'BYD'   #增加一个新的类属性 brand
>>> a.brand,b.brand
```

```
('BYD', 'BYD')
>>> a.nickname =  'Rocket'   #给实例 a 增加一个新的实例属性 nickname
>>> a.nickname
'Rocket'
>>> b.nickname   #实例 b 并没有实例属性 nickname，属于非法访问
Traceback (most recent call last):
    File "<stdin>", line 1, in <module>
AttributeError: 'Car' object has no attribute 'nickname '
```

实例属性是由一个具体的实例所独有的，对其进行修改当然不会影响到其他实例。类属性属于类和该类实例化出来的所有实例。类可以通过“.”运算符读取或修改类属性。类实例可以读取类属性，但不能直接修改类属性。当类实例企图用“.”运算符直接修改类属性时，实际发生的是，为实例对象动态地添加了一个与类属性同名的实例属性，这时如果还需要访问同名的类属性，就需要用到名为“__class__”的特殊类属性，该属性将返回实例所属的类对象，这样，可以使用“__class__”的返回值间接修改类属性。接着上面的代码，举例如下：

```
>>> a.owner = 'Alice'   #实例属性的修改不会影响其他实例
>>> a.owner,b.owner
('Alice', 'Tom')
>>> Car.wheels = 2   #通过类修改类属性，修改值对所有实例可见
>>> a.wheels,b.wheels,Car.wheels
(2, 2, 2)
>>> a.wheels = 3   #给实例 a 动态添加了一个同名的实例属性，不会影响类属性
>>> a.wheels,b.wheels,Car.wheels
(3, 2, 2)
>>> a.wheels,a.__class__.wheels   #分别访问同名的实例属性和类属性
(3, 2)
```

需要指出的是，上面的例子仅仅是为了解释类属性和实例属性的使用区别，在实际应用中，为了增强代码的可读性并减少可能出现的漏洞，要尽量避免使用同名的类属性和实例属性。

在创建一个类时，Python 会自动创建一个名为“__dict__”的特殊实例属性，该属性是一个字典对象，它保存了实例的所有其他实例属性名及其相应的值。另外，还可以使用 del 关键字删除类属性或者实例属性。接着上面的代码，举例如下：

```
>>> a.__dict__    #a 实例包含 3 个实例属性，后 2 个属性都是动态添加的
{'owner': 'Alice', 'wheels': 3, 'nickname': 'Rocket' }
>>> del a.wheels  #删除 a 实例的 wheels 属性
>>> a.__dict__    #现在 a 实例只包含 2 个实例属性
{'owner': 'Alice', 'nickname': 'Rocket'}
>>> b.__dict__    #b 实例只包含 1 个实例属性
{'owner': 'Tom'}
```

需要说明的是，类属性和实例属性这两个概念在 Python 的官方文档里对应的是“class variables”和“instance variables”，因此有些中文文档里采用了类变量和实例变量作为对应词，本书将遵循面向对象语言中的一般术语，统一将类的数据成员称为“属性”。类属性和实例属性是初学者容易混淆的概念，简单总结如下。

（1）类属性是由类及类的所有实例所共有的，实例属性是实例所独有的。

（2）实例属性会覆盖同名的类属性，这种使用会增加调试困难，同时可能会带来潜在的漏洞，因此要尽量避免。

7.4 成员的可见性

成员的可见性

在 Python 中，类的成员默认情况下在类的内外都是完全可见的。其中一些成员我们可能确实需要在类的内外都能访问，这也是类与外部程序进行交互的主要方式。但是还有一些成员，它们的作用是在类的内部保存一些中间数据或临时方法，因此，我们希望能用某种机制将这些成员“隐藏”在类的内部，以避免它们被外部用户直接修改或调用。

7.4.1 公有成员与私有成员

在面向对象编程中，我们将在类的内外都能访问的成员称为“公有（public）成员”。与公有成员对应的概念是“私有（private）成员”，私有成员只能在类的内部进行访问。通过设置私有成员，可以将类的相关信息隐藏起来，对外只保留必要的访问接口。

Python 并没有像 C++等高级语言那样用特定的关键字来严格定义成员的可见性，而是采用约定的命名规范来表示成员是公有还是私有。当一个成员的名称以至少两个下画线开头，且结尾至多有一个下画线时，这表明该成员是私有成员，只能在类的内部访问，而不能在类的外部通过实例对象直接访问。但是，Python 没有严格意义下的私有成员，它实际上是通过一种称为“命名改写（name mangling）”的手段实现名义上的隐藏，这些私有成员对外的实际名字被附加了一个由下画线和类名所构成的前缀（即“_类名”），这样，用户仍然可以通过这个改写后的名字访问到私有成员。

```
>>> class MyClass():
        def __init__(self):
            self.__private_value = 123   #私有属性
        def fun(self):
            self.__foo()   #类内部可以直接访问私有方法
            print(self.__private_value)  #类内部可以直接访问私有属性
        def __foo(self):   #私有方法
            print('Hello World')
>>> a = MyClass()
>>> a.fun()  #类外部可以直接访问公有方法
Hello World
123
>>> a.__private_value   #类外部不能直接访问私有属性
Traceback (most recent call last):
  File "<stdin>", line 1, in <module>
AttributeError: 'MyClass' object has no attribute '__private_value'
>>> a._MyClass__private_value   #通过改写后的名字访问私有属性
123
>>> a.__foo() #类外部不能直接访问私有方法
Traceback (most recent call last):
   File "< stdin >", line 1, in <module>
```

```
AttributeError: 'Student' object has no attribute '__foo'
>>> a._MyClass__foo() #通过改写后的名字访问私有方法
Hello World
```

7.4.2 保护型成员

针对类的成员，除了这种双下画线开头的命名约定，Python 还有单下画线开头的命名约定，表示“保护（protected）”型成员。在面向对象编程术语里，保护型成员是指那些只能在类及其派生类内部进行访问的成员。从这个要求看，Python 没有真正意义下的保护型成员（没有硬性保护）。Python 中的保护型成员实质上和公有成员没有任何区别，在类的内外都能直接访问，而且可以被子类继承。Python 仅仅是用这种命名方式提醒用户，该成员具有特殊的作用（应该被保护），不要在类及其派生类的外部修改甚至读取它的值。

7.4.3 property 类

当直接用“.”运算符对实例的公有实例属性进行读写时，一个明显的缺点是不能对读写进行额外的控制。由于 Python 的动态类型特性，如果出现了非法的赋值，程序并不会在赋值的时候提示错误，但是后续的运算中可能就会出现类型或者逻辑错误，因此，这种直接读写的方式可能会给程序埋下潜在的漏洞。例如，下面的实例将 Student 类的出生年属性设置成公有，修改时不小心多输入了一个 0，程序不会提示任何错误，但这显然是不合理的。

```
>>> from datetime import date
>>> class Student:
        def __init__(self,name,year):
            self.name = name
            self.birthyear = year
>>> mike = Student("Mike",19820)
>>> mike.birthyear = 19820
```

在面向对象的编程里，为了在读写属性时增加其他的诸如合法性检查的额外操作，并提高程序的可扩展性，一般不直接读写属性，而是设置相应的读和写方法。Python 提供了一个名为 property 的类来实现这些功能。在定义类时，将需要设置特别读写的实例属性设置为私有成员，并提供相应的读写方法来完成一些额外操作，然后使用这些读写方法来实例化一个 property 类的类属性（名称通常取私有实例属性名双下画线后面的部分）。在使用过程中，用户只对这个 property 属性进行读写，Python 将自动访问相应的读写方法来实现实例属性的合法读写。举例如下：

```
>>> class Student:
        def __init__(self,name):
            self.__name = name
            self.__score = 0
        def getname(self):
            print("调用 getname 方法")
            return self.__name
        def getscore(self):
            print("调用 getscore 方法")
            return self.__score
        def setscore(self,score):
```

```
                print("调用 setscore 方法")
                if score>=0 and score<=100:
                    self.__score = score
                else:
                    raise ValueError("错误的参数值")  #出现非法参数时抛出一个异常
        score = property(getscore,setscore)  #第一个参数为读方法，第二个参数为写方法，用于控制可读写属性
        name = property(getname)  #只提供读方法，用于控制只读属性
>>> a = Student('Mike')
>>> a.score = 50   #相当于执行 a.setscore(50)
调用 setscore 方法
>>> a.score = 500   #相当于执行 a.setscore(500)
调用 setscore 方法
Traceback (most recent call last):
  File "<stdin>", line 1, in <module>
  File "<stdin>", line 16, in setscore
    raise ValueError("错误的参数值")
ValueError: 错误的参数值
>>> a.score #相当于执行 a.getscore()
调用 getscore 方法
50
>>> a.name  #相当于执行 a.getname()
调用 getname 方法
'Mike'
>>> a.name = 'John'  #对只读属性进行写操作，返回错误
Traceback (most recent call last):
  File "<stdin>", line 1, in <module>
AttributeError: can't set attribute
```

为了简化 property 对象的构造，避免使用实例中 getscore、setscore 等额外的读写方法名，Python 提供了“装饰器（decorator）”语法糖来进一步简化上述代码，只需要直接用对外暴露的 property 对象名来定义同名的读写方法，并在读方法前加上“@property”，在写方法前加上“@[property 对象名].setter”。针对上面的 Student 类，采用装饰器语法糖可以将代码改写成如下形式：

```
>>> class Student:
        def __init__(self,name):
            self.__name = name
            self.__score = 0
        @property
        def name(self):
            print("调用 name 的读方法")
            return self.__name
        @property
        def score(self):
            print("调用 score 的读方法")
            return self.__score
        @score.setter
        def score(self,score):
            print("调用 score 的写方法")
```

```
            if score>=0 and score<=100:
                self.__score = score
            else:
                raise ValueError("错误的参数值")
>>> a = Student('Mike')
>>> a.score = 50
调用 score 的写方法
>>> a.score = 500
调用 score 的写方法
Traceback (most recent call last):
  File "<stdin>", line 1, in <module>
  File "<stdin>", line 16, in setscore
    raise ValueError("错误的参数值")
ValueError: 错误的参数值
>>> a.score
调用 score 的读方法
50
>>> a.name
调用 name 的读方法
'Mike'
>>> a.name = 'John'   #对只读属性进行写操作，返回错误
Traceback (most recent call last):
  File "<stdin>", line 1, in <module>
AttributeError: can't set attribute
```

7.5 方法

方法

正如前文所说，方法是定义在类里面的函数，区别是方法的第一个参数都是指向该类的实例，该实例在调用时被隐式地传入。用户定义的大部分方法都是这类普通方法。Python 将这类普通方法称为“实例方法”。除了实例方法，Python 还通过装饰器语法糖或特定的命名规范提供了其他几种类别的方法，包括类方法、静态方法和魔法方法等。

7.5.1 类方法

在调用实例方法之前，必须有一个相应类型的实例。但在有些场景下，我们可能需要在没有实例的情况下通过类本身来调用一些方法。Python 提供了名为“类方法（classmethod）”的概念来实现这一功能。为了将一个方法定义为类方法，只需要在方法定义前加上内置的“@classmethod”装饰器。与实例方法类似，类方法的第一个参数也是自动传入的，但该参数是对类本身的引用，按照惯例，在定义时一般将该参数命名为 cls。类方法可以通过类或类的实例进行调用，Python 会自动将相应的类对象作为第一参数传入。举例如下：

```
>>> class TestClassMethod:
        value = 4    #value 是类属性
        def __init__(self):
            self.name = 'something'   #name 是实例属性
```

```
    @classmethod  #定义类方法
    def fun(cls):   #类方法中只能调用类属性或其他类方法
        print("calling a class method...")
        print("TestClassMethod.value=",cls.value)
        #print(cls.name)        #如果不注释该句，执行下面的测试语句将提示 AttributeError
错误。原因是，不管通过类还是实例调用，传入的都是类对象，因此不能访问实例属性
>>> TestClassMethod.fun()
calling a class method...
TestClassMethod.value= 4
>>> a = TestClassMethod()
>>> a.fun()
calling a class method...
TestClassMethod.value= 4
```

类方法最常见的作用是充当辅助构造器来创建实例。前文已经提到，我们在实例化一个类时是通过调用构造器方法“__init__”完成初始化工作的，但有时候我们希望通过传入不同的参数形式进行实例化。例如，有一个成员 Member 类，其包含一个名为 age 的年龄属性，正常情况下可以通过直接传入年龄进行初始化，但作为一个对外设计友好的类，应该也可以通过传入出生年进行初始化。为了实现这个需求，可以定义一个接受出生年作为参数的类方法，在这个类方法里计算出年龄后再显式调用构造器方法返回相应的实例。使用时，用户可以根据自己提供的参数选择相应的实例化方法。具体实现如下：

```
01  # -*- coding: utf-8 -*-
02  # testclassmethod.py
03  from datetime import date
04  class Member:
05      def __init__(self,name,age):
06          self.name = name
07          self.age = age
08      @classmethod
09      def from_birthyear(cls,name,birthyear):
10          age = date.today().year - birthyear
11          return cls(name,age) #通过类对象实例化一个该类的对象
12      def hello(self):
13          print('I am %s. I am %d years old'%(self.name,self.age))
```

在 IDLE 中打开 testclassmethod.py，按 F5 键运行代码，然后，可以在解释器中继续执行如下代码：

```
>>> mike = Member('Mike',23)
>>> john = Member.from_birthyear('John',1980)
>>> mike.hello()
I am Mike. I am 23 years old
>>> john.hello()
I am John. I am 41 years old
```

7.5.2 静态方法

除了实例方法和类方法外，还有一种方法，它仅仅是将一个普通函数的定义移到了类的内部，因此需要用类或者类的实例进行调用，但是调用时不会隐式传入调用者信息。之所以需要这类方法，通常的原因是，这个函数在业务逻辑上只与这个类相关，因此，为了

保持代码的层次整洁，不希望把它作为一个全局函数定义在类外；同时，当作为实例或类方法定义在类的内部时，它的功能又与调用者（类或者类的实例）无关，因此，为了减少隐式传入参数的开销，无须将调用者作为第一参数隐式传入。这类方法称为“静态方法”，定义时需在方法前加上内置的“@staticmethod”装饰器。举例如下：

```
>>> class A:
        @staticmethod
        def hello(s):   #第一个参数就是普通显式参数，不是调用者
            print('Hello',s)
>>> a = A()
>>> A.hello('Mike') #静态方法一般用类调用
Hello Mike
>>> a.hello('Mike') #静态方法也可以用类实例调用
Hello Mike
```

7.5.3 魔法方法

如果一个方法采用双下画线开头和双下画线结尾，Python 将其视为一种特殊方法，具有特定的调用约定。这类方法一般不是被用户直接调用，而是按照某种约定被自动地间接调用。Python 官方文档中将这类自动被调用的方法称为“魔法方法（magic method）”。例如，前文提到的“__init__”就是一个常用的魔法方法。魔法方法主要用于对象的构造、运算符重写及访问控制等。下面仅简要介绍几个魔法方法的使用，更详细完整的介绍请参考官方文档。

1．__str__方法

该魔法方法在所有类的基类 object（将在 7.6 节详细介绍）中定义，用于返回类实例的字符串表示，内置的函数 str()就是通过调用该方法实现任意对象向字符串的转换。可以为自定义类重写该方法，返回可读性更好的字符串。

```
>>> class Point1:  #没有重写__str__方法
        def __init__(self,x,y):
            self.x = x
            self.y = y
>>> class Point2:
        def __init__(self,x,y):
            self.x = x
            self.y = y
        def __str__(self):   #重写__str__方法
            return 'Point('+str(self.x)+','+str(self.y)+')'
>>> a,b = Point1(3,4),Point2(3,4)
>>> str(a)
'<__main__.Point1 object at 0x0000021B9996A550>'
>>> str(b)
'Point(3,4)'
```

2．__eq__方法

该方法也在 object 类中定义，用于判断类的两个实例是否相等。比较运算符“==”就是调用了该方法。object 类中“__eq__”的默认实现为引用比较，即比较两个实例对象的整数身份号是否相等。如果要实现内容值的比较，则必须重写该方法。举例如下：

```
>>> class Point1:  #没有重写“__eq__”方法
        def __init__(self,x,y):
            self.x = x
            self.y = y
>>> class Point2:
        def __init__(self,x,y):
            self.x = x
            self.y = y
        def __eq__(self,other): #重写“__eq__”方法，用内容值进行比较
            return self.x==other.x and self.y==other.y
>>> a1,b1=Point1(3,4),Point1(3,4)
>>> a1==b1    #默认比较id(a1)与id(b1)
False
>>> a2,b2=Point2(3,4),Point2(3,4)
>>> a2==b2                          #调用重写的“__eq__”方法
True
>>> a3,b3=Point2(3,4),Point2(4,5)
>>> a3==b3
False
```

类似于__eq__方法是对比较运算符“==”的重写，Python 为其他比较运算符及算术运算符都提供了相应的魔法方法。表 7-1 列出了常用运算符对应的魔法方法，用户可以根据需要进行重写。

表 7-1　常用运算符对应的魔法方法

魔法方法	运算符使用样式
__lt__(self,other)	x<y
__le__(self,other)	x<=y
__gt__(self,other)	x>y
__ge__(self,other)	x>=y
__eq__(self,other)	x==y
__ne__(self,other)	x!=y
__add__(self,other)	x+y
__sub__(self,other)	x-y
__mul__(self,other)	x*y
__truediv__(self,other)	x/y
__floordiv__(self,other)	x//y
__mod__(self,other)	x%y
__pow__(self,other)	x**y

7.6 类的继承

在定义一个类时，除了可以采用前面几节的方式完全从零开始构建，还可以继承已有的类。通过继承，可以有效实现代码的复用。

7.6.1 继承

实现类的继承，只需要在自定义类名后添加一个括号，并将需要继承的父类名放在括号里。除了拥有自定义的属性和方法外，子类将自动继承

继承

父类的所有成员。具体规则如下。

（1）子类可以直接访问父类的公有成员和保护型成员，也可以重写父类的公有成员和保护型成员。

（2）子类不能直接访问父类的私有成员，但可以通过父类名前缀间接访问，由于私有成员的命名改写（name mangling）规则，子类不会重写父类的私有成员。

（3）如果子类没有实现构造器方法，则实例化子类时将自动调用父类的构造器方法，如果子类重写了构造器方法，则必须显式调用父类的构造器方法，这将用到内置的 super() 函数，该函数返回一个临时的父类对象。

（4）当对一个对象调用某个成员时，如果该对象所属的类没有定义该成员，Python 将自动在对象的父类中依次查找，直到找到该成员，如果一直都没有找到，则会提示 AttributeError 异常。

下面是一个具体实例：

```
01  # -*- coding: utf-8 -*-
02  # inheritance.py
03  class A:
04          def __init__(self):
05                  self.public_value_1 = 'pulic value 1 in class A'
06          def public_method(self):
07                  print('calling public method in class A')
08          def __private_method(self):
09                  print('calling private method in class A')
10  class B1(A):
11          pass
12  class B2(A):
13          def __init__(self):   #重写构造器，但没有显式调用父类的构造器
14                  self.public_value_2 = 'pulic value 2 in class B2'
15          def public_method(self):   #重写父类公有方法
16                  print('calling public method in class B2')
17          def __private_method(self):   #定义自己的私有方法
18                  print('calling private method in class B2')
19  class B3(A):
20          def __init__(self):   #重写构造器，并显式调用父类的构造器
21                  super().__init__()
22                  self.public_value_2 = 'pulic value 2 in class B3'
```

在 IDLE 中打开 inheritance.py，按 F5 键运行代码，然后，可以在解释器中继续执行如下代码：

```
>>> b1,b2,b3 = (B1(),B2(),B3())
>>> b1.public_value_1   #由于 B1 没有定义构造器，父类构造器自动被调用，父类的公有属性被初始化并被子类继承
'pulic value 1 in class A'
>>> b1.public_method()   #直接调用继承自父类的公有方法
calling public method in class A
>>> b1.__private_method()   #子类不能直接访问父类的私有方法
Traceback (most recent call last):
  File "<pyshell#6>", line 1, in <module>
    b1.__private_method()
```

```
AttributeError: 'B1' object has no attribute '__private_method'
>>> b1._A__private_method()     #用父类名前缀间接调用父类的私有方法
calling private method in class A
>>> b2.public_value_2    #调用子类新增的属性
'pulic value 2 in class B2'
>>> b2.public_value_1   #由于子类b2没有显式调用父类的构造器，父类属性没有被初始化，将提示属性错误
Traceback (most recent call last):
  File "<pyshell>", line 1, in <module>
AttributeError: 'B2' object has no attribute 'public_value_1'
>>> b2.public_method()   #父类的公有方法被重写了
calling public method in class B2
>>> b2._B2__private_method()   #采用子类名前缀间接调用子类的私有方法
calling private method in class B2
>>> b2._A__private_method()     #采用父类名前缀间接调用父类的私有方法
calling private method in class A
>>> b3.public_value_1   #由于子类b3显式调用了父类的构造器，因此父类的公有属性被初始化并被子类继承
'pulic value 1 in class A'
```

Python 允许多重继承，即一个类可以有多个直接父类，定义时只需将不同的父类名放在类名后的括号内，并用逗号隔开。如果每个类都只有一个直接父类，当对一个对象调用某个成员时，Python 将自动在对象所属的类及其父类中依次查找，直到找到该成员。但在多重继承的情形下，如果某个同名成员出现在多个父类中，则需要一个规则来确定沿着哪条路径进行查找，感兴趣的读者可以参考相关文档了解相应规则。

Python 提供了一个名为 object 的类。如果一个类在定义时没有指明父类，则其直接父类为 object 类，也就是说，Python 的任何一个类都直接或间接派生自 object 类。object 类提供了很多魔法方法的默认实现，包括 7.5 节中提到的“__str__”和“__eq__”，这两个方法分别实现了对象的字符串表示和相等比较，还有一个常用的方法“__hash__”，其返回对象的哈希值。举例如下：

```
>>> class DefaultObj:     #等效于 class DefaultObj(object):
        pass
>>> a = DefaultObj()
>>> b = DefaultObj()
>>> a.__str__()
'<__main__.DefaultObj object at 0x000001C2FE75EEF0>'
>>> a == b
False
>>> a.__hash__()
121062776559
>>> b.__hash__()
-9223371915791239431
```

一旦一个类直接或间接继承了另外一个类，子类的实例也是父类的实例，可以通过内置的 isinstance()函数和 issubclass()函数来查看这种对象及类之间的继承关系，前者用于查看一个实例对象是否属于某个类的实例，后者用于查看一个类是否属于另一个类的直接或间接子类。在下例中，类 A 继承自类 B，类 B 继承自类 C，类 C 没有显式指定父类，默认继承自 object 类。

```
>>> class C: #等效于 class C(object):
        pass
```

```
>>> class B(C):
        pass
>>> class A(B):
        pass
>>> issubclass(C,object)
True
>>> issubclass(B,object),issubclass(B,C)
(True, True)
>>> issubclass(A,object),issubclass(A,B),issubclass(A,C)
(True, True, True)
>>> a = A()
>>> isinstance(a,A),isinstance(a,B),isinstance(a,C),isinstance(a,object)
(True, True, True, True)
```

7.6.2 多态

多态

在面向对象编程中，多态一般指的是一个父类的方法在不同的子类中有不同的具体实现。Python 完全支持多态行为，不同子类只需要重写父类的同名方法，实例在调用被重写的方法时，将根据实际的子类类型选择相应子类的方法。举例如下：

```
01  # -*- coding: utf-8 -*-
02  # test_polymorphism1.py
03  class Animal:
04          kind = "动物"  #该属性将被子类重写
05          def show(self):
06                  print('我是'+self.kind,',我的叫声是',sep="",end="")
07                  self.yell() #将根据传入的具体子类对象调用子类的重写方法
08          def yell(self): #该方法将被子类重写
09                  print("???")
10  class Dog(Animal):
11          kind = "狗"
12          def yell(self):
13                  print("汪汪汪.")
14  class Cat(Animal):
15          kind = "猫"
16          def yell(self):
17                  print("喵喵喵.")
18  class Duck(Animal):
19          kind = "鸭子"
20          def yell(self):
21                  print("嘎嘎嘎.")
22  if __name__ == '__main__':
23          animals = [Dog(),Cat(),Duck()]
24          for animal in animals:
25                  animal.show()  #传入 show()方法的 self 参数为不同的子类对象
```

上面代码的执行结果如下：

```
我是狗,我的叫声是汪汪汪.
我是猫,我的叫声是喵喵喵.
我是鸭子,我的叫声是嘎嘎嘎.
```

从这个实例也可以看出，Python 的多态行为本质上是由其动态类型特性决定的。因此，不仅在类的继承上可以表现多态，在普通的函数定义上也可以表现多态，只要传入函数的对象具有相应的属性和方法，则在函数内部这些对象就会表现出相应的多态行为。在下面这个实例中，show_object()并不要求传入的参数 obj 属于某个特定的类型，只要求该类型具有 kind 属性和 show()方法。后面的 Person、Machine 及 Pig 在类型层次上并没有继承关系，但都实现了 kind 属性和 show()方法，因此其实例对象可以作为 show_object()的参数，使得该函数表现出多态行为。

```
01  # -*- coding: utf-8 -*-
02  # test_polymorphism2.py
03  def show_object(obj):  #只要传入的 obj 对象具有 kind 属性和 show()方法
04          print('我是'+obj.kind,',我的生活是',sep="",end="")
05          obj.show()
06  # 以下三个类都具有 kind 属性和 show()方法
07  # 因此相应实例可以作为 show_object 的参数
08  class Professor:
09          kind = "人"
10          def show(self):
11                  print("吃饭、工作、睡觉.")
12  class Machine:
13          kind = "机器"
14          def show(self):
15                  print("工作、工作、工作.")
16  class Pig:
17          kind = "猪"
18          def show(self):
19                  print("吃饭、睡觉.")
20  if __name__ == '__main__':
21          objs = [Professor(),Machine(),Pig()]
22          for obj in objs:
23                  show_object(obj)
```

上面代码的执行结果如下：

```
我是人,我的生活是吃饭、工作、睡觉.
我是机器,我的生活是工作、工作、工作.
我是猪,我的生活是吃饭、睡觉.
```

需要强调的是，继承虽然可以有效地减少重复的代码，但继承已经破坏了对象的封装性。也就是说，父类的实现细节对于子类来说都是透明的。因此，在实际的项目开发中，我们不要滥用继承，除非确信使用继承确实是有效且可行的办法。关于面向对象设计的一些常用思想与规范原则，可以参考面向对象设计或软件工程方面的相关书籍。

7.7 本章小结

本章较为详细地介绍了使用 Python 进行面向对象编程的基础知识：首先对面向对象编程的基本概念进行了概貌式地介绍，使读者熟悉对象、类及继承等概念；然后对 Python 中的对象和类进行了总体概述；最后详细地介绍了类的使用。通过本章的学习，读者应该熟练掌握用户类的基本定义与使用方法、实例属性与类属性的概念与使用区别、类的不同方法的定义与区别，以及继承的基本使用方法。Python 中的面向对象编程还涉及很多高级内容，包括类装饰器、元类（metaclass）与抽象基类（abc）等，作为基础教材，本书没有介绍这些高级内容，需要深入了解面向对象编程的读者可以查阅相关书籍。

7.8 习题

简答题

1. 简单描述保护属性安全性的一般处理方式。
2. 简单描述什么是多重继承。
3. 简单描述什么是方法的重写。

编程题

1. 定义一个类判断给定字符串中的括号（包括“<>”“( )”“[ ]”“{ }”四种类型的括号）是否正确配对。例如，“()adafd{)}”是错误配对，“()adafd{(<>)}”是正确配对，“{[({})]}”是正确配对。

2. 实现一个名为“Rectangle”的表示矩形的类，该类包含两个公有的实例属性 width 和 height，分别表示矩形的宽和高，同时还有一个名为 aera 的公有方法，该方法返回矩形的面积。

3. 修改编程题 2 中的 Rectangle 类，将实例属性 width 和 height 改为可读写的 property，并且在写操作时检查是否为正值，将 area 方法改为一个只读的 property。下面是测试代码：

```
>>> a = Rectangle(3,4)
>>> a.width = -5 # 输出错误提示
>>> a.width = 5
>>> a.height = 0 # 输出错误提示
>>> a.height = 2
>>> a.area   # 返回 10
>>> a.area = 12 # 输出“AttributeError: can't set attribute”
```

4. 创建一个 User 类，其包含一个实例属性 name，由构造函数初始化，还包含一个名为 count 的类属性用于统计用户数目（创建的实例数）。下面是测试代码：

```
>>> a = User('Mike')
>>> User.count  # 输出 1
>>> b = User('Tom')
>>> User.count # 输出 2
>>> c = User('Jack')
>>> User.count # 输出 3
```

5. 定义一个名为 Calculator 的类，使用静态方法定义四个表示加减乘除的运算。测试代码如下：

```
>>> Calculator.add(10, 5) # 返回 15
>>> Calculator.subtract(10, 5) # 返回 5
>>> Calculator.multiply(10, 5) # 返回 50
>>> Calculator.divide(10, 5) # 返回 2
```

6. 请修改下面的 Point 类，通过重写相应魔法方法使其支持如下运算符操作：
p1+p2，两个点的 x、y 坐标分别相加，返回一个新的 Point 对象；
p1–p2，两个点的 x、y 坐标分别相减，返回一个新的 Point 对象；
p*n，用点的 x、y 坐标分别乘以数值 *n*，返回一个新的 Point 对象；
p/n，用点的 x、y 坐标分别除以数值 *n*，返回一个新的 Point 对象。

```
class Point: # 请直接修改该类的定义
    def __init__(self,x,y):
        self.x = x
        self.y = y

    def __str__(self):
        return 'Point('+str(self.x)+','+str(self.y)+')'

if __name__ == '__main__': # 这是测试代码
    a,b=Point(4,5),Point(2,3)
    print(a+b) # 输出结果为'Point(6,8)'
    print(a-b) # 输出结果为'Point(2,2)'
    print(a*2) # 输出结果为'Point(8,10)'
    print(a/2) # 输出结果为'Point(2.0,2.5)'
```

7. 请继承编程题 3 中的 Rectangle 类来实现一个名为 Square 的正方形类，使得可以用 Square（边长）的方式实例化该类，并重写父类中 width 和 height 的写方法，实现长和高的同时修改。测试代码如下：

```
>>> a = Square(5)
>>> a.width = 10  # 同时修改 height
>>> a.height # 输出 10
>>> a.height = 20 # 要求同时修改 width
>>> a.width  # 输出 20
>>> a.area  # 输出 400
```

8. 继承内置的字符串类，实现对字符串的左右循环移动给定整数位（正数代表左移，负数代表右移）。

9. 请用继承的方法完成编程题 6 的要求。

10. 考虑如下简单的图形绘制程序。定义一个 Point 类表示二维平面上的点（可以借鉴编程题 6）。所有图形实体的基类为 Shape，其包含一个 Point 类的 position 实例属性，用于表示图形的位置。Shape 类有一个方法 move_to()将图形的位置移动到新的位置，shape 还包括一个 draw()方法，打印输出 Shape 对象的字符串表示。继承 Shape 类的具体图形类型包括线段类 Line 和圆类 Circle。Line 类初始化的第一个参数为一个端点，也是其位置，另一个参数表示另一个端点，作为另一个实例属性。Circle 类初始化的第一个参数表示其圆心，也是其位置，另一个参数表示其半径，作为另一个实例属性。下面的代码已经给出了 Shape 类的定义，请完成 Point 类、Line 类和 Circle 类的定义。Line 类需要重写 move_to() 方法，在移动位置的同时修改另一个端点的坐标。另外，Line 类和 Circle 类都要求对__str__方法重写实现，以得到更直观的绘制效果，其中类 Line 的输出信息样式为“Line:第一个端点的坐标----第二个端点的坐标”，类 Circle 的输出信息样式为“Circle center:圆心坐标,R=半径”。部分例程和测试代码如下：

```
# 请实现类 Point、Line、Circle
class Shape:
      # 不要修改该类
      def __init__(self):
           self.position = Point(0,0)
      def draw(self):
           print(str(self))
      def move_to(self,position):
           print("moving to ",str(position))
           self.position = position
# 下面是测试代码
if __name__ == '__main__':
     l = Line(Point(0,0),Point(20,20))
     l.draw()
     l.move_to(Point(3,5)) # 移动到一个新的点
     l.draw()
     c= Circle(Point(10,10),5)
     c.draw()
     c.move_to(Point(30,20))
     c.draw()
# 下面是脚本的期望输出
Line:(0,0)----(20,20)
moving to  (3,5)
Line:(3,5)----(23,25)
Circle center:(10,10),R=5
moving to  (30,20)
Circle center:(30,20),R=5
```

第8章 模块

Python 中的模块（module）是一个独立的 Python 文件，以“.py”为后缀名，包含了 Python 对象定义和 Python 语句。模块可以让我们有逻辑地组织 Python 代码段，把相关的代码分配到一个模块里能让代码更好用、更易懂。模块里可以定义函数、类和变量，也能包含可执行的代码。模块可以被项目中的其他模块、一些脚本甚至交互式的解析器所使用，也可以被其他程序引用，从而使用该模块里的函数等功能。

本章首先介绍模块的创建、使用方法以及模块搜索路径，然后介绍 Python 中的包的概念，最后介绍 Python 自带的标准模块以及如何安装第三方模块。

8.1 创建和使用模块

创建和使用模块

本质上模块被用来从逻辑上组织 Python 代码（变量、函数、类、逻辑）去实现一个功能。本节介绍如何创建和使用模块。

8.1.1 创建模块

Python 中的模块分为以下几种。

（1）系统内置模块。例如，sys、time、json 模块等。

（2）自定义模块。自定义模块是用户自己写的模块，对某段逻辑或某些函数进行封装后供其他函数调用。需要注意的是，自定义模块一定不能和系统内置的模块重名，否则将不能再导入系统的内置模块。例如，自定义了一个 sys.py 模块后，就不能再使用系统的 sys 模块了。

（3）第三方的开源模块。这部分模块可以通过 pip install 命令进行安装，有开源的代码。

下面介绍如何创建自定义模块。新建一个 rectangle.py 文件，这个文件就可以看作是一个模块，其具体代码如下：

```
01  # rectangle.py
02  def area(length,width):
03        return length * width
04  def perimeter(length,width):
05        return (length + width) * 2
```

8.1.2 使用 import 语句导入模块

可以在程序中使用 import 语句导入已经创建的模块，语法格式如下：

```
import modulename [as alias]
```

其中，modulename 为模块名称，[as alias]为可选项，可以使用该选项给模块起别名。

例如，下面的程序中导入了上面定义的模块 rectangle，并调用了模块里的 area()函数：

```
01  # get_area.py
02  import rectangle
03  print("矩形的面积是：", rectangle.area(4,5))
```

上面程序的执行结果如下：

```
矩形的面积是：20
```

可以看出，在导入模块以后，如果要调用模块里面的变量、函数或者类，则需要在变量名、函数名或者类名前带上模块名作为前缀，比如 rectangle.area(4,5)表示调用模块 rectangle 中的函数 area(4,5)。

当一个模块名较长不方便记忆时，在导入模块时，也可以使用 as 关键字给模块取一个新的名字，实例如下：

```
01  # get_area1.py
02  import rectangle as m
03  print("矩形的面积是：",m.area(4,5))
```

还可以使用 import 语句来同时导入多个模块，语法如下：

```
import module1[, module2[,...moduleN]]
```

比如，假设已经创建了 3 个模块文件，分别是 rectangle.py、circle.py 和 diamond.py，当需要同时导入这 3 个模块时，可以使用如下代码：

```
import rectangle, circle, diamond
```

8.1.3 使用 from…import 语句导入模块

使用 import 语句导入模块时，每执行一条 import 语句，都会创建一个新的命名空间，并在该命名空间中执行与.py 文件相关的所有语句。如果我们不想在每次导入模块时都创建一个新的命名空间，而是想将具体的定义导入当前的命名空间，这时可以使用 from…import 语句。这种导入方式可以减少程序员需要输入的代码量，因为在这种情况下，在调用模块里的变量、函数时，就不再需要使用模块名作为前缀。from…import 语句的语法格式如下：

```
from modulename import member
```

其中，modulename 表示要导入的模块的名称，member 表示要导入的变量、函数或者类等，如果要导入全部定义，可以使用通配符“*”。

```
01  # get_area2.py
02  from rectangle import area,perimeter
03  print("矩形的面积是：",area(4,5))
04  print("矩形的周长是：",perimeter(4,5))
```

上面代码的执行结果如下：

```
矩形的面积是：20
矩形的周长是：18
```

可以看到，在使用 from…import 语句导入模块以后，不再需要使用前缀形式（如 rectangle.area(4,5)）来调用模块里面的函数，而是可以不加前缀直接调用函数，即直接使用 area(4,5)和 perimeter(4,5)。

由于上面这个程序导入了模块 rectangle 中的所有定义，因此，也可以使用通配符“*”，具体代码如下：

```
01  # get_area3.py
02  from rectangle import *
03  print("矩形的面积是：",area(4,5))
04  print("矩形的周长是：",perimeter(4,5))
```

8.2 模块搜索路径

模块搜索路径

模块其实就是一个文件，如果要执行文件，首先就需要找到文件的路径，如果模块的文件路径和执行文件不在一个目录下，我们就需要指定模块的路径。模块搜索路径就是在导入模块时需要检索的目录。一般而言，在导入模块时，查找模块的顺序如下。

（1）在当前目录（即执行的 Python 脚本文件所在目录）下查找。

（2）到环境变量 PYTHONPATH 下的每个目录中查找。

（3）到 Python 的默认安装目录下查找。

可以使用如下方式查找这些目录：

```
>>> import sys
>>> print(sys.path)
```

如果要导入的模块不在上述目录中，则需要通过三种方式把指定的目录添加到 sys.path 中，即函数添加、修改环境变量和增加.pth 文件。

1. 函数添加

函数添加的语法格式如下：

```
import sys
sys.path.append("yourpath")
```

其中，yourpath 就是要添加到 sys.path 中的目录。这种方式是一次性的，只在执行当前文件的窗口中有效，也就是说，以后每次在新窗口中调用该模块时，都需要用这两个命令先把该模块的路径添加进去。

2. 修改环境变量

PYTHONPATH 是 Python 搜索路径，默认情况下我们导入的模块都会从 PYTHONPATH 里面寻找。对于不同的操作系统而言，设置环境变量 PYTHONPATH 的方法也不尽相同，具体设置方法可以参考相关书籍或网络资料。这里仅以 Windows 7 操作系统为例介绍 PYTHONPATH 的设置方法。在 Windows 7 操作系统中，在“计算机”图标上单击鼠标右键，在弹出的快捷菜单中选择“属性”，再在出现的界面的左侧选择“高级系统设置”。

在弹出的系统属性设置界面中（见图 8-1），单击“环境变量”按钮。然后，在弹出的环境变量设置界面中（见图 8-2），在“系统变量”区域，单击“新建”按钮，在弹出的新建系统变量界面中（见图 8-3），在“变量名”右侧的文本框中输入“PYTHONPATH”，在“变量值”右侧的文本框中输入模块文件所在的路径，比如“C:\Python38\mycode;”（注意：路径以英文分号结束）。最后，单击“确定”按钮就可以完成设置。

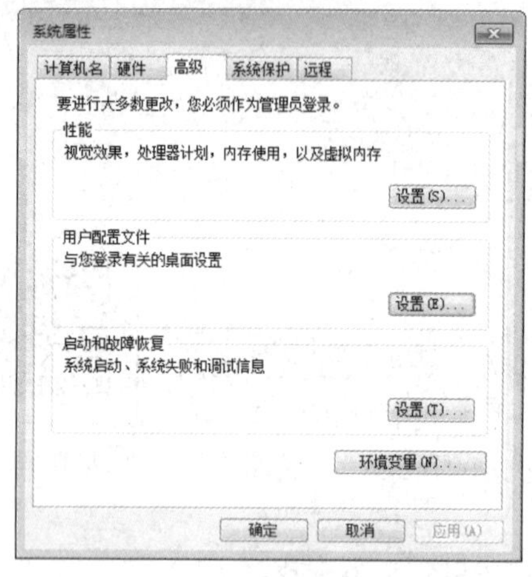

图 8-1　系统属性设置界面

图 8-2　环境变量设置界面

图 8-3　新建系统变量界面

3. 增加.pth 文件

推荐采用本方式。首先，执行如下命令找到 site-packages 文件路径：

```
>>> import site
>>> site.getsitepackages()
['C:\\Python38', 'C:\\Python38\\lib\\site-packages']
```

然后，在 site-packages 目录下添加一个路径文件，比如 mypkpath.pth（文件名任意，只要后缀名是.pth 即可）；最后，在该路径文件里面添加模块文件所在的目录名称。

8.3 包

包

为了组织好模块，Python 会将多个模块打成包。包是一个分层次的文件目录结构，它定义了一个由模块、子包和子包下的子包等组成的 Python 的应用环境。

简单来说，包就是文件夹，但该文件夹下必须存在__init__.py 文件，该文件的内容可以为空。__init__.py 用于标识当前文件夹是一个包。图 8-4 给出了一个常见的包结构实例，其中，package_a 是包的名称，module_a1.py 和 module_a2.py 是模块的名称。

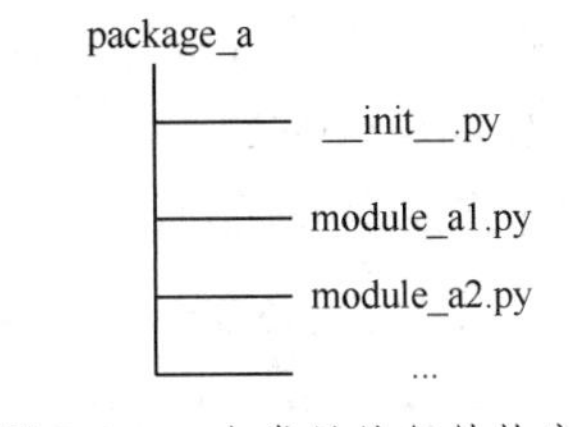

图 8-4　一个常见的包结构实例

8.3.1　创建和使用包

下面创建一个名称为 package_hello 的包，这个包里面有两个模块，分别是 hello1.py 和 hello2.py。

hello1.py 的代码如下：

```
01  def sayhello1():
02      print("Hello World")
```

hello2.py 的代码如下：

```
01  def sayhello2():
02      print("Hello China")
```

在 package_hello 目录下创建__init__.py 文件，文件内容可以为空。

然后在 package_hello 同级目录下创建 hello.py 来调用 package_hello 包，hello.py 的代码如下：

```
01  from package_hello.hello1 import sayhello1
02  from package_hello.hello2 import sayhello2
03  sayhello1()
04  sayhello2()
```

运行 hello.py 以后的结果如下：

```
Hello World
Hello China
```

在上面的代码中，我们采用了“from 包名.模块名 import 定义名”这种形式来加载模块。实际上，也可以采用“from 包名 import 模块名”这种形式来加载模块，实例如下：

```
01  from package_hello import hello1
02  from package_hello import hello2
03  hello1.sayhello1()
04  hello2.sayhello2()
```

8.3.2　作为主程序运行

对于很多编程语言来说，程序都必须要有一个入口，如 C、C++、Java 和 C#等。C 和 C++都需要有一个 main()函数作为程序的入口，也就是程序的运行会从 main()函数开始。同样，Java 和 C#也必须要有一个包含 Main()方法的主类，作为程序入口。

Python 则不同，它属于脚本语言，不像编译型语言那样先将程序编译成二进制再运行，而是动态地逐行解释、运行，也就是从脚本第一行开始运行，没有统一的入口。一个 Python 源代码文件（.py 文件）除了可以被直接运行外，还可以作为模块（也就是库）被其他.py

文件导入。不管是直接运行还是被导入，.py 文件的顶层代码都会被运行（Python 用缩进来区分代码层次）。而当一个.py 文件作为模块被导入时，我们有时候可能不希望一部分代码被运行，这时，可以在代码中采用如下语句来达到目的：

```
if __name__ == '__main__':
```

其中，“__name__”是内置变量，可用于表示当前模块的名字。如果一个.py 文件（模块）被直接运行，则其没有包结构，其“__name__”值为“__main__”，即模块名为“__main__”。当.py 文件以模块形式被导入时，“__name__”值就不是“__main__”，因此，if __name__ == '__main__'之下的语句块就不会被运行。

现在我们对 8.3.1 节中的实例做适当修改。创建一个名称为 package_hello1 的包，这个包里面有两个模块，分别是 hello1.py 和 hello2.py。

hello1.py 的代码如下：

```
01  welcome1 = "Hello World"
02  def sayhello1():
03      print(welcome1)
04  if __name__ == '__main__':
05      print("你好，世界")
```

hello2.py 的代码如下：

```
01  welcome2 = "Hello China"
02  def sayhello2():
03      print(welcome2)
04  if __name__ == '__main__':
05      print("你好，中国")
```

在 package_hello1 目录下创建__init__.py 文件，文件内容可以为空。

然后在 package_hello1 同级目录下创建 hello_1.py 来调用 package_hello1 包，hello_1.py 的代码如下：

```
01  from package_hello1 import hello1
02  from package_hello1 import hello2
03  hello1.sayhello1()
04  hello2.sayhello2()
```

单独执行 hello1.py 的结果如下：

```
你好，世界
```

单独执行 hello2.py 的结果如下：

```
你好，中国
```

执行 hello_1.py 的结果如下：

```
Hello World
Hello China
```

可以看出，当直接执行 hello1.py 时，“__name__”的值是“__main__”，if __name__ == '__main__'后面的语句块会被执行，因此，会输出“你好，世界”。当执行 hello_1.py 时，hello1.py 会被导入到 hello_1.py 中运行，这时“__name__”的值不等于“__main__”，因此，if __name__ == '__main__'后面的语句块不会被执行，也就不会输出“你好，世界”。

8.4 Python 自带的标准模块

Python 自带的标准模块

Python 自带了很多实用的模块，称为“标准模块”或者“标准库”，我们可以直接使用 import 语句把这些模块导入 Python 文件。表 8-1 给出了 Python 常用的内置标准模块。

表 8-1 Python 常用的内置标准模块

模块名	功能
calendar	提供与日期相关的各种函数的标准库
datetime	提供与日期、时间相关的各种函数的标准库
decimal	用于定点和浮点运算
json	用于使用 JSON 序列化和反序列化对象
logging	提供了配置日志信息的功能
math	提供了许多对浮点数的数学运算函数
os	提供了对文件和目录进行操作的标准库
random	提供随机数功能的标准库
re	提供了基于正则表达式的字符串匹配功能
sys	提供对解释器使用或维护的一些变量的访问以及与解释器交互的函数
shutil	高级的文件、文件夹、压缩包处理模块
time	提供与时间相关的各种函数的标准库
urllib	请求 URL 连接的标准库

8.5 使用 pip 管理 Python 扩展模块

使用 pip 管理 Python 扩展模块

Python 的强大之处在于它拥有非常丰富的第三方模块（或第三方库），可以帮我们方便、快捷地实现网络爬虫、数据清洗、数据可视化和科学计算等功能。为了便于安装和管理第三方库和软件，Python 提供了一个扩展模块（或扩展库）管理工具 pip，Python 3.8.7 在安装的时候会默认安装 pip。

pip 之所以能够成为最流行的扩展模块管理工具，并不是因为它被 Python 官方作为默认的扩展模块管理器，而是因为它自身有很多优点，主要优点如下。

（1）pip 提供了丰富的功能，包括扩展模块的安装和卸载，以及显示已经安装的扩展模块。

（2）pip 能够很好地支持虚拟环境。

（3）pip 可以集中管理依赖。

（4）pip 能够处理二进制格式。

（5）pip 是先下载后安装，如果安装失败，也会清理干净，不会留下一个中间状态。

pip 提供的命令不多，但是都很实用。表 8-2 给出了常用 pip 命令的说明。

表 8-2　常用 pip 命令的说明

pip 命令	说明
pip install SomePackage	安装 SomePackage 模块
pip list	列出当前已经安装的所有模块
pip install --upgrade SomePackage	升级 SomePackage 模块
pip uninstall SomePackage	卸载 SomePackage 模块

例如，Matplotlib 是著名的 Python 绘图库，它提供了一整套和 Matlab 相似的应用程序编程接口（Application Programming Interface，API），十分适合交互式地进行制图。可以使用如下命令安装 Matplotlib：

```
> pip install matplotlib
```

安装成功以后，使用如下命令就可以看到安装的 Matplotlib：

```
> pip list
```

8.6 本章小结

模块被用来从逻辑上组织 Python 代码（变量、函数、类、逻辑）去实现一个功能。本质就是以.py 结尾的 Python 文件。把相关的代码分配到一个模块里，能让代码更好用，更易懂。本章介绍了模块的创建和使用方法，以及包的创建和使用方法，同时，对 Python 自带的标准模块进行了概要介绍，最后介绍了如何使用 pip 管理 Python 扩展模块。

8.7 习题

简答题

1. 请阐述 Python 中包含哪几种模块。
2. 请阐述在导入模块时查找模块的顺序。
3. 请阐述可以通过哪几种方式把指定的目录添加到 sys.path 中。
4. 请阐述“if __name__ == '__main__':”代码的用途。
5. 请阐述如何安装第三方模块。

第9章 异常处理

编程时会产生各种各样的错误：有的是程序语法错误，会在程序解析时被指出；有的是逻辑错误，与业务逻辑有关，对程序的运行并无影响，但影响业务流程；还有的是运行时产生的错误，即所谓的“异常”，如果没有进行适当的处理，往往会造成程序崩溃而使运行终止。所以了解程序可能出现异常的地方，并进行异常处理，是使程序更加健壮、提高系统容错性的重要手段。

本章首先介绍异常处理的概念和内置异常类层次结构，然后着重介绍异常处理的几种结构，最后介绍抛出异常、断言、用户自定义异常、定义清理操作等相关知识。

9.1 异常的概念

异常的概念

异常是程序运行过程中产生的错误。在程序解析时没有出现错误，即语法正确，但在运行期间出现错误的情况即为异常。引发异常的原因有很多，除以零、溢出异常、下标越界、不同类型的变量运算、内存错误等都会引发异常。

以下为在交互式运行环境中执行语句出现异常的例子：

```
>>> 1 /0                          #除以零
ZeroDivisionError: division by zero
>>> '2' + 2                       #类型错误
TypeError: can only concatenate str (not "int") to str
>>> 4 + var                       #变量未定义
NameError: name 'var' is not defined
>>> fp = open('file1.txt','r')         #文件不存在
FileNotFoundError: [Errno 2] No such file or directory: 'file1.txt'
>>> len(100)                      #类型错误
TypeError: object of type 'int' has no len()
```

以下为在 IDLE 中新建文件并运行出现异常的例子：

```
01  # exception01.py
02  la = [1,2,3]
03  la[3] = 100       #下标越界
04  print (la)
```

上面代码执行后会报以下错误：

```
IndexError: list assignment index out of range
```

另一个例子：

```
01  # exception02.py
02  def sum(a,b):
03      sum = a + b
04      return sum
05
06  a = 'str'
07  b = 100
08  sum(a,b)    #类型错误
```

上面代码执行后会报以下错误：

```
TypeError: can only concatenate str (not "int") to str
```

从上面的例子中可以看出，异常有不同的类型，其错误类型和描述显示在执行结果中，例子中的错误类型包括 ZeroDivisionError、NameError、FileNotFoundError、IndexError 和 TypeError 等。

9.2 内置异常类层次结构

内置异常类层次结构

Python 中有很多内置的异常类，其继承关系的层次结构如图 9-1 所示。其中，BaseException 是所有内置异常类的基类。我们了解了这个结构，在捕获和处理异常时就可以更加细致，从而判别更具体的异常类型。

```
BaseException
 +-- SystemExit
 +-- KeyboardInterrupt
 +-- GeneratorExit
 +-- Exception
      +-- StopIteration
      +-- StopAsyncIteration
      +-- ArithmeticError
      |    +-- FloatingPointError
      |    +-- OverflowError
      |    +-- ZeroDivisionError
      +-- AssertionError
      +-- AttributeError
      +-- BufferError
      +-- EOFError
      +-- ImportError
      |    +-- ModuleNotFoundError
      +-- LookupError
      |    +-- IndexError
      |    +-- KeyError
      +-- MemoryError
      +-- NameError
      |    +-- UnboundLocalError
      +-- OSError
      |    +-- BlockingIOError
      |    +-- ChildProcessError
```

图 9-1　Python 内置异常类继承关系的层次结构

```
|       +-- ConnectionError
|       |       +-- BrokenPipeError
|       |       +-- ConnectionAbortedError
|       |       +-- ConnectionRefusedError
|       |       +-- ConnectionResetError
|       +-- FileExistsError
|       +-- FileNotFoundError
|       +-- InterruptedError
|       +-- IsADirectoryError
|       +-- NotADirectoryError
|       +-- PermissionError
|       +-- ProcessLookupError
|       +-- TimeoutError
+-- ReferenceError
+-- RuntimeError
|       +-- NotImplementedError
|       +-- RecursionError
+-- SyntaxError
|       +-- IndentationError
|               +-- TabError
+-- SystemError
+-- TypeError
+-- ValueError
|       +-- UnicodeError
|               +-- UnicodeDecodeError
|               +-- UnicodeEncodeError
|               +-- UnicodeTranslateError
+-- Warning
        +-- DeprecationWarning
        +-- PendingDeprecationWarning
        +-- RuntimeWarning
        +-- SyntaxWarning
        +-- UserWarning
        +-- FutureWarning
        +-- ImportWarning
        +-- UnicodeWarning
        +-- BytesWarning
        +-- ResourceWarning
```

图 9-1 Python 内置异常类继承关系的层次结构（续）

9.3 异常处理结构

异常处理结构

本节介绍 Python 中的四种典型的异常处理结构：

- try/except
- try/except…else…
- try/except…finally…
- try/except…else…finally…

9.3.1 try/except

异常处理结构 try/except 是 Python 异常处理的基本形式，如图 9-2 所示。按照常规编程习惯，我们一般会把有可能引发异常的代码放在 try 子句中的代码块中，而 except 子句的代码块用来处理相应的异常。

异常处理结构 try/except 的工作方式如下。

（1）首先执行 try 子句代码块（在关键字 try 和 except 之间的语句）。如果没有产生异常，则忽略 except 子句，try 子句执行后正常结束。

（2）如果 try 子句代码块执行过程中产生异常，则异常立即被捕获，同时跳出 try 子句代码块，进入 except 子句代码块，进行异常处理。except 子句的代码块可以根据 try 子句抛出的异常的不同类型，进行相应的处理。如果异常的类型与 except 之后的名称相同，则对应的 except 子句被执行。

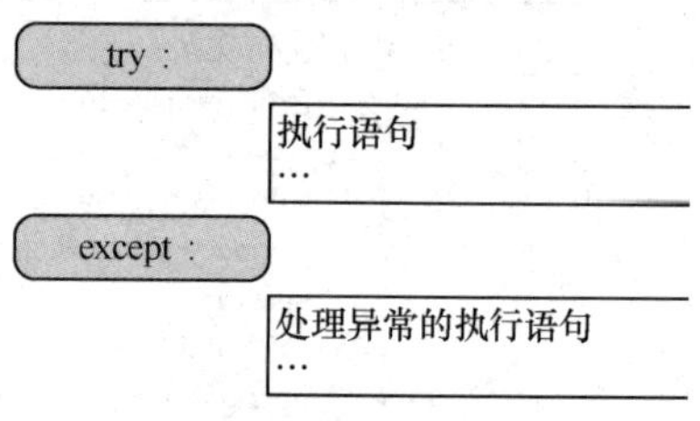

图 9-2　异常处理结构 try/except

（3）如果一个异常没有与 except 匹配，则该异常会传递到上层的 try 中（如果有的话）。

下面代码完成的任务是不断接收用户的输入(要求输入整数,不接收其他类型的输入),并做除法运算。

```
01  # exception03.py
02  total = 100
03  while True:
04      x = input("请输入整数：")
05      try:
06          x = int(x)
07          val = total / x
08          print("==>您输入的整数为：",x, " **** 商为：",val)
09      except Exception as e:
10          print("Error! ",e)
```

上面代码的执行结果如下：

```
请输入整数：1
==>您输入的整数为： 1  **** 商为： 100.0
请输入整数：2
==>您输入的整数为： 2  **** 商为： 50.0
请输入整数：3str
Error!  invalid literal for int() with base 10: '3str'
请输入整数：0
Error!  division by zero
```

上面的结构为基本结构，仅能捕捉一种异常进行处理。如果需要对多种不同的异常进行相应的处理，则需要增加多个 except 子句，语法结构如下：

```
try:
    #可能引发异常的代码块
except Exception1:
    #处理类型为 Exception1 的异常
except Exception2:
    #处理类型为 Exception2 的异常
except Exception3:
    #处理类型为 Exception3 的异常
...
```

这个处理结构的工作方式与基本结构稍有不同，在第 2 步，如果 try 子句代码块产生异常，则按顺序依次检查每个 except 之后的名称，直到异常类型与某个 except 之后的名称相同，其对应的 except 子句被执行。其他的都与基本结构相似。

9.3.2 try/except…else…

异常处理结构 try/except…else…是在 try/except 基本结构中增加 else 子句，如图 9-3 所示，注意 else 子句应该放在所有的 except 子句之后。

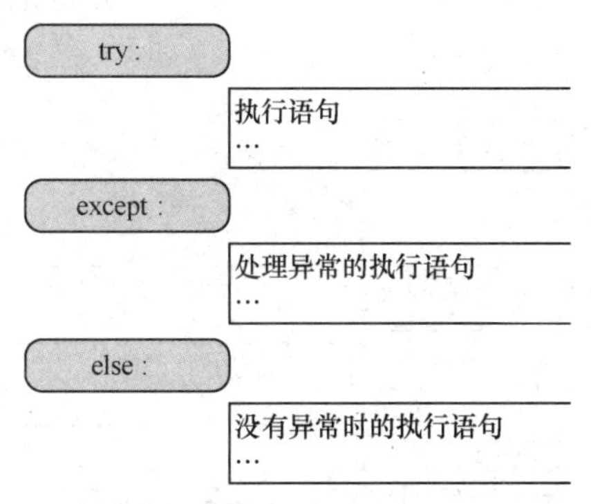

图 9-3 异常处理结构 try/except…else…

异常处理结构 try/except…else…的语法结构如下：

```
try:
    #可能引发异常的代码块
except Exception1:
    #处理类型为 Exception1 的异常
except Exception2:
    #处理类型为 Exception2 的异常
except Exception3:
    #处理类型为 Exception3 的异常
...
else:
    #如果 try 子句代码块没有引发异常，则继续执行 else 子句代码块
```

该处理结构的工作方式是，如果 try 子句代码块产生异常，则执行其后的一个或多个 except 子句，进行相应的异常处理，而不去执行 else 子句代码块；如果 try 子句代码块没有产生异常，则执行 else 子句代码块。

这种结构的好处是不需要把过多的代码放在 try 子句中，而只需要放那些真的有可能产生异常的代码。具体实例如下：

```
01  # exception04.py
02  fname = "d:\\Temp\\info1.log"
03  try:
04      f = open(fname, 'r')
05  except IOError:
06      print('无法打开文件', fname)
07  else:
08      print(fname, '有', len(f.readlines()), '行。')
09      f.close()
```

上面代码执行后会报以下错误：

```
无法打开文件 d:\Temp\info1.log
```

9.3.3 try/except…finally…

异常处理结构 try/except…finally…是在 try/except 基本结构中增加 finally 子句，如图 9-4 所示，不管 try 子句代码块是否产生异常，也不管异常是否被 except 子句所捕获，都将执行 finally 子句代码块。

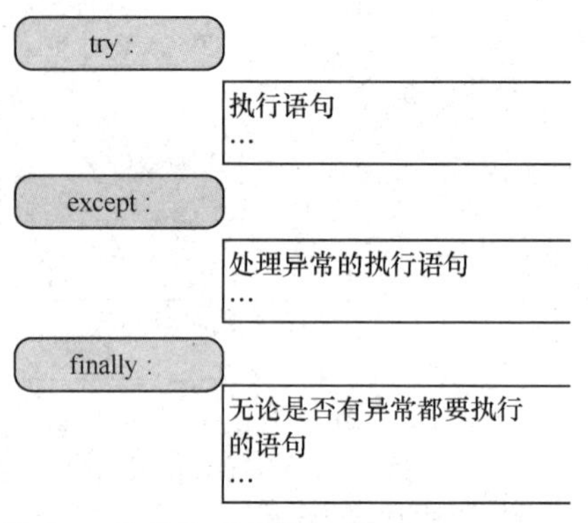

图 9-4 异常处理结构 try/except…finally…

异常处理结构 try/except…finally…的语法结构如下：

```
try:
    #可能引发异常的代码块
except Exception1:
    #处理类型为 Exception1 的异常
except Exception2:
    #处理类型为 Exception2 的异常
except Exception3:
    #处理类型为 Exception3 的异常
...
finally:
    #无论 try 子句代码块是否产生异常，都会执行 finally 子句代码块
```

注意，该语法结构中可以没有 except 子句，finally 子句都将执行；若 try 子句中产生了异常，则异常在 finally 子句执行后被抛出。

下面的例子中，我们按顺序检查每个 except 后的异常类型，对 try 子句代码块产生的异常进行捕捉，如果某个 except 子句捕捉到异常，则执行其代码块进行相应处理。但无论是否产生异常，或者异常是否被捕捉到，finally 子句都将执行。

```
01  # exception05.py
02  try:
03      val = 1/0
04      pass
05  except FloatingPointError as ex1:       #未能捕捉到异常
06      print("ex1:",ex1)
07  except ZeroDivisionError as ex2:        #捕捉到异常
```

```
08        print("ex2:",ex2)
09    finally:
10        print("都要处理 finally 子句! ")
```

上面代码的执行结果如下：

```
ex2: division by zero
都要处理 finally 子句!
```

特别指出，如果 try 子句中产生的异常没有被 except 子句捕捉到，或者 except 子句或 else 子句中又产生新的异常，则这些异常会在 finally 子句执行后再次被抛出。

```
01    # exception06.py
02    try:
03        val = 1/0
04        pass
05    except FloatingPointError as ex1:        #未能捕捉到异常
06        print("ex1:",ex1)
07
08    #except BaseException as BaseEx:         #可以捕捉到所有异常，此处注释掉
09    #    print("BaseEx:",BaseEx)
10
11    finally:
12        print("都要处理 finally 子句! ")
```

上面代码的执行结果如下：

```
都要处理 finally 子句!
  （略去详细信息）
ZeroDivisionError: division by zero
```

例子中给出的被注释掉的 except 子句可以捕捉到所有内置的异常，因为 BaseException 是 Python 所有内置异常类的基类。增加该 except 子句，可以防止在 finally 子句执行后继续抛出异常。

9.3.4 try/except…else…finally…

完整的 Python 异常处理结构同时包括 try 子句、多个 except 子句、else 子句和 finally 子句，如图 9-5 所示。

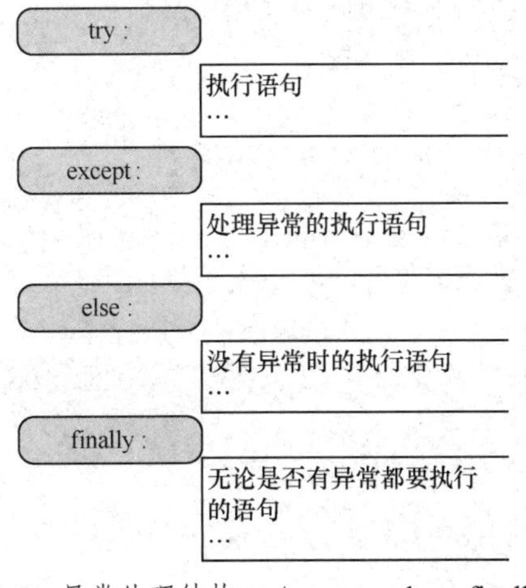

图 9-5 异常处理结构 try/except…else…finally…

异常处理结构 try/except…else…finally…的语法结构如下：

```
try:
    #可能引发异常的代码块
except Exception1:
    #处理类型为 Exception1 的异常
except Exception2:
    #处理类型为 Exception2 的异常
except Exception3:
    #处理类型为 Exception3 的异常
...
else:
    #如果 try 子句代码块没有引发异常，则继续执行 else 子句代码块
finally:
    #无论 try 子句代码块是否产生异常，都会执行 finally 子句代码块
```

下面是一个具体实例：

```
01  # exception07.py
02  while True:
03      x = input("请输入整数类型的 除 数：")
04      y = input("请输入整数类型的被除数：")
05      try:
06          x = int(x)
07          y = int(y)
08          val = y / x
09      except TypeError:
10          print("TypeError")
11      except ZeroDivisionError:
12          print("ZeroDivisionError")
13      except Exception as e:
14          print("Error! ",e)
15      else:
16          print("No Error!")
17          print("x=",x," y=",y, " y/x=",val,"\n")
18      finally:
19          print("finally子句都要执行! \n")
```

上面代码的执行结果如下：

```
请输入整数类型的 除 数：1
请输入整数类型的被除数：100
No Error!
x= 1  y= 100  y/x= 100.0

finally子句都要执行!

请输入整数类型的 除 数：1str
请输入整数类型的被除数：100
Error!  invalid literal for int() with base 10: '1str'
finally子句都要执行!
```

```
请输入整数类型的 除 数：0
请输入整数类型的被除数：100
ZeroDivisionError
finally 子句都要执行！
```

抛出异常

9.4 抛出异常

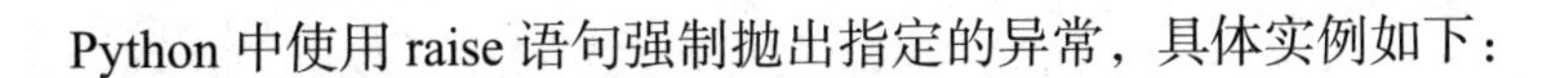
Python 中使用 raise 语句强制抛出指定的异常，具体实例如下：

```
>>> raise AttributeError('false attribute')
Traceback (most recent call last):
AttributeError: false attribute

>>> raise Exception
Traceback (most recent call last):
Exception

>>> raise Exception("AException")
Traceback (most recent call last):
Exception: AException
```

raise 语句只有唯一的参数，就是要抛出的指定的异常。参数必须是一个异常的实例或派生自 Exception 的异常类。

断言

9.5 断言

断言（assert）语句是利用异常来判断某个条件是否满足的一个常用的编程技巧。assert 语句用来判断一个表达式，如果该表达式为 False 则触发 AssertionError 异常。以下为一个断言的例子：

```
>>> assert 1==1                #表达式为 True，不会触发异常
>>> assert True                #表达式为 True，不会触发异常

>>> assert 1==2                #表达式为 False，触发 AssertionError 异常
AssertionError

>>> assert False               #表达式为 False，触发 AssertionError 异常
AssertionError
```

断言的语法形式如下：

```
assert expression
```

或：

```
assert expression,argument
```

表 9-1 给出了 assert 语句与 if 语句的等价关系。

表 9-1　assert 语句与 if 语句的等价关系

assert 语句	等价的 if 语句
assert expression	if not expression: 　　raise AssertionError
assert expression,argument	if not expression: 　　raise AssertionError(argument)

下面的例子假设代码只能在 unix 下执行，由于当前运行环境为 win32，所以 assert 语句会触发异常，try 子句后的代码没有执行。

```
01  # exception08.py
02  import sys
03  print ("当前 sys.platform : ",sys.platform)
04  try:
05      assert('unix' in sys.platform),"代码只能在 unix 下执行。"
06      print("unix 下执行的代码")
07  except AssertionError as err:
08      print("%s : %s"%(err.__class__.__name__,err))
```

上面代码的执行结果如下：

```
当前 sys.platform :  win32
AssertionError : 代码只能在 unix 下执行。
```

注意，assert 语句一般只在开发的测试阶段使用。如果配置了优化选项“-o”或“--oo”，Python 将程序解析为字节码文件时，assert 语句会被删除。

9.6 用户自定义异常

用户自定义异常

通过前面的介绍，我们对 Python 内置的异常类有了初步的了解，其实 Python 还支持用户自定义异常类。用户自定义异常类需继承自 Exception 类，可以直接继承或者间接继承。下面的实例定义了一个名为 CustomError 的异常类，继承自 Exception 类，重载了__init__方法，并自定义了__GetStr__方法，返回该异常对象的字符串表示。

```
01  # exception09.py
02  class CustomError(Exception):
03          def __init__(self, value):
04                  self.value = value
05                  self.__class__.__name__ = "【用户自定义异常】" + self.__class__.__name__
06          def __GetStr__(self):
07                  return repr(self)
08
09  try:
10          raise CustomError("hehe!")
11  except CustomError as e:
12          print(e.__class__.__name__,'已触发，值为：', e.value )
13          print(e.__GetStr__())
```

上面代码的执行结果如下：

```
【用户自定义异常】CustomError 已触发，值为： hehe!
【用户自定义异常】CustomError('hehe!')
```

此时在 IDLE 交互环境中执行抛出用户自定义异常，结果如下：

```
>>> raise CustomError("the error!")
Traceback (most recent call last):
  File "<pyshell#0>", line 1, in <module>
    raise CustomError("the error!")
CustomError: the error!
```

9.7 定义清理操作

定义清理操作

在 9.3 节中，我们了解了异常处理的几种结构。如果仅有 try 子句，当输入代码“try: raise ZeroDivisionError”时，程序等待继续输入，或者在解释时报语法错误。try 子句需要另一个可选子句，为其定义必须在所有的情况下执行的清理操作。例如：

```
>>> try:
        raise ZeroDivisionError
finally:
        print("百川东到海")
百川东到海
Traceback (most recent call last):
  File "<pyshell#5>", line 2, in <module>
    raise ZeroDivisionError
ZeroDivisionError
```

上面这个实例中，try 子句触发一个异常，其在 finally 子句执行后被重新触发，没有得到有效处理。可见所有的异常都必须进行清理。

根据官方资料，下面列出一些异常发生时的较为复杂的情况。

（1）如果在执行 try 子句期间发生了异常，该异常可由一个 except 子句捕获并进行处理。如果异常没有被某个 except 子句所捕获处理，则该异常会在 finally 子句执行之后被重新引发。

（2）异常也可能在 except 子句或 else 子句执行期间发生，与上述情况相同，该异常会在 finally 子句执行之后被重新引发。

（3）如果在执行 try 语句时遇到一个 break、continue 或 return 语句，则 finally 子句将在执行 break、continue 或 return 语句之前被执行。

（4）如果 finally 子句包含一个 return 语句，则整个异常处理结构返回的值将来自 finally 子句的某个 return 语句的返回值，而非来自 try 子句的 return 语句的返回值。

下面是一个具体实例：

```
>>> try:
        val = 1/0
except EOFError as e:
        print(e)
finally:
        print("都要处理 finally 子句! ")
```

执行结果如下：

```
都要处理 finally 子句!
Traceback (most recent call last):
  File "<pyshell#0>", line 2, in <module>
    val = 1/0
ZeroDivisionError: division by zero
```

在上面的实例中，try 子句中产生了 ZeroDivisionError 异常，而 except 子句仅处理 EOFError 异常，并未捕获 ZeroDivisionError 异常，所以该异常在 finally 子句执行后被引发。该异常清理方式存在的问题，暴露出程序不够健壮，因此，可以对上例加以修改，将对 try 子句中各种类型的异常进行捕获，具体代码如下：

```
>>> try:
        val = 1/0
except EOFError as e:
        print(e)
except BaseException as baseEx:
        print(baseEx,"被捕获! ")
finally:
        print("都要处理 finally 子句! ")
```

执行结果如下：

```
division by zero 被捕获!
都要处理 finally 子句!
```

可以看出，上面这个实例对于 try 子句的异常的清理操作较为彻底。但是，如果异常在 except 子句或 else 子句执行期间发生，那么运行结果会是怎样呢？在下例中，except 子句已经捕获到 ZeroDivisionError，在后续的处理过程中又抛出异常（BufferError 异常）：

```
>>> try:
        val = 1/0
except ZeroDivisionError as e:
        print("执行 except 语句块，捕获%s 异常并处理"%(e.__class__.__name__))
        pass
        raise BufferError
except BaseException as baseEx:
        print(baseEx,"被捕获! ")

finally:
        print("都要处理 finally 子句! ")
```

执行结果如下：

```
执行 except 语句块，捕获 ZeroDivisionError 异常并处理
都要处理 finally 子句!
Traceback (most recent call last):
  File "<pyshell#13>", line 2, in <module>
    val = 1/0
ZeroDivisionError: division by zero

During handling of the above exception, another exception occurred:
```

```
Traceback (most recent call last):
  File "<pyshell#13>", line 6, in <module>
    raise BufferError
BufferError
```

从上面例子可以发现，finally 子句在任何情况下都会被执行。但是，在处理完 finally 子句后，不但 except 子句中新产生的异常被引发，而且 except 子句已经捕获过的异常也被一并引发。

这种方式下，异常被引发出来而非被 except 子句捕获，显得程序并不友好，总的来说还是程序健壮性不够，解决办法有如下两种。

（1）养成良好的编程习惯，在 except 子句中尽量只显示信息或者打印日志，降低再次抛出异常的概率。

（2）如果实在有必要在 except 子句中增加复杂的业务逻辑，可以再增加一重 try…finally…结构，以确保不会再次引发异常。

9.8 返回值的取值选择

返回值的取值选择

在异常处理结构中，还需要注意，对于不同的结构类型，其返回值的取值选择也会不同，具体区别如下。

（1）对于 try/except 或 try/except…else…结构，如果 try 子句和 else 子句都包含一个 return 语句，则整个异常处理结构所返回的值，将来自 try 子句的 return 语句的返回值，而非 else 子句的返回值，因为此时 else 子句不会被执行。

（2）对于 try…finally…结构，如果 try 子句和 finally 子句中都包含一个 return 语句，则整个异常处理结构所返回的值，将来自 finally 子句的某个 return 语句的返回值，而非来自 try 子句的 return 语句的返回值。

下面是一个 try/except…else…结构中返回值的取值选择的例子。

```
01  # exception10.py
02  def num_return():
03      try:
04          return 1
05      except Exception as e:
06          print (e)
07          return 2
08      else:
09          return 3
10
11  print(num_return())
```

程序的执行结果如下：

```
1
```

可见，对于 try/except 或 try/except…else…结构，其返回值的取值选择一般由 try 子句的返回值决定，除非在 return 之前有异常产生。

对于 try…finally…结构的返回值的取值选择，请看下面这个实例：

```
01  # exception11.py
02  def bool_return():
03      try:
04          return True
05      finally:
06          return False
07
08  print(bool_return())
```

上面代码的执行结果如下：

```
False
```

下面是一个更加复杂的例子：

```
01  # exception12.py
02  def integer_return():
03      try:
04          return 1
05      except Exception as e:
06          return 2
07      else:
08          return 3
09      finally:
10          return 4
11
12  print(integer_return())
```

上面代码的执行结果如下：

```
4
```

可见对于 try…finally…结构，finally 子句是必须执行的，如果 finally 子句中有 return 语句要执行，则其他子句的 return 语句不会执行。

9.9 本章小结

异常处理是保证软件健壮性的重要且常规的手段。本章首先介绍了异常及 Python 内置的异常类层次结构，使得读者对异常有了一定的了解；然后详细阐述了异常处理结构，此节为本章重点，需要重点掌握；最后，介绍了抛出异常、断言、用户自定义异常以及定义清理操作等，并给出了相关的实例。

9.10 习题

编程题

1. 编写一个自定义异常，在程序中触发该异常并进行处理。
2. 编写代码，实现如下功能：

① 不断循环任意输入两个数据，求这两个数的商；
② 如果输入的两个数据中有一个为“q”或“Q”，则退出循环；
③ 使得代码足够健壮，程序不会因为任意输入而意外退出。

第10章 基于文件的持久化

众所周知，内存保存数据是暂时的，但是在很多场景下，一些数据是需要永久保存的，比如一份文档、一首音乐或者一段视频等。将保存在内存中的数据永久保存到存储介质上的过程就称为数据“持久化”。反之，将数据从存储介质读取到内存的过程就称为“反持久化”。数据保存的介质称为“持久化场所”，主要包括文件和数据库等。将数据高效地写入文件，或者从文件中高效地读取数据，是软件设计中非常重要的一环，因此，将内存中的数据结构转换为可以写入文件的数据结构的过程，就显得极其重要。在软件设计中，这一过程称为“序列化”。反之，将从文件读取出来的内容重新转换为内存中的数据结构的过程就称为“反序列化”。

总体而言，数据持久化的过程可以分为两步：第一步是数据序列化，第二步是将序列化的数据写入持久化场所。反持久化同样也分为两步：先将数据从持久化场所中读取，再将数据反序列化。本章主要讨论如何将数据序列化和反序列化，以及如何将数据持久化和反持久化。持久化场所主要包括文件和数据库，本章重点介绍基于文件的持久化，也就是说，下面提及持久化场所时，如果没有特别说明，指的就是计算机文件。基于数据库的持久化将在第 11 章介绍。

10.1 持久化前的准备工作

持久化前的准备工作

在数据持久化前，需要先准备好需要持久化的数据。比如，对于一个 RPG 游戏，可能需要准备好玩家的个人信息、地图上所有怪物的信息、玩家的背包信息等。这些信息需要按照编程者的意愿保存在某段内容空间或者某个变量里。比如，可以用一个字典把这些数据都包含起来。假定系统需要保存一张名片，可能就需要如下字典：

```
>>> vCard = {'firstName': '名', 'lastName': '姓', 'title': '职位', 'mobilePhoneNumber':
'13322223333', 'organization': '公司名', 'weChatNumber': '微信号'}
```

经过如此操作，就可以将系统需要持久化的数据整理到一个变量里。之后，就可以将这个名片持久化。在使用时，将上述数据导入微信小程序里的 wx.addPhoneContact()函数中，就可以直接将其保存到手机通信录里。

在收集数据时，建议使用的最终的数据结构是字典，如上例中的 vCard。这种结构最通用，也最方便，在字典中还可以嵌套使用字典、元组或列表等其他数据结构。嵌套的数据结构推荐使用字典、元组或者列表。当然，这只是一个建议，在实际使用过程中，应该按照需求和设计师所给定的方法进行持久化。

在本章后续内容中，所有实例都默认需要持久化的数据已经保存到某一个变量中，不再阐述如何收集数据。

10.2 数据序列化和反序列化

数据序列化和反序列化

数据序列化是将内存里的数据变成一个容易写入文件的形式。那么什么样的形式才是容易写入文件的形式就非常重要了。在现行软件体系中，写入文件的形式主要可以分为“字符流”和“字节流”两种。

（1）所谓“字符流”指的是，将数据内容以字符的形式保存到文件中，在读取过程中，读取到的所有内容都是字符。这是一种非常常见的文件保存形式，如.py 文件、记事本文件等，直接打开这些文件可以看到里面所有的内容都是一个个字符。常用的字符流文件格式包括 INI、HTML、XML 和 JSON 等。本节将介绍 JSON 格式的序列化方式。

（2）所谓“字节流”指的是，将数据内容以字节的形式保存到文件中，在读取过程中需要先读取字节，再将字节按照一定的规则转换为可以识别的内容。在计算机系统中，越是底层，这种方法就越常用，因为以这种形式保存的文件直接就是二进制数据。所以，在系统的底层，比如网络数据的发送和接收，都是将数据按照指定格式序列化为“字节流”再进行发送和接收。本节后面将介绍如何使用 Python 模块库里的“pickle”对数据进行序列化。

10.2.1 使用 JSON 对数据进行序列化和反序列化

在“字符流”这种形式中，目前最热门的格式应该就是 JSON 了。同样，Python 中也有相应的模块。首先，看一下使用 JSON 序列化后的数据：

```
>>> import json
>>> dict = {'name': 'Tom', 'age': 23}
>>> data = json.dumps(dict, indent=4)
>>> print(data)
{
    "name": "Tom",
    "age": 23
}
>>> data = json.dumps(dict)
>>> print(data)
{"name": "Tom", "age": 23}
```

在上面的实例中，在使用 JSON 时，需要先引用 json 模块（注意：本小节后面其他实例都默认引用了 json 模块，因此，不再写导入语句“import json”）。可以看到，JSON 序列化之后的结果，同 Python 里的字典几乎完全一样。这是因为，高级编程语言里，大多数字典的数据模型都是按照与 JSON 类似的格式进行设计的。但是，二者还是有一定的区别的。

（1）在 Python 的字典里，键可以是任何可以哈希的对象，而在 JSON 里，键必须是一个由双引号包裹的字符串。

（2）JSON 的键是有序的，可重复的。但是，Python 的字典里，键是不可以重复的。

（3）Python 里的值可以是元素或者列表，但是 JSON 里的值就只能是数组或者另一个列表。

（4）Python 里的值可以是任意编码的任意字符，而 JSON 里的值如果使用 Unicode 字符，就必须使用“\uxxxx”的形式书写字符，具体如下所示：

```
>>> dict = {'name': '中文字符', 'age': 23}
>>> print(json.dumps(dict))
{"name": "\u4e2d\u6587\u5b57\u7b26", "age": 23}
```

（5）在 Python 里，True、False 和 None 分别表示真、假和空值，在 JSON 中则使用 true、false 和 null 来表示（这里要注意真和假的大小写），具体如下所示：

```
>>> dict = {'name': '某人', 'boy': True, 'girl': False, 'title': None}
>>> print(json.dumps(dict))
{"name": "\u67d0\u4eba", "boy": true, "girl": false, "title": null}
```

在序列化时，使用的是 dumps()函数，该函数原型如下：

```
json.dumps(obj, *, skipkeys=False, ensure_ascii=True, check_circular=True, allow_
nan=True, cls=None, indent=None, separators=None, default=None, sort_keys=False, **kw)
```

以下是在使用过程中值得注意的参数。

（1）obj：需要序列化的对象。

（2）skipkeys：默认为假。如果设为真，那么在序列化时所有不是基本对象（str、int、float、bool、None）的字典键将会被跳过，否则这些不是基本对象的字典键会引发一个异常。

（3）indent：默认为 None。将 indent 值设置为一个非负整数或者字符串时，生成的 JSON 字符串将使用指定数目的空格或者指定字符串对输出内容进行美化。默认使用 None 生成的 JSON 字符串是用于持久化的紧凑字符串，设置了这个值则输出适合用户阅读的美观字符串。

（4）sort_keys：默认为假。如果设置为真，那么输出的 JSON 字符串的键将会被排序。

其他参数平时一般不会使用到，建议保持默认设置。此函数输出的是一个字符串，这个字符串称为“JSON 字符串”或者“JSON”，这个字符串就是随后用来保存到持久化场所的字符串。

在序列化之后，需要使用 loads()函数进行反序列化，实例如下：

```
>>> string = '{"name": "\u67d0\u4eba", "boy": true, "girl": false, "title": null}'
>>> print(json.loads(string))
{'name': '某人', 'boy': True, 'girl': False, 'title': None}
```

可以看到，反序列化的结果就是原来的对象。loads()函数虽然也有很多可选参数，不过一般情况下都用不到，这里不再特别说明。

10.2.2　使用 pickle 对数据进行序列化和反序列化

使用字符流对数据进行序列化后，返回的结果是一个字符串。字符串本身是可以阅读和理解的，并且只要理解了字符串的内容，就可以对字符串进行修改。每个字符串根据编码占用固定的字节数，但是，其实际表达的含义往往不需要使用如此多的字节数。比如数字 1，只需要 1 个字节就可以表示。但是，如果使用 UTF-8 编码的 Unicode 字符就需要 2 个字节来表示。此外，按字符流序列化的结果虽然易读，却不方便查询。所以，这时需要一种更直接的、更底层的序列化方式，也就是“字节流”。

在 Python 里，自定义编码的字节流需要程序员在使用时自行编码实现。不过，Python 本身也为程序员们提供了一个基本的模块“pickle”来帮助实现对数据的序列化和反序列化，具体实例如下：

```
>>> import pickle
>>> vCard = {'firstName': '名', 'lastName': '姓', 'title': '职位', 'mobilePhoneNumber':
'13322223333', 'organization': '公司名', 'weChatNumber': '微信号'}
>>> bytes = pickle.dumps(vCard)
>>> print(bytes)
b'\x80\x04\x95\x91\x00\x00\x00\x00\x00\x00\x00}\x94(\x8c\tfirstName\x94\x8c\x03\
xe5\x90\x8d\x94\x8c\x08lastName\x94\x8c\x03\xe5\xa7\x93\x94\x8c\x05title\x94\x8c\
x06\xe8\x81\x8c\xe4\xbd\x8d\x94\x8c\x11mobilePhoneNumber\x94\x8c\x0b13322223333\
x94\x8c\x0corganization\x94\x8c\t\xe5\x85\xac\xe5\x8f\xb8\xe5\x90\x8d\x94\x8c\
x0cweChatNumber\x94\x8c\t\xe5\xbe\xae\xe4\xbf\xa1\xe5\x8f\xb7\x94u.'
```

可以看到，序列化结果是一个无法读取的字节串（字节串的含义和表示方法参见第 5 章，这里不再赘述）。这个串的本质是一段二进制代码，所以其本身并不安全。如果恶意攻击者精心构建了一个特殊的字符串，在将其序列化后，这个序列化的结果甚至可以被当成可执行文件直接执行，而这个可执行文件很可能就是恶意攻击者的攻击软件，或者具有特殊目的的程序。

所以，在使用 pickle 时，一定要注意，这是一个非常危险的操作，如果你不信任数据的来源，那么无论如何都不应该使用这个函数对数据进行序列化和反序列化。甚至于，在序列化之后，需要使用 MD5 或者 SHA-1 等算法对数据进行签名，在反序列化之前，应当验证这个签名是否正确，以保证数据没有被篡改。再次强调，在反序列化过程中，恶意攻击可以通过反序列化过程直接执行恶意代码。

使用 pickle 进行反序列化的具体实例如下：

```
>>> bytes = b'\x80\x04\x95\x91\x00\x00\x00\x00\x00\x00\x00}\x94(\x8c\tfirstName\
x94\x8c\x03\xe5\x90\x8d\x94\x8c\x08lastName\x94\x8c\x03\xe5\xa7\x93\x94\x8c\x05title\
x94\x8c\x06\xe8\x81\x8c\xe4\xbd\x8d\x94\x8c\x11mobilePhoneNumber\x94\x8c\
x0b13322223333\x94\x8c\x0corganization\x94\x8c\t\xe5\x85\xac\xe5\x8f\xb8\xe5\x90\
x8d\x94\x8c\x0cweChatNumber\x94\x8c\t\xe5\xbe\xae\xe4\xbf\xa1\xe5\x8f\xb7\x94u.'
>>> obj = pickle.loads(bytes)
>>> print(obj)
{'firstName': '名', 'lastName': '姓', 'title': '职位', 'mobilePhoneNumber': '13322223333',
'organization': '公司名', 'weChatNumber': '微信号'}
```

10.2.3　两种序列化方式的对比

前面介绍了 JSON 和 pickle 两种序列化方式，下面对这两种方式进行对比。

（1）JSON 是一个字符串文件，pickle 的结果是一个字节流，这使得在文件大小上，保存同样的 Unicode 字符，pickle 的文件会相对小一些。下面演示二者的文件大小：

```
>>> import json
>>> import pickle
>>> obj = {'firstName': '名', 'lastName': '姓', 'title': '职位', 'mobilePhoneNumber':
'13322223333', 'organization': '公司名', 'weChatNumber': '微信号'}
>>> js = json.dumps(obj)
>>> len(js)
182
```

```
>>> pi = pickle.dumps(obj)
>>> len(pi)
156
```

（2）从输出结果上来看，JSON 是易读的，pickle 是不易读的。但是必须注意，这里所说的易读指的是人类的可读性，而不是指它们的安全性。下面是二者输出结果的对比：

```
>>> obj = {'firstName': '名', 'lastName': '姓', 'title': '职位', 'mobilePhoneNumber':
'13322223333', 'organization': '公司名', 'weChatNumber': '微信号'}
>>> js = json.dumps(obj)
>>> pi = pickle.dumps(obj)
>>> print(js)
{"firstName": "\u540d", "lastName": "\u59d3", "title": "\u804c\u4f4d", "mobilePhoneNumber":
"1332223333", "organization": "\u516c\u53f8\u540d", "weChatNumber": "\u5fae\u4fe1\u53f7"}
>>> print(pi)
b'\x80\x04\x95\x91\x00\x00\x00\x00\x00\x00\x00}\x94(\x8c\tfirstName\x94\x8c\x03\
xe5\x90\x8d\x94\x8c\x08lastName\x94\x8c\x03\xe5\xa7\x93\x94\x8c\x05title\x94\x8c\
x06\xe8\x81\x8c\xe4\xbd\x8d\x94\x8c\x11mobilePhoneNumber\x94\x8c\x0b1332222333\
x94\x8c\x0corganization\x94\x8c\t\xe5\x85\xac\xe5\x8f\xb8\xe5\x90\x8d\x94\x8c\
x0cweChatNumber\x94\x8c\t\xe5\xbe\xae\xe4\xbf\xa1\xe5\x8f\xb7\x94u.'
```

（3）JSON 广泛地应用于各大语言中，而 pickle 只能用在 Python 里。JSON 是一个应用极其广泛的序列化方式，C、C++、Javascript、Java、C#和 Python 等常见的编程语言都有关于 JSON 的操作库，但 pickle 只用于 Python。从这个角度上来说，如果序列化的结果需要发给其他软件或者系统，应当使用 JSON。而如果结果只是给 Python，则可以根据情况使用 pickle。

（4）在默认情况下，JSON 不支持自定义类，它只能表示 Python 内置类型的子集。如果需要序列化一个自定义类，JSON 需要将类里的数据整理成一个 Python 内置类型，比如字典，然后再进行序列化。而 pickle 则不需要，它可以直接序列化大部分的 Python 数据类型。

（5）尽管 pickle 有各种好处，但是 pickle 的反序列化操作是不安全的，在反序列化过程中，如果不小心碰到了攻击者的恶意代码，那么这些代码有可能被执行。而 JSON 的反序列化过程是安全的。

（6）虽然前面再三强调 pickle 的安全性问题，但是，攻击者毕竟需要精心构建一些恶意代码。如果程序员编写的是一个自己使用的软件，那么为了方便，完全可以使用 pickle，不应该“因噎废食”。反之，如果程序员编写的是公开在互联网上的应用，甚至这些序列化数据需要被另一个用户使用（比如游戏软件里的存档，可以复制给其他人），那么，这时就必须考虑 pickle 的安全性问题。

10.3 基于 Windows 操作系统的文件和路径

基于 Windows 操作系统的文件和路径

将数据序列化之后，应当将数据保存到持久化场所中。最常见的持久化场所非计算机文件莫属。那么，为了将数据保存到文件中去，应当先认识和理解什么是计算机文件的路径。

计算机文件的路径是基于操作系统的，所以在讨论计算机文件的路径时，离开操作系统就没有任何意义。比如，在 Unix 操作系统里，CD 驱动器的目录是

“/dev/cdrom”，而在 Windows 操作系统里，CD 驱动器则需要分配一个盘符才能访问。这里只介绍 Windows 操作系统的路径。

一个操作系统中可以保存若干个文件，这些文件往往保存在不同的目录之下，编程者需要使用“路径”来查询每一个文件所在的位置。在操作系统里，路径可以分为两种，即绝对路径和相对路径。接下来将分别介绍这两种路径。但是，在介绍路径之前，需要先介绍一个关键性的概念——“当前目录”。这个目录如果没有特别说明，指的是现在执行的文件所在的目录。在 Windows 操作系统的命令行模式下，“当前目录”指的就是光标之前所描述的目录，如图 10-1 所示，当前目录是“C:\Users\huang”。

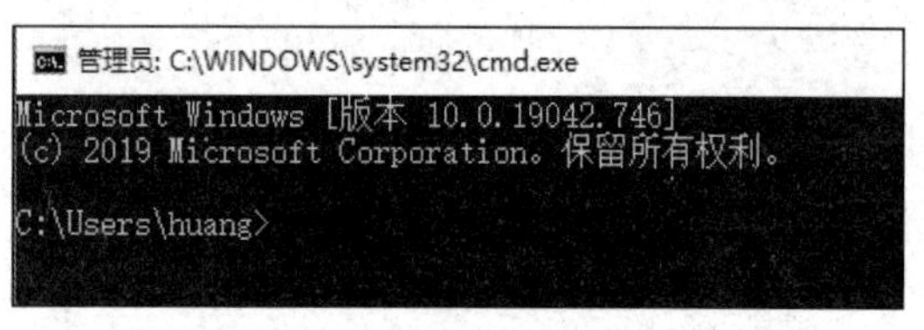

图 10-1　当前目录

在 IDLE 里，启动进入 IDLE 以后默认的当前目录是 Python 的安装目录。比如，启动进入 IDLE 以后，可以使用如下语句打印出当前目录的绝对路径：

```
>>> import os
>>> print(os.path.abspath('.'))
C:\Python38
```

如果是在 IDLE 中执行 Python 文件，那么当前目录就是 Python 文件所在的目录，如图 10-2 所示，当前执行了 hello.py，该代码文件所在目录是“C:\Python38\mycode”，因此，当前目录就是“C:\Python38\mycode”。

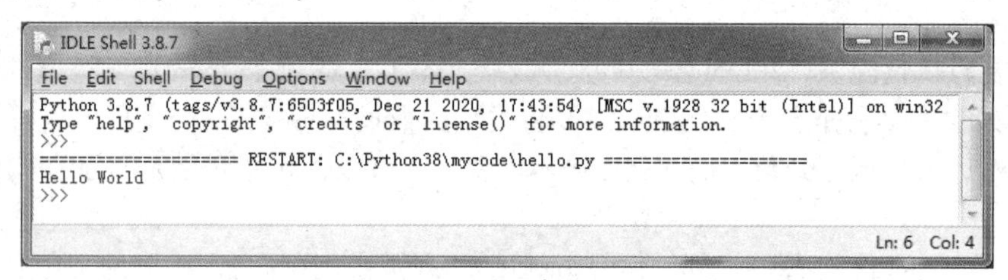

图 10-2　执行 Python 文件

10.3.1　Windows 里的绝对路径

所谓“绝对路径”，指的是无论当前目录是在哪个目录之下，都可以使用这个路径找到编程者所指定的那个文件。

在 Windows 里，文件的绝对路径是从盘符开始的。比如“C:\Windows\System32\kernal64.dll”这个文件路径里，“C:\”就是盘符，它说明这个文件是保存在哪个驱动器里的。需要注意的是，与目录不同，在 Python 里，盘符必须以“\”结尾，“C:”不是一个合法的盘符，必须要写成“C:\”。

紧跟在盘符之后的是目录名。目录名按照级别一级级地向下排列，并且以“\”结尾。比如，“C:\Windows\System32\”指的就是 C 盘下的 Windows 目录下的 System32 目录。在实际使用过程中，最后一层目录除非后面跟着文件名，否则不需要加“\”。这是因为，在书写代码时，“\”有转义符的意思，如果书写目录最后追加了“\”，那么就会出现“\"”或者“\'”的情况，这是代表引号的转义符。

跟在目录名之后的就是文件名。文件名包含文件主名和后缀名（全称为“文件扩展名”，也可以称为“扩展名”）。比如，“kernal64.dll”这个文件名的文件主名是“kernal64”，后缀名为“.dll”。所谓的“文件重名”，指的是文件的文件主名加后缀名全部相同。如果文件主名相同，后缀名不同，也是两个不同的文件，比如“python.avi”和“python.mp4”就是两个完全不同的文件。

在 Windows 文件系统中，文件名是用来标识文件的，不能使用“/ \ : * " < > | ？”这 9 个半角字符。同时，文件主名不能超过 255 个字符（一个中文占 2 个字符）。后缀名部分同样也不能超过 255 个字符（一个中文占 2 个字符）。不过一般情况下，后缀名都是使用 3 个字符或者 4 个字符。

另外，如果有两个或者两个以上的后缀名，那么只有最后一个后缀名被视作文件的后缀名，前面所有的后缀名都要计算在文件主名中。比如有文件“kernal64.dll.bak”，那么此文件的文件主名是“kernal64.dll”，后缀名是“.bak”。

10.3.2 Windows 里的相对路径

所谓“相对路径”，指的是相对某个目录而言的一个路径。这里的“某个目录”往往就是指当前目录。

假设存在一个图 10-3 所示的多级目录，“C:\”下有 3 个目录，分别是 Python38、Windows 和 Program Files，“C:\Python38”目录下有 3 个目录，分别是 mycode、include 和 libs，“C:\Python38\mycode”目录下有 2 个代码文件，分别是 hello.py 和 test.py。

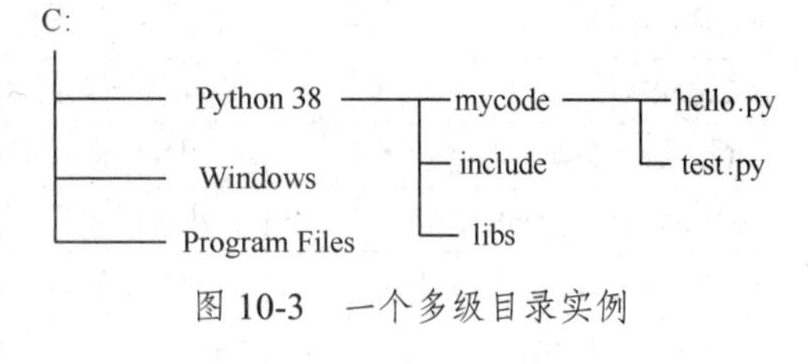

图 10-3　一个多级目录实例

现在假设当前目录是“C:\Python38\mycode”，这个目录下有一个文件“hello.py”，这时，采用相对路径的表示方法，这个文件的路径就可以写为“.\hello.py”。在 Windows 操作系统里，“.\”这个目录指的就是当前目录。

在这里可以看到，如果当前目录不存在，那么相对路径就没有任何意义。但绝对路径不同，无论当前目录是否存在，通过绝对路径都可以找到指定地址。不过，幸运的是，在 Windows 操作系统中，几乎不可能出现找不到当前目录的情况。

除了可以使用“.\”表示当前目录以外，还可以使用“..\”表示当前目录的上一级目录。比如，当前目录是“C:\Python38\mycode”，则“..\”就表示“C:\Python38”。“..\”还可以连用，比如当前目录是“C:\Python38\mycode”，则“..\..\”就表示“C:\”。

当然，“.\”也是可以连用的，不过由于它表示的是当前目录，所以连用没有任何含义。毕竟当前目录的当前目录还是当前目录。

10.3.3 Windows 里的环境变量

在 Windows 里，还有一些目录非常特殊，它们在安装完系统后就被指定，但是对于程序开发者来说却并不明确。比如“我的文档”目录，用户可以任意指定“我的文档”的位置，且每个系统一定有一个“我的文档”目录。再比如“Windows”文件夹，它可能在任何一个驱动器下，而且一定存在。这些目录就称为系统的“环境变量”。

可以直接使用环境变量名来指代这些目录。比如，系统的安装盘，就可以使用“%SystemDrive%”来指代，如图 10-4 所示。

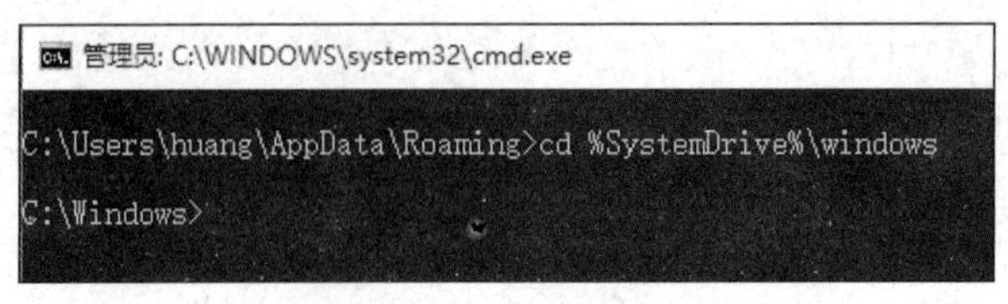

图 10-4　使用环境变量名

夹在两个百分号之间的“SystemDrive”就是环境变量的名称，它们可以在系统的环境变量中配置并且使用。使用时，只需要将环境变量名夹在两个百分号之间就可以了。同时，环境变量与系统版本是有关的，并不是所有系统都可以使用。比如，在 Windows XP 里，就不能使用“%PROGRAMDATA%”来查找隐藏在“%SystemDrive%”下的“ProgramData”目录。

表 10-1 展示了 Windows 10 中可用的一些环境变量及其说明（这里默认将 Windows 安装在 C 盘下）。

表 10-1　Windows 10 中可用的一些环境变量及其说明

环境变量	说明
%HOMEDRIVE%	Windows 所在驱动器，比如 C:\
%windir%	Windows 所在目录，比如 C:\WINDOWS
%TEMP%	临时文件保存位置，比如 C:\Users\[用户名]\AppData\Local\Temp
%ProgramFiles%	应用程序默认安装目录，比如 C:\Program Files
%CommonProgramFiles%	应用程序配置文件存放目录，比如 C:\Program Files\Common Files
%APPDATA%	应用程序数据存放目录，比如 C:\Users\[用户名]\AppData\Roaming
%HOMEPATH%	当前登录用户的主目录，比如 C:\Users\[用户名]
%HOMEPATH%\desktop	用户桌面所在路径，比如 C:\Users\[用户名]\桌面

以上目录都是比较常用的目录，比如“%APPDATA%\..\Local\Programs\Python\”就是 Python 的默认安装目录。灵活使用环境变量，可以快速地找到指定内容，也可以在沟通交流时减少一大部分因为目录而产生的歧义。

10.4 Python 对目录的操作

Python 对目录的操作

Python 对目录的操作包括获取当前目录、转移到指定目录、新建目录、判断目录是否存在、显示目录内容、判断是目录还是文件、删除目录等。

Python 中，有两个模块可以完成目录操作，这里只介绍整合度更高的 os 模块。在接下来的内容中，如果没有特别说明，默认使用 import os 语句引用了 os 模块。

10.4.1　获取当前目录

对于 Python 的目录操作，首先应该了解的就是查询和修改当前目录。在 Windows 操作系统的命令行模式下，可以直接查看当前目录。但是在 Python 中，需要使用 os.getcwd()函数获取当前目录，如下所示：

```
>>> import os
>>> os.getcwd()
'C:\\Python38'
```

10.4.2 转移到指定目录

在一些情况下，需要将当前目录转移到指定路径，这时就需要使用 os.chdir()函数，这个函数相当于 Windows 里的 cd 命令，其作用是进入某个目录，如下所示：

```
>>> # 假设已经存在“C:\project”目录
>>> os.chdir(r"c:\project")
>>> os.getcwd()
'c:\\project'
```

在使用该函数时，推荐使用原始字符串。不然，在书写路径时，所有“\”都需要转义，既麻烦又容易出错。

10.4.3 新建目录

在修改当前目录时，有可能此目录并不存在，这时就需要使用新建目录的函数，即 os.makedirs()。该函数相当于 Windows 里的 md 命令，输入一个参数 path，如果该目录不存在，则新建目录，在新建目录时，如果目录是嵌套状态，它会从最外层一直新建到最里层，非常方便，如下所示：

```
>>> # 在“C:\project”目录下创建“md”目录
>>> os.makedirs(r"c:\project\md")
>>> # 再次在“C:\project”目录下创建“md”目录
>>> os.makedirs(r"c:\project\md")
Traceback (most recent call last):
  File "<pyshell#6>", line 1, in <module>
    os.makedirs(r"c:\project\md")
  File "C:\Python38\lib\os.py", line 223, in makedirs
    mkdir(name, mode)
FileExistsError: [WinError 183] 当文件已存在时，无法创建该文件。: 'c:\\project\\md'
```

10.4.4 判断目录是否存在

从 10.4.3 节实例可以看出，在创建目录时，如果此目录已经存在，就无法创建成功，系统会报一个异常。所以在使用过程中，需要先判断目录是否存在，再创建目录。可以使用 os.path.exists()函数判断目录是否存在，如下所示：

```
>>> os.path.exists(r"c:\project\md")
True
```

10.4.5 显示目录内容

在确定目录存在后，往往需要知道目录里面有什么内容，这时就需要使用 os.listdir()函数，该函数相当于 Windows 里的 dir 命令。为了演示该命令的使用方法，这里在前面实例的基础上，在“C:\project”目录下手动新建一个没有扩展名的文件“cd”，新建一个文本文件“dir.txt”，再新建一个 Word 文件“rm.docx”，然后执行如下语句：

```
>>> import os
>>> os.getcwd()
'c:\\project'
```

```
>>> os.listdir()
['cd', 'dir.txt', 'md', 'rm.docx']
```

10.4.6 判断是目录还是文件

在 10.4.5 节的例子中，需要注意一点，“md”是一个目录，而“cd”是一个没有扩展名的文件。但是，在 listdir()的输出结果中，它们都是没有带点的字符串，很难判断到底是目录还是文件，所以，需要使用 os.path.isdir()和 os.path.isfile()函数来判断到底是目录还是文件，如下所示：

```
>>> os.getcwd()
'c:\\project'
>>> os.listdir()
['cd', 'dir.txt', 'md', 'rm.docx']
>>> os.path.isdir("md")
True
>>> os.path.isfile("cd")
True
```

10.4.7 删除目录

目录的删除操作需要使用 os.rmdir()函数。这个函数与 Windows 中的 rm 命令一样，甚至连限制都是一样的。在各个操作系统中，单纯地删除目录命令是不能删除一个有内容的目录的，即目录里只要有子目录或者文件，就不能删除，否则会报错。具体实例如下：

```
>>> os.getcwd()
'c:\\project'
>>> os.listdir()
['cd', 'dir.txt', 'md', 'rm.docx']
>>> # 在“md”目录下新建“some”目录
>>> os.makedirs(r"md\some")
>>> os.listdir()
['cd', 'dir.txt', 'md', 'rm.docx']
>>> os.rmdir("md")  # 删除“md”目录会返回错误信息，因为“md”是非空目录
Traceback (most recent call last):
  File "<pyshell#10>", line 1, in <module>
    os.rmdir("md")
OSError: [WinError 145] 目录不是空的。: 'md'
>>> os.rmdir(r".\md\some")  # 删除“md”目录下的“some”目录
>>> # 这时，“md”目录是一个空目录，下面就可以成功执行删除操作
>>> os.rmdir("md")
>>> os.listdir()
['cd', 'dir.txt', 'rm.docx']
```

当然，除了非空目录不能删除以外，正在使用的目录也不能删除。比如，删除当前目录，肯定也是不能成功的，如下所示：

```
>>> os.rmdir(".")
Traceback (most recent call last):
  File "<pyshell#1>", line 1, in <module>
    os.rmdir(".")
PermissionError: [WinError 32] 另一个程序正在使用此文件，进程无法访问。: '.'
```

在使用时，删除操作一定要做好异常处理，因为在编程时根本不知道这个目录有没有被其他程序占用。

此外，在 Python 中，还提供了一个 shutil 模块，该模块提供了一些文件和目录的高阶操作，其中就包含了可以级联删除目录的 shutil.rmtree()函数，具体实例如下：

```
>>> os.getcwd()
'c:\\project'
>>> os.makedirs(r"me\some")
>>> import shutil
>>> shutil.rmtree("me")
>>> os.listdir()
['cd', 'dir.txt', 'rm.docx']
```

同样，shutil.rmtree()函数在使用前也一定要做好异常处理，因为这个函数比 os.rmdir()函数更加有可能执行失败。

10.5 Python 对文件的操作

Python 对文件的操作

Python 对文件的操作包括打开文件、关闭文件、复制文件、重命名文件、删除文件等。

10.5.1 打开文件

在 Python 中，打开文件使用的是 open()函数，该函数不需要引用 os 模块就可以直接调用，它返回一个被称为“文件句柄”的对象，由这个对象来操作文件。只要产生了文件句柄，那么在释放这个句柄之前这个文件就被程序占用了，其他程序将无法对该文件进行增加、修改、查询和删除。如图 10-5 所示，使用 Python 语句“f=open("dir.txt")”打开了一个文件 dir.txt 以后，再在 Windows 资源管理器中打开 dir.txt 就会报错。

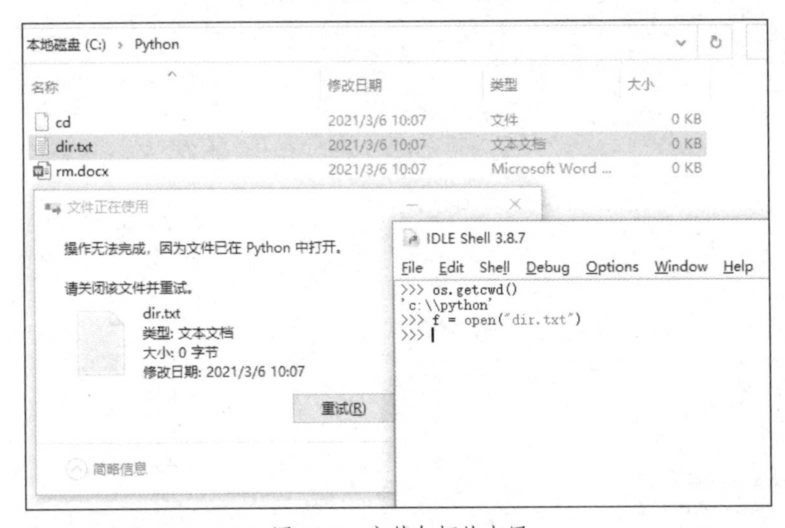

图 10-5　文件句柄的占用

在使用 open()函数时，不仅可以输入一个路径作为参数，还可以输入对文件的操作模式，表 10-2 给出了文件的各种操作模式。

表 10-2 文件的操作模式

模式	描述
r	以只读的方式打开文件，不能写入
w	以写入的方式打开文件，不能读取信息。如果文件已经存在，清空文件内容，如果文件不存在则新建文件
a	以追加的方式打开文件，如果文件不存在则新建文件，不能读取文件
r+	以读写的方式打开文件，如果文件不存在则报异常
w+	以读写的方式打开文件，文件存在则清除内容，如果不存在则新建文件
a+	以追加的方式打开文件，可以读写内容
b	以二进制的方式打开文件，该模式只对 Windows 和 DOS 生效

在编程时，一般不会使用到“b”模式。“r”“w”“a”三种模式与对应的“r+”“w+”“a+”比起来，前者只允许读或写，后者允许同时读写，需要根据实际需求来选择。“a”和“w”相比，使用“w”就相当于把文件清空，再从头开始写。使用“a”则不清空文件，直接把内容加在最后面，需要根据实际情况使用。下面是具体实例：

```
>>> os.chdir(r"c:\python")  #假设 C 盘下面已经存在 python 目录
>>> #当前目录中不存在 dir.txt
>>> f = open("dir.txt")
Traceback (most recent call last):
  File "<pyshell#6>", line 1, in <module>
    f = open("dir.txt")
FileNotFoundError: [Errno 2] No such file or directory: 'dir.txt'
>>>  #手动在“C:\python”目录下新建 dir.txt 文件，然后执行下面操作
>>> f = open("dir.txt")
>>> f.read()
''
>>> f.close()
>>> f = open("dir.txt", "w")
>>> f.read()  #以“w”方式打开文件，不能读取，否则会报错
Traceback (most recent call last):
  File "<pyshell#14>", line 1, in <module>
    f.read()
io.UnsupportedOperation: not readable
>>> f.write("123")
3
>>> f.close()
>>> #现在文件内容为 123
>>> f = open("dir.txt", "w")
>>> f.close()
>>> #上面以“w”方式打开文件，文件内容会被清空
>>> f = open("dir.txt", "w")
>>> f.write("123")
3
>>> f.close()
>>> #现在文件内容为 123
>>> f = open("dir.txt", "a")
>>> f.write("456")
3
>>> f.close()
>>> #现在文件内容为 123456
```

10.5.2　关闭文件

在打开文件后，一定要记得关闭文件，否则，其他程序就不能再操作该文件了。关闭文件使用的是 close()函数。当然，每次都要书写 close()函数会很麻烦，所以可以使用 with 关键字，具体实例如下：

```
>>> with open("dir.txt", "w+") as f:
        f.write("some text")
9
>>> f = open("dir.txt", "r")
>>> f.read()
'some text'
>>> f.close()
```

可以看到，使用这种方式操作文件句柄时，只要 with 代码段结束了，句柄就自动释放。

10.5.3　复制文件

在使用 open()函数新建文件和进行处理之前，有可能需要先将某个文件复制一份，这时就需要进行一个文件的复制操作。在 Python 中，复制文件使用的是 shutil.copy()函数，这个函数的作用相当于 Windows 系统里的 copy 命令，具体实例如下：

```
>>> import shutil
>>> os.chdir(r"c:\project")
>>> os.getcwd()
'c:\\project'
>>> os.listdir()
['cd', 'dir.txt', 'rm.docx']
>>> shutil.copy("dir.txt", "dir1.txt")
'dir1.txt'
>>> os.listdir()
['cd', 'dir.txt', 'dir1.txt', 'rm.docx']
```

10.5.4　重命名文件

在复制文件后，有可能需要对被复制的文件进行改名，这时就需要使用 os.rename()函数。这个函数不仅可以修改文件名，还可以修改目录名。该函数的作用相当于 Windows 系统里的 rn 命令。具体实例如下：

```
>>> import shutil
>>> os.chdir(r"c:\project")
>>> os.getcwd()
'c:\\project'
>>> os.listdir()
['cd', 'dir.txt', 'dir1.txt', 'rm.docx']
>>> os.rename("dir1.txt", "listdir.txt")
>>> os.listdir()
['cd', 'dir.txt', 'listdir.txt', 'rm.docx']
```

10.5.5　删除文件

如果文件已经操作完成需要删除，就需要使用 os.remove()函数，这个函数相当于

Windows 里的 del 命令。不过，在删除时就不需要用户确认了，所以准确地来说，应当是与 del /q 命令相同。具体实例如下：

```
>>> import shutil
>>> os.chdir(r"c:\project")
>>> os.getcwd()
'c:\\project'
>>> os.listdir()
['cd', 'dir.txt', 'listdir.txt', 'rm.docx']
>>> os.remove("listdir.txt")
>>> os.listdir()
['cd', 'dir.txt', 'rm.docx']
```

最后，需要特别注意的是，在任何编程语言中，对文件的操作总是会伴随各种各样的异常。所以，无论是哪种操作，都应当事先判断文件是否存在，并且哪怕事先知道文件已经存在，也需要为其加上异常处理代码，因为这些文件有可能已经被别的文件占用。

10.6 Python 对文件内容的操作

Python 对文件内容的操作

Python 对文件内容的操作包括 dump()、read()、write()、seek()、tell()、writelines()和 readlines()等函数。

10.6.1 dump()函数和 read()函数

在 Python 中，写入文件内容主要有两种方法：第一种是在序列化的同时将内容写入文件；第二种是使用文件句柄的 write()函数。本小节介绍第一种方法，下一小节介绍第二种方法。

使用第一种方法时，需要使用序列化时用到的 dumps()函数，这个函数还有一个名为“dump”的版本。在 dump()函数中，只需要在第一个参数后补一个文件句柄（当然，这个句柄必须是可写的，也就是说，使用“r”模式打开的不行），就可以直接将内容写入指定文件，其他参数与 dumps()完全相同。无论是 JSON 还是 pickle，都支持这种写法。具体实例如下：

```
>>> os.chdir(r"c:\python")
>>> vCard = {'firstName': '名', 'lastName': '姓', 'title': '职位', 'mobilePhoneNumber':
'13322223333', 'organization': '公司名', 'weChatNumber': '微信号'}
>>> import json
>>> with open('vCard.json', 'w+') as f:
    json.dump(vCard, f)
    f.read()
''
```

在上面这个实例中，我们使用“w+”模式打开了一个文件 vCard.json，然后，使用语句“json.dump(vCard,f)”把数据写入文件，最后使用记事本查看 vCard.json 文件。这个实例只演示了 JSON 的 dump()函数，pickle 也是同理的。当然，读取文件所使用的 loads()函数也有一个“load”版本，同样，只需要输入一个文件句柄，就可以直接将文件的内容进行转换得到结果。

在上面这个实例中，read()函数用于读取文件内容。从这个实例可以看到，程序在打开文件并且写入之后，直接使用 read()函数读取是没有任何内容的。这是因为，Python 打开文件后，会有一个“文件指针”，使用“r”“w”“r+”“w+”模式打开时，文件指针会指向文件的开头。在这个实例中，文件使用“w+”模式打开，本身就会清空文件内容，并且文件指针指向了文件的开头，这是一个空位置。然后，dump()函数向文件里写入数据，写入 1 个字符，文件指针就向后移动 1 位，一直到数据写入完成为止。这时，文件指针所在的位置是文件的结尾。这时使用 read()函数读取文件时，自然就读不到任何内容。

10.6.2 write()函数、seek()函数和 tell()函数

在 Python 中，写入文件内容的第二种方法是使用文件句柄的 write()函数。使用这种方法时，需要使用任意一种可写的模式（“r+”“w”“w+”“a”或“a+”）打开文件，并且使用 write()函数将内容写入文件，如下所示：

```
>>> os.chdir(r"c:\python")
>>> os.getcwd()
'c:\\python'
>>> with open('vCard.txt', 'w+') as f:
        f.write("姓名：张某某")
        f.read()
6
''
```

同样，在使用 write()函数写入文件后，文件指针所在的位置也是文件的结尾。使用 read()函数读取文件时，同样无法读取到任何内容。

所以，无论使用上述哪种方法写入文件，如果需要读取内容，就需要使用 seek()函数将文件指针移到开头位置，如下所示：

```
>>> os.chdir(r"c:\python")
>>> os.getcwd()
'c:\\python'
>>> vCard = {'firstName': '名', 'lastName': '姓', 'title': '职位', 'mobilePhoneNumber': '13322223333', 'organization': '公司名', 'weChatNumber': '微信号'}
>>> with open("vCard.json", "w+") as f:
        json.dump(vCard, f)
        f.seek(0)
        f.read()
0
'{"firstName": "\\u540d", "lastName": "\\u59d3", "title": "\\u804c\\u4f4d", "mobilePhoneNumber": "13322223333", "organization": "\\u516c\\u53f8\\u540d", "weChatNumber": "\\u5fae\\u4fe1\\u53f7"}'
```

在这里需要注意，使用 seek()函数后，再使用 write()函数或者 dump()函数写入数据时，是从当前文件指针的位置开始写入的。所以，在充分考虑和规划之前，不要随意移动文件指针，否则可能导致一些意想不到的结果。

在使用文件指针时，需要考虑文件指针的移动一定不能超出文件的总长度。所以，可以使用 os.path.getsize()函数来获取文件的总长度。此外，也可以在文件句柄中使用 tell()函数获取当前指针位置。下面是一个具体实例，读取的是上面实例中生成的 vCard.json：

```
>>> with open("vCard.json", "r+") as f:
        f.read(10)
```

```
        f.tell()
        f.read()
        f.tell()
'{"firstNam'
10
'e": "\\u540d", "lastName": "\\u59d3", "title": "\\u804c\\u4f4d", "mobilePhoneNumber": "13322223333", "organization": "\\u516c\\u53f8\\u540d", "weChatNumber": "\\u5fae\\u4fe1\\u53f7"}'
182
```

10.6.3　writelines()函数和 readlines()函数

除了上面介绍的 read()和 write()函数以外，文件操作也可以使用其他函数。比如，Python 还提供了 writelines()函数（注意：这个函数名是复数形式的 lines），该函数可以向文件中写入一个列表。具体实例如下：

```
>>> os.chdir(r"c:\python")
>>> os.getcwd()
'c:\\python'
>>> f = open("t.txt", "w+")
>>> f.writelines(["第一行", "第二行\n", "第三行"])
>>> f.close()
```

这时打开文件 t.txt，可以看到如下内容：

```
第一行第二行
第三行
```

之所以呈现上面的效果，是因为“第一行”后面没有加上“\n”，所以是不会自动换行的。

这里需要特别注意的是，虽然这个函数名为“writelines”，但其实这个函数并不会自动帮编程者加入换行符“\n”。该函数的作用仅仅是将一个列表中的所有元素顺序写入文件。

Python 中既然有 writelines()函数，当然也会有相对应的读取函数 readlines()。不过，考虑到有时候需要一行一行地读取，所以 Python 还提供了只读取一行的函数 readline()（注意：这个函数名中的 line 是单数形式，没有 s）。具体实例如下：

```
>>> f = open("t.txt", "r+")
>>> f.readline()
'第一行第二行\n'
>>> f.seek(0)
0
>>> f.readlines()
['第一行第二行\n', '第三行']
```

上述两个函数在读取时同样会移动文件指针，所以上例中使用了 seek()函数进行重定向，以保证第二次读取也是从头开始。

这里有非常重要的一点需要注意，在 pickle 中，dump()和 load()互为反函数，被 dump()序列化的数据原来是什么样子，使用 load()反序列化出来的数据就是什么样子。在 JSON 中，dump()和 load()对于基本数据类型而言同样也是反函数关系。但是，readlines()和 writelines()

并不是互为反函数关系。从上面这个实例可以看到，readlines()读取的内容是一个只有两个元素的列表['第一行第二行\n', '第三行']，而实际写入的是有 3 个元素的列表["第一行", "第二行\n", "第三行"]。所以，在使用时需要特别注意。

10.7 本章小结

将数据保存到文件中可以简单地总结为四个步骤：先将数据序列化为字节串（或字符串）；再打开一个文件；然后将字节串（或字符串）写入文件；最后关闭文件。根据经验，不少人会忘记关闭文件，这将导致应用程序被关闭前，该文件被持续占用，所有程序（包括本程序）都不能在关闭文件前使用这些文件。我们有时在删除文件时会看到提示“操作无法完成，因为文件已在某程序中打开”，就是文件因为种种原因没有关闭导致的。

但数据持久化不单单指将数据写入硬盘文件，也可以指写入任何一个能永久保存的场所。比如将一段音频写入磁带也是持久化，将一段视频写入 DVD 也是持久化。第 11 章会介绍如何将数据写入数据库，这也是持久化。

10.8 习题

编程题

1. 编写一个程序，将一张名片序列化为字符流。
2. 编写一个程序，将一张名片序列化为字节流。
3. 编写一个程序，列出一个目录里的所有文件，包含子目录。
4. 编写一个程序，计算某个目录里所有文件的大小。
5. 编写一个程序，统计某个目录下（含子目录）的目录数和文件数。
6. 编写一个程序，返回目录下（不含子目录）所有被占用的文件。
7. 编写一个程序，复制整个目录，包含目录下的所有子目录和文件。
8. 编写一个程序，将序列化的名片存入某个文件。
9. 编写一个程序，不使用 load()和 dump()函数读写一个 JSON 文件。

第11章 基于数据库的持久化

数据的持久化场所主要包括文件和数据库。第 10 章介绍了基于文件的持久化，本章介绍基于数据库的持久化。数据库是数据管理的有效技术，是计算机科学的重要分支。在应用程序开发中，数据库占据着举足轻重的地位，绝大多数的应用程序都是围绕着数据库构建起来的。一个编程开发人员必须要了解数据库的基本理论和操作方法。

本章首先从理论层面讲起，简要介绍关系数据库的概念和关系数据库标准语言 SQL；然后在实践层面介绍 MySQL 数据库的安装和使用方法，以及如何使用 Python 操作 MySQL 数据库，包括连接数据库、创建表、插入数据、修改数据、查询数据、删除数据等。

11.1 关系数据库

关系数据库

数据库是一种主流的数据存储和管理技术。数据库指的是以一定方式储存在一起、能为多个用户所共享、具有尽可能小的冗余度、与应用程序彼此独立的数据集合。对数据库进行统一管理的软件被称为“数据库管理系统”（Database Management System，DBMS），在不引起歧义的情况下，经常会混用“数据库”和“数据库管理系统”这两个概念。在数据库的发展历史上，先后出现过网状数据库、层次数据库、关系数据库等不同类型的数据库。这些数据库分别采用了不同的数据模型（数据组织方式），目前比较主流的数据库是关系数据库，它采用了关系数据模型来组织和管理数据。一个关系数据库可以看成是许多关系表的集合，每个关系表可以看成一张二维表格，如表 11-1 所示的学生信息表。目前市场上常见的关系数据库产品包括 Oracle、SQL Server、MySQL、DB2 等。因为关系数据库的数据通常具有规范的结构，因此，通常把保存在关系数据库中的数据称为“结构化数据”。与此相对应，图片、视频、声音等文件所包含的数据，没有规范的结构，被称为“非结构化数据”，而类似网页文件（HTML 格式文件）这种具有一定结构但又不是完全规范化的数据，被称为“半结构化数据”。

表 11-1 学生信息表

学号	姓名	性别	年龄	考试成绩
95001	张三	男	21	88
95002	李四	男	22	95
95003	王梅	女	22	73
95004	林莉	女	21	96

总体而言，关系数据库具有如下特点。

（1）存储方式。关系数据库采用表格的储存方式，数据以行和列的方式进行存储，读取和查询都十分方便。

（2）存储结构。关系数据库按照结构化的方法存储数据，每个数据表的结构都必须事先定义好（如表的名称、字段名称、字段类型、约束等），然后根据表的结构存入数据。这样做的好处就是，由于数据的形式和内容在存入数据之前就已经定义好了，所以，整个数据表的可靠性和稳定性都比较高，但带来的问题就是，数据模型不够灵活，一旦存入数据，修改数据表的结构就会十分困难。

（3）存储规范。关系数据库为了规范化数据、减少重复数据以及充分利用好存储空间，把数据按照最小关系表的形式进行存储，这样数据就可以很清晰、一目了然。当存在多个表时，表和表之间通过主外键关系发生关联，并通过连接查询获得相关结果。

（4）扩展方式。关系数据库将数据存储在数据表中，数据操作的瓶颈出现在多张数据表的操作中，而且数据表越多，这个问题越严重。要缓解这个问题，只能提高处理能力，也就是选择速度更快、性能更高的计算机，这样虽然也有一定的拓展空间，但是这样的拓展空间是非常有限的，也就是说，一般的关系数据库只具备有限的纵向扩展能力。

（5）查询方式。关系数据库采用结构化查询语言（Structured Query Language，SQL）对数据库进行查询。结构化查询语言是高级的非过程化编程语言，允许用户在高层数据结构上工作。它不要求用户对数据指定存放方法，也不需要用户了解具体的数据存放方式，所以，各种具有完全不同底层结构的数据库系统，可以使用相同的结构化查询语言作为数据输入与管理的接口。结构化查询语言语句可以嵌套，这使它具有极大的灵活性和强大的功能。

（6）事务性。关系数据库可以支持事务的原子性、一致性、隔离性、持久性（Atomicity、Consistency、Isolation、Durability，ACID）。当事务被提交给了 DBMS，DBMS 就需要确保该事务中的所有操作都成功完成且其结果被永久保存在数据库中，如果事务中某些操作没有成功完成，则事务中的所有操作都需要被回滚，回到事务执行前的状态，从而确保数据库状态的一致性。

（7）连接方式。不同的关系数据库产品都遵守一个统一的数据库连接接口标准，即开放式数据库连接（Open Database Connectivity，ODBC）。ODBC 的一个显著优点是，用它生成的程序是与具体的数据库产品无关的，这样可以为数据库用户和开发人员屏蔽不同数据库异构环境的复杂性。ODBC 提供了数据库访问的统一接口，为实现应用程序与平台的无关性和可移植性提供了基础，因而获得了广泛的支持和应用。

11.2 关系数据库标准语言 SQL

关系数据库标准语言 SQL

SQL 是关系数据库的标准语言，也是一个通用的功能极强的关系数据库语言，其功能不仅仅是查询，还包括数据库创建、数据库数据的插入与修改、数据库安全性完整性定义等。

11.2.1 SQL 简介

自从 SQL 成为关系数据库的国际标准语言，各个数据库厂家纷纷推出 SQL 软件或 SQL

的接口软件。这就使大多数数据库采用SQL作为数据存取语言和标准接口，使不同数据库系统之间的相互操作有了可能性。SQL已经成为数据库领域中的主流语言，其意义十分重大。SQL的主要特点如下。

（1）综合统一。集数据查询、数据操纵、数据定义和数据控制功能于一体，语言风格统一，可以独立完成数据库生命周期中的所有活动。

（2）高度非过程化。用SQL进行数据操作时，只要提出“做什么”，而无须指明“怎么做”，因此，无须了解存取路径。存取路径的选择以及SQL的操作过程都由系统自动完成。这不但大大减轻了用户负担，而且有利于提高数据独立性。

（3）面向集合的操作方式。SQL采用集合操作方式，不仅操作对象、查找结果可以是记录的集合，而且一次插入、删除、更新操作的对象也可以是记录的集合。

（4）以同一种语法结构提供多种使用方式。作为独立的语言，它能够独立地用于联机交互，用户可以在终端键盘上直接键入SQL命令对数据库进行操作。作为嵌入式语言，SQL语句能够嵌入到高级语言（如C、C++、Java和Python等）程序中，供程序员设计程序时使用。而在两种不同的使用方式下，SQL的语法结构基本上是一致的。这种以统一的语法结构提供多种使用方式的做法，提供了极大的灵活性与方便性。

（5）语言简洁，易学易用。SQL功能极强，但由于设计巧妙，语言十分简洁，完成核心功能只用了9个动词（包括create、drop、insert、update、delete、alter、select、grant和revoke等）。SQL接近英语口语，因此易于学习和使用。

11.2.2 常用的SQL语句

下面介绍一些常用的SQL语句，然后，本书在11.3.2节会结合MySQL数据库来讲解如何使用这些SQL语句。

1．创建数据库

在使用数据库之前，需要创建数据库，具体语法如下：

```
CREATE DATABASE 数据库名称;
```

每条SQL语句的末尾以英文分号结束。

可以使用如下语句查看已经创建的所有数据库：

```
SHOW DATABASES;
```

创建好数据库以后，可以使用如下语句打开数据库：

```
USE 数据库名称;
```

2．创建表

一个数据库包含多个表。创建一个表的语法如下：

```
CREATE TABLE 表名称
(
列名称1 数据类型,
列名称2 数据类型,
```

```
列名称 3 数据类型,
...
);
```

表 11-2 列出了 SQL 中常用的数据类型。

表 11-2　SQL 中常用的数据类型

数据类型	描述
integer(size) int(size) smallint(size) tinyint(size)	仅容纳整数。括号内的 size 用于规定数字的最大位数
decimal(size,d) numeric(size,d)	容纳带有小数的数字。size 规定数字的最大位数，d 规定小数点右侧的最大位数
char(size)	容纳固定长度的字符串（可容纳字母、数字以及特殊字符）。在括号中规定字符串的长度
varchar(size)	容纳可变长度的字符串（可容纳字母、数字以及特殊字符）。在括号中规定字符串的最大长度

可以使用如下 SQL 语句查看所有已经创建的表：

```
SHOW TABLES;
```

3．插入数据

可以使用 INSERT INTO 语句向表中插入新的记录，其语法形式如下：

```
INSERT INTO 表名称 VALUES (值1, 值2,...);
```

也可以指定所要插入数据的列：

```
INSERT INTO 表名称(列1, 列2,...) VALUES (值1, 值2,...);
```

4．查询数据

可以使用 SELECT 语句从数据库中查询数据，其语法形式如下：

```
SELECT 列名称 FROM 表名称;
```

5．修改数据

可以使用 UPDATE 语句修改表中的数据，其语法形式如下：

```
UPDATE 表名称 SET 列名称 = 新值 WHERE 列名称 = 某值;
```

6．删除数据

可以使用 DELETE 语句从表中删除记录，其语法形式如下：

```
DELETE FROM 表名称 WHERE 列名称 = 某值;
```

7．删除表

可以使用 DROP TABLE 语句从数据库中删除一个表，其语法形式如下：

```
DROP TABLE 表名称;
```

8．删除数据库

可以使用 DROP DATABASE 语句删除一个数据库，其语法形式如下：

```
DROP DATABASE 数据库名称;
```

11.3 MySQL 的安装和使用

MySQL 的安装和使用

MySQL 是一个关系型数据库管理系统，由瑞典 MySQL AB 公司开发，现属于 Oracle 公司旗下产品。MySQL 是目前最流行的关系型数据库管理系统之一，是 Web 应用方面最好的数据库应用软件之一。

11.3.1 安装 MySQL

访问 MySQL 官方网站下载安装包。

在 MySQL 下载页面中，选择“mysql-installer-community-8.0.23.0.msi”下载，如图 11-1 所示。

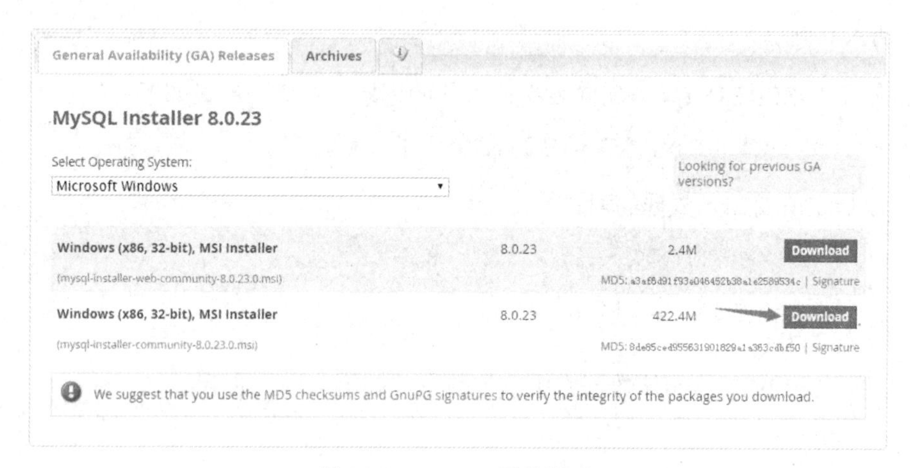

图 11-1　MySQL 下载页面

使用安装包 mysql-installer-community-8.0.23.0.msi 开始安装，如果在安装过程中提示需要安装“.NET Framework 4.5.2”，则需要到微软官方网站下载.NET Framework 4.5.2 的安装文件 NDP452-KB2901907-x86-x64-AllOS-ENU.exe 并安装。

在安装 MySQL 的过程中，当出现“Choosing a Setup Type”界面时，需要选择“Server only”，如图 11-2 所示；如果提示需要安装“Microsoft Visual C++ 2015-2019 Redistributable (x64) - 14.28.29325”，选择同意安装即可，如图 11-3 所示。

安装完成以后，MySQL 数据库的后台服务进程自动启动，这时就需要使用一个客户端工具来操作 MySQL 数据库，我们可以使用 MySQL 安装时自带的命令行界面。具体方法是，在 Windows 7 操作系统的开始菜单中单击“MySQL 8.0 Command Line Client”图标，然后输入数据库密码（这个密码是在安装 MySQL 的过程中用户设置的），就会出现图 11-4 所示界面。可以在命令提示符“mysql>”后面输入 SQL 语句来执行数据库的各种操作。

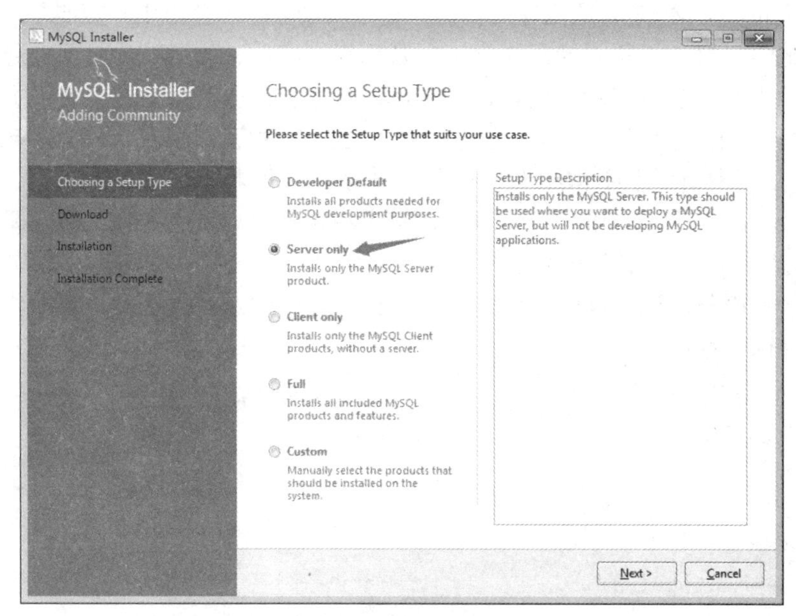

图 11-2　选择安装类型界面

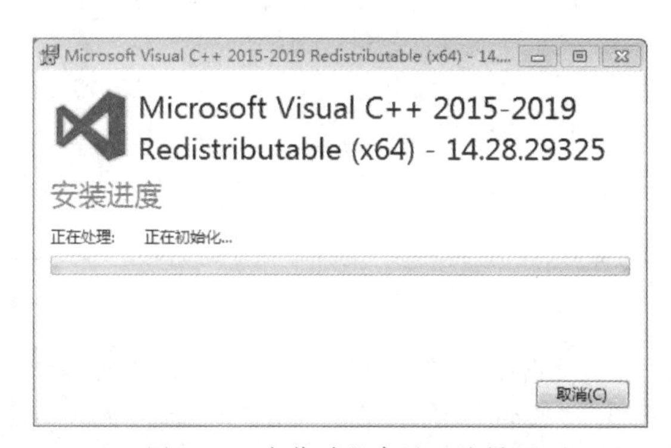

图 11-3　安装过程中显示的界面

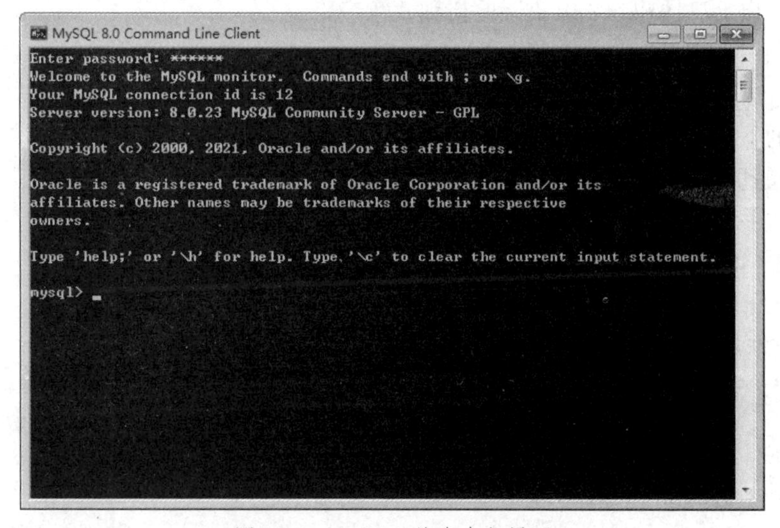

图 11-4　MySQL 的命令行界面

需要说明的是，MySQL 数据库后台服务进程启动以后，会占用一定的系统资源。实际上，我们平时在计算机上很少使用 MySQL 数据库，因此，为了减少对系统资源的占用，没有必要每次开机都自动启动 MySQL 数据库后台服务进程，可以设置为“手动”启动服务进程，这样，当需要用到 MySQL 数据库时，再去手动启动即可。下面以 Windows 7 操作系统为例，介绍如何把 MySQL 数据库服务设置为“手动”启动。

在 Windows 系统桌面上的“计算机”图标上单击鼠标右键，在弹出的快捷菜单中单击“管理”，在出现的计算机管理界面中，在左侧栏中单击“服务”，在右侧栏中找到名称为“MySQL80”的服务进程，可以看到，该服务进程的状态为“已启动”，启动类型为“自动”，如图 11-5 所示。

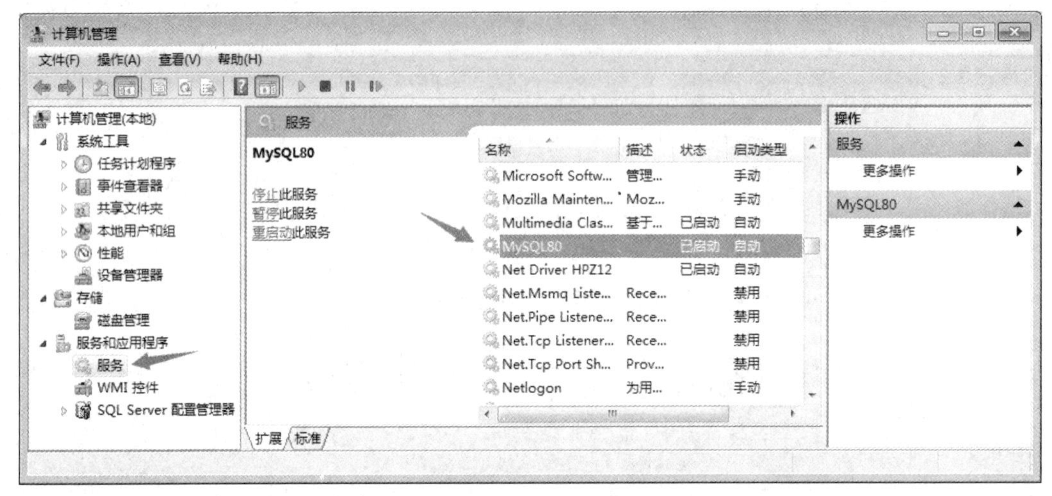

图 11-5　计算机管理界面

在“MySQL80”这一行上单击鼠标右键，在弹出的快捷菜单中单击“属性”，会弹出图 11-6 所示的界面，在这个界面中，“服务状态”下面的“启动”按钮、“停止”按钮和“暂停”按钮分别用来启动、停止和暂停 MySQL 后台服务进程。为了修改启动类型，可以在“启动类型”右侧的下拉列表中选择“手动”，最后单击“确定”按钮即可。

更改为“手动”启动以后，每次开机都需打开图 11-6 所示的界面，单击“服务状态”下面的“启动”按钮来手动启动 MySQL 后台服务进程；在数据库使用结束的时候，单击“服务状态”下面的“停止”按钮来手动停止 MySQL 后台服务进程。

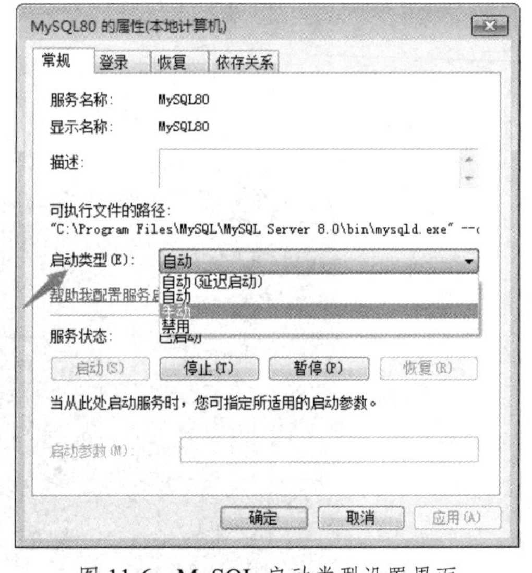

图 11-6　MySQL 启动类型设置界面

11.3.2　MySQL 的使用方法

下面给出一个综合实例来演示 MySQL 数据库的用法，具体要求是，创建一个管理学生信息的数据库，把表 11-3 中的数据填充到数据库中，并完成相关的数据库操作。

表 11-3　学生表

学号	姓名	性别	年龄
95001	王小明	男	21
95002	张梅梅	女	20

打开 MySQL 数据库的命令行界面，输入如下 SQL 语句创建数据库 school：

```
mysql> CREATE DATABASE school;
```

需要注意的是，SQL 语句可以不区分字母大小写。

可以使用如下 SQL 语句查看已经创建的所有数据库：

```
mysql> SHOW DATABASES;
```

创建好数据库 school 以后，可以使用如下 SQL 语句打开数据库：

```
mysql> USE school;
```

使用如下 SQL 语句在数据库 school 中创建一个表 student：

```
mysql>CREATE TABLE student(
    -> sno char(5),
    -> sname char(10),
    -> ssex char(2),
    -> sage int);
```

使用如下 SQL 语句查看已经创建的表：

```
mysql> SHOW TABLES;
```

使用如下 SQL 语句向 student 表中插入两条记录：

```
mysql> INSERT INTO student VALUES('95001','王小明','男',21);
mysql> INSERT INTO student VALUES('95002','张梅梅','女',20);
```

使用如下 SQL 语句查询 student 表中的记录：

```
mysql> SELECT * FROM student;
```

使用如下 SQL 语句修改 student 表中的数据：

```
mysql> UPDATE student SET age =21 WHERE sno='95001';
```

使用如下 SQL 语句删除 student 表：

```
mysql> DROP TABLE student;
```

使用如下 SQL 语句查询数据库中还存在哪些表：

```
mysql> SHOW TABLES;
```

使用如下 SQL 语句删除数据库 school：

```
mysql> DROP DATABASE school;
```

使用如下 SQL 语句查询系统中还存在哪些数据库：

```
mysql> SHOW DATABASES;
```

11.4 使用 Python 操作 MySQL 数据库

使用 Python 操作 MySQL 数据库

使用Python操作MySQL数据库之前，需要安装PyMySQL。它是Python中操作 MySQL 的模块。在 Windows 操作系统的 cmd 命令界面中运行如下命令，安装 PyMySQL：

```
> pip install PyMySQL
```

11.4.1 连接数据库

首先打开 MySQL 数据库的命令行界面，在 MySQL 数据库中创建一个名称为 school 的数据库（如果已经存在该数据库，则需要先删除再创建）；然后，编写如下代码发起对数据库的连接：

```
01  # mysql1.py
02  import pymysql.cursors
03  # 连接数据库
04  connect = pymysql.Connect(
05      host='localhost',  # 主机名
06      port=3306,  # 端口号
07      user='root',  # 数据库用户名
08      passwd='123456',  # 密码
09      db='school',  # 数据库名称
10      charset='utf8'  #编码格式
11  )
12  # 获取游标
13  cursor = connect.cursor()
14  # 执行 SQL 查询
15  cursor.execute("SELECT VERSION()")
16  # 获取单条数据
17  version = cursor.fetchone()
18  # 打印输出
19  print("MySQL 数据库版本是: %s" % version)
20  # 关闭数据库连接
21  connect.close()
```

上面代码的执行结果如下：

```
MySQL 数据库版本是: 8.0.23
```

上面的代码创建了一个游标（cursor），在数据库中，游标是一个十分重要的概念。游标提供了一种对从表中检索出的数据进行操作的灵活手段，就本质而言，游标实际上是一种能从包括多条数据记录的结果集中每次提取一条记录的机制。游标总是与一条 SQL 选择语句相关联，因为游标由结果集（可以是 0 条、1 条或由相关的选择语句检索出的多条记录）和结果集中指向特定记录的游标位置组成。当决定对结果集进行处理时，必须声明一个指向该结果集的游标。

11.4.2 创建表

在 school 数据库中创建一个表 student，具体代码如下：

```
01  # mysql2.py
02  import pymysql.cursors
03  # 连接数据库
04  connect = pymysql.Connect(
05      host='localhost',
06      port=3306,
07      user='root',
08      passwd='123456'
09      db='school',
10      charset='utf8'
11  )
12  # 获取游标
13  cursor = connect.cursor()
14  # 如果表存在，则先删除
15  cursor.execute("DROP TABLE IF EXISTS student")
16  # 设定 SQL 语句
17  sql = """
18  CREATE TABLE student(
19      sno char(5),
20      sname char(10),
21      ssex char(2),
22      sage int);
23  """
24  # 执行 SQL 语句
25  cursor.execute(sql)
26  # 关闭数据库连接
27  connect.close()
```

11.4.3 插入数据

把表 11-3 中的两条数据插入 student 表，具体代码如下：

```
01  # mysql3.py
02  import pymysql.cursors
03  # 连接数据库
04  connect = pymysql.Connect(
05      host='localhost',
06      port=3306,
07      user='root',
08      passwd='123456',
09      db='school',
10      charset='utf8'
11  )
12  # 获取游标
13  cursor = connect.cursor()
14  # 插入数据
15  sql = "INSERT INTO student(sno,sname,ssex,sage) VALUES ('%s', '%s', '%s', %d)"
16  data1 = ('95001','王小明','男',21)
17  data2 = ('95002','张梅梅','女',20)
```

```
18  cursor.execute(sql % data1)
19  cursor.execute(sql % data2)
20  connect.commit()
21  print('成功插入数据')
22  # 关闭数据库连接
23  connect.close()
```

11.4.4 修改数据

把学号为“95002”的学生的年龄修改为21岁，具体代码如下：

```
01  # mysql4.py
02  import pymysql.cursors
03  # 连接数据库
04  connect = pymysql.Connect(
05      host='localhost',
06      port=3306,
07      user='root',
08      passwd='123456',
09      db='school',
10      charset='utf8'
11  )
12  # 获取游标
13  cursor = connect.cursor()
14  # 修改数据
15  sql = "UPDATE student SET sage = %d WHERE sno = '%s' "
16  data = (21, '95002')
17  cursor.execute(sql % data)
18  connect.commit()
19  print('成功修改数据')
20  # 关闭数据库连接
21  connect.close()
```

11.4.5 查询数据

找出学号为“95001”的学生的具体信息，具体代码如下：

```
01  # mysql5.py
02  import pymysql.cursors
03  # 连接数据库
04  connect = pymysql.Connect(
05      host='localhost',
06      port=3306,
07      user='root',
08      passwd='123456',
09      db='school',
10      charset='utf8'
11  )
12  # 获取游标
13  cursor = connect.cursor()
14  # 查询数据
15  sql = "SELECT sno,sname,ssex,sage FROM student WHERE sno = '%s' "
16  data = ('95001',)    #元组中只有一个元素的时候需要加一个逗号
17  cursor.execute(sql % data)
```

```
18  for row in cursor.fetchall():
19      print("学号:%s\t 姓名:%s\t 性别:%s\t 年龄:%d" % row)
20  print('共查找出', cursor.rowcount, '条数据')
21  # 关闭数据库连接
22  connect.close()
```

11.4.6 删除数据

删除学号为“95002”的学生记录，具体代码如下：

```
01  # mysql6.py
02  import pymysql.cursors
03  # 连接数据库
04  connect = pymysql.Connect(
05      host='localhost',
06      port=3306,
07      user='root',
08      passwd='123456',
09      db='school',
10      charset='utf8'
11  )
12  # 获取游标
13  cursor = connect.cursor()
14  # 删除数据
15  sql = "DELETE FROM student WHERE sno = '%s'"
16  data = ('95002',)  #元组中只有一个元素的时候需要加一个逗号
17  cursor.execute(sql % data)
18  connect.commit()
19  print('成功删除', cursor.rowcount, '条数据')
20  # 关闭数据库连接
21  connect.close()
```

11.5 本章小结

数据库是按照数据结构来组织、存储和管理数据的仓库，是一个长期存储在计算机内的、有组织的、可共享的、统一管理的大量数据的集合。数据库管理系统是对数据库进行统一管理的软件。目前，Oracle、SQL Server、MySQL 等数据库管理系统已经得到了广泛的应用。学习 Python 语言，必须要掌握基本的数据库理论和操作方法。本章不仅介绍了数据库的相关理论知识，而且简要介绍了用 Python 语言操作 MySQL 数据库的基本方法。

11.6 习题

简答题

1. 关系数据库具有哪些特点？
2. 什么是事务的 ACID？
3. SQL 语句有哪些特点？

4. 如何修改 MySQL 后台服务进程的启动方式？

编程题

现有以下三个表格。

学生表：Student（主码为 Sno）

学号（Sno）	姓名（Sname）	性别（Ssex）	年龄（Sage）	所在系别（Sdept）
10001	Jack	男	21	CS
10002	Rose	女	20	SE
10003	Michael	男	21	IS
10004	Hepburn	女	19	CS
10005	Lisa	女	20	SE

课程表：Course（主码为 Cno）

课程号（Cno）	课程名（Cname）	学分（Credit）
00001	DataBase	4
00002	DataStructure	4
00003	Algorithms	3
00004	OperatingSystems	5
00005	ComputerNetwork	4

选课表：SC（主码为 Sno，Cno）

学号（Sno）	课程号（Cno）	成绩（Grade）
10002	00003	86
10001	00002	90
10002	00004	70
10003	00001	85
10004	00002	77
10005	00003	88
10001	00005	91
10002	00002	79
10003	00002	83
10004	00003	67

编写程序完成以下题目。

（1）查询学号为“10002”的学生的所有成绩，结果中需包含学号、姓名、所在系别、课程号、课程名以及对应成绩。

（2）查询每位学生成绩大于“85”的课程，结果中需包含学号、姓名、所在系别、课程号、课程名以及对应成绩。

（3）由于培养计划更改，现需将课程号为“00001”、课程名为“DataBase”的学分改为 5 学分。

（4）将学号为“10005”的学生的 OperatingSystems(00004)课程成绩为 73 分这一记录写入选课表。

（5）将学号为“10003”的学生从这三个表中删除。

第12章 图形用户界面编程

图形用户界面是一种通过菜单、按钮等图形化元素与计算机进行输入输出交互的软件操作界面。与命令行界面相比，图形用户界面具有功能直观及简单易用等特点，已经成为现代计算机应用程序的主要用户交互界面。本章将介绍如何利用 Python 进行图形用户界面编程，首先介绍图形界面编程的基础知识，然后重点介绍 Python 所提供的图形界面编程库 tkinter 的基本使用方法。

12.1 图形用户界面编程概述

图形用户界面编程概述

在计算机程序设计领域，用户界面（User Interface，UI）指的是程序与使用该程序的用户进行信息交互的接口部分。程序通过 UI 向用户显示各种提示信息或运算结果，用户通过 UI 向程序发送特定的计算请求或按要求输入相关信息。按照信息显示方式的不同，用户界面分为命令行界面（Command Line Interface，CLI）和图形用户界面（Graphical User Interface，GUI），后者有时也简称为“图形界面”。

12.1.1 从命令行界面到图形用户界面

与命令行界面完全采用文本进行信息交互的方式不同，图形用户界面通过按钮及文本框等图形化元素实现程序与用户的信息交互。在图形用户界面中，用户通过鼠标单击、双击或拖拉菜单、按钮、窗口等图形元素向程序发出命令，同时，程序通过文本消息框等图形元素向用户显示信息。

与命令行界面相比，图形用户界面最大的优势在于简单直观，不需要用户记住各种复杂的文本命令，只需要简单地操作鼠标就可以与计算机进行交互，具有更强的“用户友好性”，降低了计算机技术的使用门槛。计算机应用技术的普及在很大程度上正是得益于图形用户界面的出现。

图形用户界面中的基本图形元素称为控件（control）或构件（widget）。窗口（window）是图形用户界面中最基本的控件。一个图形界面应用程序至少包含一个窗口。窗口通常的作用是放置其他控件，因此也称为“容器控件”。窗口支持的基本操作包括移动和改变大小。当窗口被移动时，其包含的其他控件也随之被移动。除了作为容器的窗口控件外，其他常用控件可以按功能划分为四大类，分别是分组的选择及显示、文本输入、输出显示、导航。各个类别所包含的常用控件及其功能如表 12-1 所示。

表 12-1　常用控件及其功能

类别	控件	功能简述
分组的选择及显示	命令按钮（button）	通过鼠标单击来执行相关操作的控件，类似机电仪器设备上的按钮
	单/复选按钮（radio button/check box）	从一组选项中选择一个或多个选项。通常，单选按钮用一个小圆圈表示，复选按钮用一个小方框表示
	列表框（list box）	允许用户从一个静态的多行文本框列表中选择一个或多个项
	下拉列表（drop-down list）	类似列表框。仅在鼠标单击后才显示全部列表项，非活动状态只显示一项已被选中的内容或者留空
	菜单（menu）	具有多个可选操作的控件，可单击某一项激活相关操作
	工具条（toolbar）	用于放置按钮、菜单等其他控件，用于快捷访问
文本输入	文本框（text box）	允许用户进行文本输入的控件
	组合框（combo box）	组合了文本框和下拉列表的复合控件，允许用户手动输入文本或者从下拉列表中选择已有内容
输出显示	标签（label）	用于描述其他控件的文本
	状态条（status bar）	用于简要显示程序相关动态信息的区域，通常位于窗口底部
	进度条（progress bar）	用于可视化下载等需要持续较长时间的操作的进度
导航	滚动条（scrollbar）	用于在一个窗口内朝各个方向（上、下、左或右）滚动显示连续的文本或图片等内容

12.1.2　图形用户界面程序的运行与开发

命令行界面程序一般采用过程驱动的程序设计方法。程序从启动开始按顺序运行，在需要的地方提示用户输入，并将相关计算结果输出，直到执行完所有指令结束退出。在这个过程中，用户的所有输入行为都完全由程序控制，如果没有程序的输入请求，除非强行终止，否则用户不能对程序的运行做任何额外的干涉。

与命令行界面程序不同的是，图形界面程序的执行路径是由用户控制的，用户可随时做出干预，例如，操作过程中可能调整窗口的大小或者单击某个按钮等。用户的这类行为是不可预期的。为了适应这种特点，图形用户界面程序采用了事件驱动的程序设计模式。

事件指的是用户与程序的交互行为。例如，单击某个按钮、改变窗口大小，或者在文本框里输入文本等。一旦发生某个特定的事件，程序就必须做出相应的操作来响应该事件（什么都不做也是一种响应），这些响应称为“事件处理程序”。事件处理程序通常对应于一个函数或方法，由于这个函数是在相应事件发生时被自动调用的，因此也常称为“回调（callback）函数”。

图形界面程序启动后，首先创建根窗口，并加载诸如菜单栏、工具条及状态条等控件。在创建完这个初始的图形界面，并进行一些必要的初始化工作后，一个所谓的事件循环程序启动，该程序不停地监测是否有事件发生，一旦发生了事件，就将其交给事件处理程序进行处理。这一循环直到发生了程序退出事件（用户关闭主窗口）才终止运行。

GUI 程序的开发一般包括两大类工作，即界面外观设计和业务逻辑程序设计。界面外观设计主要包括各种控件的设计以及窗口的整体布局规划；业务逻辑程序设计是 GUI 程序开发的核心任务，包括应用问题的建模、管理应用问题的数据和行为，同时还要负责用户交互的事件处理程序。这些工作涉及很多与操作系统相关的底层细节，如果完全从零开始写代码，将需要做很多复杂琐碎而又与实际业务逻辑无关的工作。实际上，不同的 GUI 程序在功能上存在很多通用的地方，因此，很多第三方的厂商或社区会将这些通用功能抽象成与具体应用无关的工具包（toolkit），提供给开发者使用。这些工具包通常也称为“GUI 库”。一个 GUI 库包含了各种常用控件以及基本的事件循环框架的实现。这些 GUI 库极大简化了 GUI 程序的开发，使开发人员只需要专注于具体的业务逻辑，提高了开发效率。

12.1.3 Python 中的图形界面编程

Python 本身并不提供原生的完全由 Python 语言写的 GUI 库，而是在其他语言编写的 GUI 库之上加一个 Python 的封装接口。也就是说，虽然可以像使用其他 Python 模块一样使用 GUI 库，但其实现的功能并不是由 Python 提供的。

Python 的标准库里包含了 Tk 图形界面库，它是采用一种名为 Tcl 的脚本语言和 C 语言编写的，因此有时也写为 Tcl/Tk。Tk 具有轻量、可定制及跨平台等诸多优点，非常适合原型系统的开发。Python 自带的集成式开发环境 IDLE 就是使用 Tk 实现用户界面开发的。Tk 在 Python 里面被封装为 tkinter 包。严格意义上讲，tkinter 并不是 Python 标准库的一部分，只是在有些平台的 Python 发布版中默认将其和标准库一起安装，tkinter 也就成了事实上的标准库。

尽管 tkinter 中基本控件的外观显得比较简陋，但作为 Python 的事实标准库，tkinter 的最大优点是轻量和稳定，非常适合对 GUI 美观要求不高的中小型原型系统的开发。对于没有任何 GUI 编程经验的初学者，在学习完 Python 的基本语法知识后，建议从 tkinter 开始接触 GUI 编程。

12.2 tkinter 概述

tkinter 概述

如 12.1.3 节所述，tkinter 是 Tk 图形界面库在 Python 下的封装，它对应 Python 的一个包。这个包在 Python 的 Windows 二进制发布版中是默认安装的，在 Ubuntu 下可以用“sudo apt-get install python3-tk”等方式手动安装，对于其他系统，请查阅相关资料进行安装。安装完毕后，可以在命令行输入“python–mtkinter”进行测试，如果一切正常，将出现一个简单的 GUI 界面，其中显示 tkinter 所对应的 Tk 库的版本。图 12-1 和图 12-2 分别是该界面在 Windows 10 和 Ubuntu 18.04 下的测试截图，可以看出显示样式稍有差异。本书后面所有的测试例子都基于 Windows 10 操作系统，在其他平台下的显示样式可能存在差异。

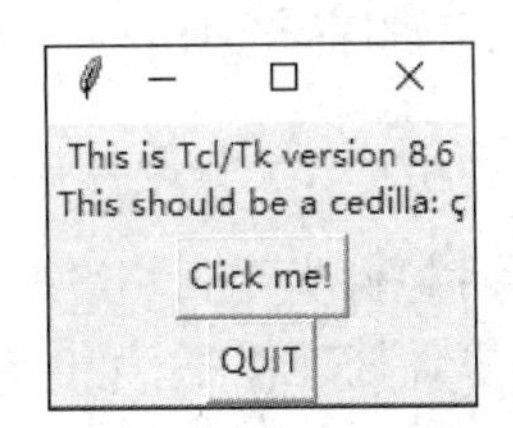

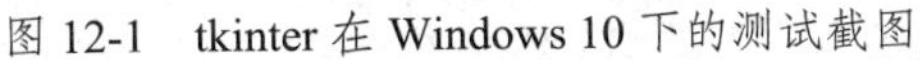
图 12-1　tkinter 在 Windows 10 下的测试截图

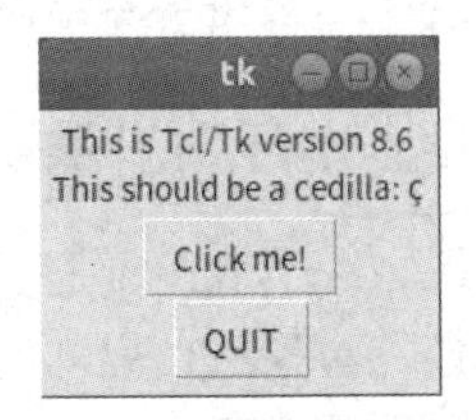

图 12-2　tkinter 在 Ubuntu 18.04 下的测试截图

12.2.1 类的层次结构

tkinter 是完全按照面向对象的方式进行组织的。各种控件的显示与交互控制都通过相应的 Python 类来实现。tkinter 中最基本的一个类是 Tk 类（注意：首字母是大写的）。每个应用程序都需要也只需要一个 Tk 类的实例，该实例表示应用程序，同时也表示应用程序的根窗口。根窗口是可以在用户屏幕上随意移动和改变大小的，这种窗口也称为“顶层窗口”。一个简单的应用程序一般只有一个顶层窗口，而一些复杂的程序可能有多个顶层窗口，这时就需要用到 TopLevel 类，用户一般不直接实例化 TopLevel 类的实例，而是通过继承的方式创建特定样式的顶层窗口类。

除了 Tk 和 TopLevel 类，其他常用类包括 Frame、Label、Entry、Text、Button、Radiobutton、Checkbutton、Listbox、Scrollbar、Scale、LabelFrame、Menu、Spinbox 及 Canvas 等，这些类都用于构造特定功能的 GUI 控件，大部分从名字就可以看出其功能。这些控件不同于顶层窗口，在默认情况下，它们不能由用户移动和改变大小，只能跟随父窗口移动。

除了以上这些控件类，主要还有用于布局管理的 Pack、Grid 和 Place 三个类，以及用于用户事件处理的 Event 类。这些都属于非控件类，一般不需要程序直接实例化相应的对象，tkinter 会在需要时自动生成对象，用户只需要调用控件的相关方法。

另外，在构造控件时还经常涉及的一个概念是“控制变量”，主要用于在多个控件之间共享一些属性值。一旦该变量的值改变了，与之相关的各个控件的相应属性也自动改变。tkinter 提供了三种类型的控制变量，对应 StringVar、IntVar 和 DoubleVar 三个类，分别表示字符串型、整型和浮点型的控制变量。为了创建控制变量，只需要使用相应类的构造器进行实例化，并使用 get()和 set()方法读取和设置控制变量的值。

以上提到的这些类都直接定义在包的__init__文件中，因此导入 tkinter 包后可以直接使用它们。另外，tkinter 还包含了多个子模块，主要提供了一些样式更丰富或者具有特定功能的控件。主要的子模块如下。

（1）filedialog 子模块：提供了用于文件操作的对话框。

（2）font 子模块：封装了用于字体样式控制的相关类。

（3）ttk 子模块：对 Tk 库在 8.5 版本后引入的所谓主题式控件的封装，其使得控件在外观上更接近平台的原生界面样式。ttk 子模块重写了 tkinter 主模块中同名的基本控件类，但使用方式有所不同，另外，ttk 子模块还提供了树状视图等高级控件。

（4）constants 子模块：包含了很多预定义的常量值，如表示布局关系的 TOP、BOTTOM、LEFT、RIGHT 等，该子模块在导入主模块时默认被导入，可以直接使用。

由于篇幅关系，对于这些子模块的应用，本书将不一一详细介绍。读者在学习完本章内容后，可以通过阅读相关文档进一步学习。需要提醒的是，tkinter 对应的官方 Python 文档内容非常有限，很多方法的深入使用需要进一步参考 Tk 库的官方文档。

12.2.2 基本开发步骤

简单来说，一个 tkinter 程序的开发就是通过实例化各种控件类得到一组控件对象，然后使用这些控件对象进行界面的布局设计，并绑定相应的事件处理程序。tkinter 程序的开发主要包括如下几个基本步骤。

1．Tk 类的实例化

调用 Tk 类的构造器来实例化一个 Tk 类，根据需要，可以指定程序名及图标等属性。每个应用程序都需要也只需要一个 Tk 类的实例，如果不显式构造 Tk 类实例，在创建其他控件时会默认创建，但不建议这么做。对于某些 GUI，为了防止用户调整根窗口导致内部布局混乱，通常需要设置根窗口的初始化大小、最大最小宽度，或者限制窗口的缩放功能。这里会涉及如下几个方法。

- geometry("width*height")：设置窗口的初始宽高，注意参数为字符串类型。
- maxsize(width,height)：设置用户拖曳时窗口的最大宽和高。
- minsize(width,height)：设置用户拖曳时窗口的最小宽和高。
- resizable(width_resizable,height_resizable)：设置是否允许在宽和高方向进行拖曳。

2．创建各种控件实例

每个控件对象的构造流程都类似，只需要调用 tkinter 提供的控件类的构造器，指明父窗口以及各种外观和行为属性。除 self 参数外，控件类构造器的第一个参数是可选参数 master，表示父窗口对象，默认为 None；第二个参数是可选参数 cnf，默认是一个空的字典对象；第三个参数是可变的关键字参数。后两个参数都用于控制控件对象的相关外观和行为属性（在 Tk 文档中称为 configuration options），不同类型的控件所支持的属性不完全一样，将在 12.3 节逐一介绍。

每一个控件实例都必须有一个父窗口，父窗口可以是 Tk 对象，也可以是其他容器类控件实例。如果将父窗口设置为 None，程序将自动寻找已存在的 Tk 类实例，如果找不到，程序将自动创建一个 Tk 类实例作为父窗口，但强烈建议显式设置父窗口。

3．对各个控件进行布局

大部分控件在创建后还不能直接显示在父窗口中，必须进一步确定其在父窗口中的具体位置以及与其他控件的位置关系。tkinter 提供了三种布局管理器（geometry manager）来实现不同的布局需求，对应名为 Pack、Grid 和 Place 的三个类。对控件进行布局时，不需要显式创建这些布局管理器类的对象，只需要调用控件对应的一个布局方法，分别是 pack、grid 和 place（将在 12.4 节详细介绍）。

4．事件绑定

除了界面外观的设计，GUI 应用程序开发的另一个主要任务就是事件处理程序的设计。事件处理程序对用户的各种操作事件进行响应处理，如鼠标单击和键盘输入等，不同的事件可能需要不同的处理程序，事件与事件处理程序之间的关系是通过所谓的事件绑定来建立的。可以通过控件的相关属性或者 bind()方法进行事件绑定（将在 12.5 节介绍）。

5．启动事件循环程序

如果是在解释器环境里一句句执行语句，则在 Tk 对象创建后，图形界面就已经显示在用户屏幕上，其他控件在布局后也会先后显示，并且可以接收用户的交互操作。但如果是通过脚本文件解释执行，在完成上述步骤后，图形界面还没有真正显示在屏幕上，还需要主动调用 Tk 对象的 mainloop()方法，该方法会显示设计好的界面，并启动事件循环程序，接收用户的交互操作。

下面是一个简单的示例程序，完整包括了上面提到的五个步骤。其中，第 03 行导入 tkinter 主模块，并取一个别名 tk，在不担心命名冲突的情况下，也可以直接用 “from tkinter import *”的形式导入；第 04 行构造了 Tk 对象；第 05 行设置了程序显示在窗口标题栏的文本；第 06 行设置了程序的标题图片；第 07 行构造了一个 Label 对象，表示不可编辑的文本；第 08 行采用 pack()方法对建立的标签文本进行布局；第 09 行和第 10 行定义了一个事件处理程序，其功能是修改后文将要定义的按钮上的文本（在原文本两边增加一对方括号）；第 11 行增加了一个 Button 类对象，表示命令按钮，并通过 command 属性将鼠标单击事件与已经定义的事件处理程序进行绑定；第 12 行调用按钮的 pack()方法进行布局；第 13 行启动事件循环程序。该程序的目的是让读者对 tkinter 的基本编程步骤及相关概念有一个宏观了解，读者可以暂时不关注具体的命令细节，后文还会有详细的介绍。程序的执行效果如图 12-3 所示（已经在按钮上单击了几次鼠标）。

图 12-3　hello.py 的执行效果

【例 12-1】使用 GUI 实现一个简单的“hello world”。

```
01  # -*- coding: utf-8 -*-
02  # 例 12-1: hello.py
03  import tkinter as tk
04  app = tk.Tk()
05  app.title("hello")
06  app.iconbitmap("python.ico")
07  label = tk.Label(app, text="欢迎开启 GUI 编程之旅! ")
08  label.pack(padx=50,pady=5)
09  def change_button_text():
10      btn.configure(text="[%s]" % btn['text'])
11  btn = tk.Button(app,text="点击我",command=change_button_text)
12  btn.pack(padx=50,pady=5)
13  app.mainloop()
```

12.3 tkinter 常用控件的使用

控件的外观和行为是由控件的属性控制的。很多属性是每个控件都具有的，而有一些属性则是个别控件独有的。本节首先介绍所有控件都支持的几个控制外观的常用属性，然后具体介绍 tkinter 主模块中最常用的 8 种控件，主要是介绍各个控件相关的属性参数。读者在自学时，可以快速了解前几个基本控件的使用方法，然后学习 12.4 节及 12.5 节涉及控件布局和事件处理的内容，等完成这些内容的学习之后，可以尝试编写一些小型的 GUI 程序，并根据需要的控件再来查阅本节内容。

12.3.1　常用控件的基本属性

常用控件的基本属性

1．尺寸属性

每个控件在视觉上都显现为屏幕上的一个矩形区域，区域的内部为控件内容，区域的外围有一个边框（有不同的样式，有些可能在视觉上是不可见的），在边框的内外可以设置边距（期望间距）。该矩形区域在屏幕上显示的实际尺寸只能查看，不能直接设置。程序直接设置的尺寸称为“期望尺寸”，在显示时能否达到这个期望值，还受到布局的影响，具体造成怎样的影响，由布局管理器控制，这将在下一节介绍。

可以调用控件的winfo_reqwidth()方法和winfo_reqheight()方法查看设计的期望宽高(其中，字符req是单词requested的缩写)，单位为像素，该值由三类属性共同决定。第一类属性是width和height，表示为矩形区域内部的控件内容预留的期望宽高；第二类是padx和pady，表示在控件内容与边框之间预留的期望间距；第三类是borderwidth，表示控件的边框宽度。根据控件内容不同，padx和pady的作用略有不同，大体上，在单位统一的情况下，控件的整体期望尺寸与上述三类属性的关系为“期望尺寸≈期望宽高 + 2×期望间距 + 2×边框宽度”。

对于只包含文本的非容器类控件，属性width和height的取值只能是一个整数，表示占用多少个标准字符的宽和高。对于其他非容器类控件和所有容器类控件，属性width和height的默认单位为p，表示像素，其他单位还包括i（英寸）、c（厘米）及m（毫米）。如果将width或height设置为0，表示自适应所包含内容的大小。padx、pady以及borderwidth的默认单位为像素，也可以用其他单位。

关于控件的尺寸属性，一个使用建议是，对于容器类控件，不要手动设置width和height属性，应该由其所包含的子控件来自动适应，根据布局需要，可以适当设置padx和pady的值。对于非容器类控件，可以根据需要，将width或height设置为指定的值。

2．边框属性

每一个控件外围都有一个边框，这个边框涉及两个属性borderwidth和relief，分别表示边框的宽度和边框的3D效果。relief的取值包括5个预定义的常量，分别是FLAT、RAISED、SUNKEN、RIDGE、GROOVE，对应的显示效果如图12-4所示。不同控件对应的relief属性的默认值不同，例如，Label控件默认为FLAT，Button控件默认为RAISED。

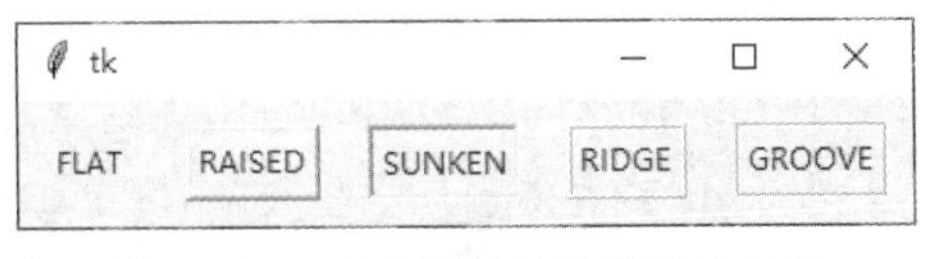

图12-4　relief不同取值的显示效果

3．颜色属性

每个控件最常用的两个颜色属性是bg和fg。bg表示背景颜色，fg表示前景颜色。颜色属性的取值可以是已经定义的标准颜色名，如'white'、'black'、'red'、'green'、'blue'、'yellow'等，还可以是一个形如“#rrrgggbbb”的9位十六进制字符串，表示红、绿、蓝三种基准色按一定比例的混合色，例如，“#000ffffff”表示纯绿色和纯蓝色的混合色。

如果想了解控件所支持的完整属性，可以调用控件的keys()方法，该方法将返回控件所支持的全部属性名，每个属性名的含义可以参阅官方文档。可以通过以下四种方式设置控件的属性。

（1）方式一：用属性名和相应的值作为键值对构造一个字典对象，在实例化控件时将该字典对象作为第二个位置参数传入（第一个参数为父窗口）。在多个控件之间共享一些属性值时，可以用这种方式进行设置。

（2）方式二：在实例化控件时用“属性名=值”的形式将关键字参数传入，用这种方式传入的属性会自动覆盖方式一中传入的字典对象的同名属性。

（3）方式三：tkinter提供了一种快速访问控件属性的语法糖，可以用“控件实例名['属性名']”的形式读写属性。

（4）方式四：调用控件对象的configure()方法（也可以用config()方法），并以“属性名=值”的形式将关键字参数传入，可以通过传入多个参数同时设置多个属性。

下面的例子通过以上几种方式设置一个Label控件的属性，可以在解释器环境下逐条运行以查看界面效果。

```
>>> from tkinter import *
>>> app = Tk()
>>> label=Label(app,{'bg':'red','fg':'yellow'}, text="hello world") #通过方式一初始化bg和fg属性，通过方式二初始化text属性
>>> label.pack()#对控件进行布局，pack()方法将在12.4节具体介绍
>>> label['text']='I love python' #通过方式三修改text属性
>>> label.configure(padx=10,pady=20) #通过方式四修改边距属性
>>> label.keys() #返回所有Label控件支持的所有属性
 ['activebackground', 'activeforeground', 'anchor', 'background', 'bd', 'bg',
'bitmap', 'borderwidth', 'compound', 'cursor', 'disabledforeground', 'fg', 'font',
'foreground', 'height', 'highlightbackground', 'highlightcolor', 'highlightthickness',
'image', 'justify', 'padx', 'pady', 'relief', 'state', 'takefocus', 'text',
'textvariable', 'underline', 'width', 'wraplength']
```

12.3.2 Label

Label

Label是用于显示文本或图片的标签控件。这些文本或图片在程序中可以随时更新，但对终端用户是不可编辑的，主要用于界面各项功能的提示。除前文介绍的公共属性外，Label的其他常用属性如下。

- text：要显示的文本字符串。
- bitmap：要显示的位图图像，tkinter提供了一些内置的位图图像，可以直接用相应的字符串引用，包括'error'、'gray75'、'gray50'、'gray25'、'gray12'、'hourglass'、'info'、'questhead'、'question'、'warning'，具体样式如图12-5所示。也可以自己建立相应的位图文件。

图12-5　test_label.py的执行效果

- image：要显示的全色图像，可以使用tkinter中的PhotoImage控件构造一个图像对象，PhotoImage控件支持PNG、GIF、PGM及PPM四种图片格式，如果要用到其他图片格式，则需要相应图像库支持，如广泛使用的pillow库。image属性比bitmap属性优先级高，如果同时设置，将优先显示image属性。
- compound：当标签上同时有文本和图像时，compound属性控制文本和图像的显示关系，默认值为None，表示只显示图像，其他可选值包括"text"（只显示文本）、"image"（只显示图片）、"center"（文本在图片中间）、"top"（图片在文本上方）、"left"（图片在文本左边）、"bottom"（图片在文本下方）和"right"（图片在文本右边）。下面的程序通过内建的所有位图建立了相应的标签，并同时显示文本，另外还使用一个外部的.png文件建立一个标签，执行效果如图12-5所示。

【例 12-2】演示 Label 控件的文本及图像属性。

```
01  # -*- coding: utf-8 -*-
02  # 例 12-2: test_label.py
03  from tkinter import *
04  app = Tk()
05  bitmaps = ['error', 'gray75', 'gray50', 'gray25', 'gray12', 'hourglass', 'info',
'questhead', 'question', 'warning']
06  for b in bitmaps: #遍历 bitmaps 生成多个标签控件
#创建标签后，同时调用 pack 方法对控件进行布局，pack()方法将在 12.4 节具体介绍
07    Label(text=b,bitmap=b,compound="left").pack(side=LEFT, padx=3)
08  img=PhotoImage(file="like.png") #通过一个外部图片生成一个图像对象
09  label = Label(text="Like",image = img,compound="top")#创建标签
10  label.pack(side=LEFT,pady=3)#调用 pack 方法进行布局
11  app.mainloop()
```

- anchor：如果标签的大小超过了内容的大小，anchor 属性将控制内容相对于标签的放置方位，anchor 的取值为预定义的一些常量字符串，包括 N、S、W、E、NW、SW、NE、SE 和 CENTER，例如，NW 和 W 分别表示西北角和西边（左西右东、上北下南），其他类似，默认值为 CENTER，表示居中放置。该属性只有在标签比内容大时才起作用。
- justify：控制文本的对齐方式。justify 的取值也为预定义的一些常量字符串，分别是 CENTER（居中对齐，默认值）、LEFT（左对齐）和 RIGHT（右对齐）。
- wraplength：控制文本占用的屏幕宽度达到多少后自动换行。默认单位为像素，可以采用其他单位。0 表示不自动换行。下例通过一段文字的显示对 anchor、justify 及 wraplength 属性进行了演示，执行效果如图 12-6 所示，读者可以修改相应属性的值并观察界面变化。

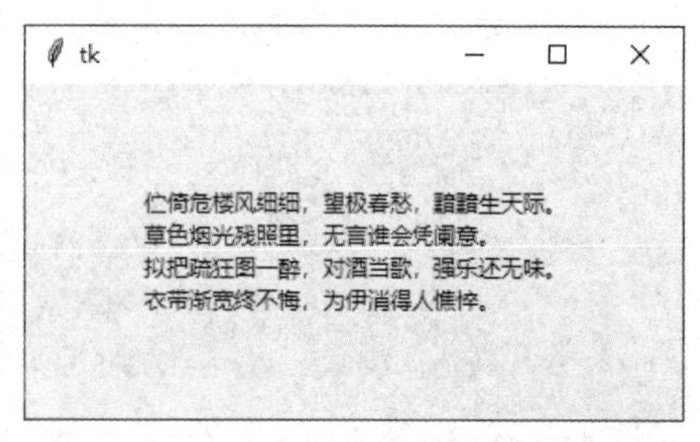

图 12-6　test_anchor.py 的执行效果

【例 12-3】演示 Label 控件的对齐布局相关属性。

```
01  # -*- coding: utf-8 -*-
02  # 例 12-3: test_anchor.py
03  from tkinter import *
04  app = Tk()
05  text = """伫倚危楼风细细，望极春愁，黯黯生天际。
06  草色烟光残照里，无言谁会凭阑意。
07  拟把疏狂图一醉，对酒当歌，强乐还无味。
08  衣带渐宽终不悔，为伊消得人憔悴。"""
09  label=Label(text=text,width=50, height=10)
10  label['justify']=LEFT # 尝试改为 CENTER 等值
11  label['wraplength']=300  # 尝试改为诸如 200 等更小的数值
12  label['anchor'] = CENTER # 尝试改为 N 等值
13  label.pack()
14  app.mainloop()
```

12.3.3 Button

Button 表示命令式按钮控件，主要用于捕获鼠标单击事件，以启动预定义的处理程序。Button 控件的边框 relief 属性默认值为 RAISED，使得其外观看起来像一个物理的按钮。类似 12.3.2 节介绍的 Label 控件，Button 控件也可以包含文本和图片，因此，Button 也具有 Label 的各种属性。与 Label 不同的是，Button 默认响应鼠标单击事件，涉及的几个常用属性如下。

Button

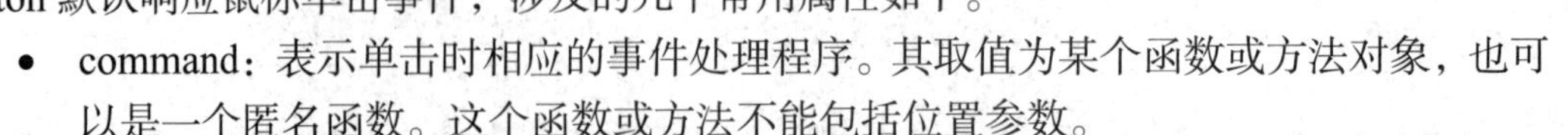

- command：表示单击时相应的事件处理程序。其取值为某个函数或方法对象，也可以是一个匿名函数。这个函数或方法不能包括位置参数。
- state：按钮状态，表示是否接受用户单击。默认值 NORMAL 表示可以单击，DISABLED 表示不响应单击，此时按钮表面显示为灰色。

下面的程序演示了按钮的基本使用。在按钮的事件处理程序中，首先将按钮的状态改为 DISABLED，并调用 Tk 对象的 update()即时刷新界面，延时 5 秒后再恢复按钮状态。执行效果如图 12-7 所示。

【例 12-4】演示 Button 控件的 state 属性。

```
01  # -*- coding: utf-8 -*-
02  # 例 12-4：test_button.py
03  from tkinter import *
04  import time
05  app = Tk()
06  texts={'begin':'点击按钮开始计算',
07  'computing':'计算中...','end':'计算完成,点击按钮开始重复计算'}
08  def compute():
09    info['text']=texts['computing'] #设置提示文本信息
10    btn['state']=DISABLED #修改按钮状态为不可单击
11    app.update() #即时刷新界面，否则要等到函数返回才刷新
12    time.sleep(5) #延时 5 秒以模拟长时间计算过程
13    info['text']=texts['end'] #设置提示文本信息
14    btn['state']=NORMAL #恢复按钮为可单击状态
15  info = Label(text=texts['begin'],width = 50)
16  info.pack(side=TOP,pady=5) #对控件进行布局，pack()方法将在 12.4 节具体介绍
17  btn = Button(text="开始",command=compute)
18  btn.pack(side=TOP,pady=5) #对控件进行布局，pack()方法将在 12.4 节具体介绍
19  app.mainloop()
```

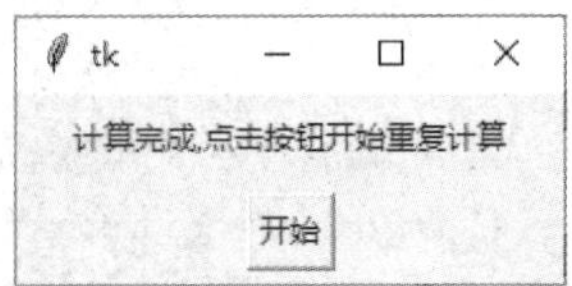

图 12-7　test_button.py 的执行效果

12.3.4 Entry

Entry 表示单行文本框控件，用来读取用户输入的单行字符串。由于只能容纳单行文本，

Entry 控件没有 height 属性，width 属性表示文本框中预留的标准字符数目。如果输入的字符串长度大于设定的宽度，输入的文字会自动向左隐藏，此时可以使用键盘上的箭头键将鼠标光标移动到看不到的区域。Entry 的其他常用属性和方法如下。

Entry

- textvariable：用于绑定用户输入文本的控制变量，一般设为某个 StringVar 类型的对象，程序的其他位置就可以用控制变量的 get()方法得到用户的输入。
- show：默认为空，这时用户输入什么，文本框内就显示什么，如果设置为一个字符，则不论用户输入什么，文本框内都显示设置的字符，通常在密码输入时设为'*'。该属性只是控制屏幕上的显示效果，不影响上面所绑定的控制变量的值。
- state：输入状态，默认值 NORMAL 表示可以输入，DISABLED 表示无法输入。
- select_range(start, end)：将文本框内相应索引范围内的字符改为选中状态。

对于文本输入，为了体现更好的用户友好性，有时会要求对输入的合法性进行实时检查，即用户每输入一个字符，都要检查是否合乎要求，在出现非法输入时及时提醒用户。为了达到这个要求，最常用的做法是调用所绑定控制变量的 trace_add()方法来为变量绑定一个回调函数。trace_add()方法接收两个参数，第一个是表示追踪模式的字符串，第二个是回调函数。追踪模式最常用的取值为"write"，即表示仅在控制变量被改写时才执行回调函数，其他取值还有"read"和"unset"，分别表示读取时和变量被删除时执行回调函数，一般较少用到。下例简要演示上述过程，其中的文本框要求只能输入英文字母或空格，当用户输入其他字符时就会提示，如图 12-8 所示。

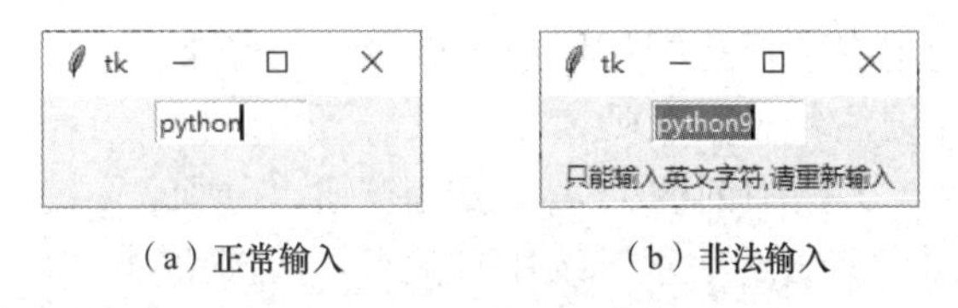

（a）正常输入　　（b）非法输入

图 12-8　input_check.py 的执行效果

【例 12-5】演示 Entry 控件的输入合法性检查过程。

```
01  # -*- coding: utf-8 -*-
02  # 例 12-5: input_check.py
03  from tkinter import *
04  import re
05  app = Tk()
06  text= StringVar() #定义一个控制变量
07  def check(*arg): #控制变量的回调函数
08     newval = text.get()#获取控制变量的值
09     if re.match('^[a-z A-Z]*$', newval) is None:#正则表达式进行匹配
10        entry.select_range(0,END) #调用 select_range()框选当前输入
11        output['text']="只能输入英文字符,请重新输入"
12     else:
13        output['text']=""
14  text.trace_add("write",check)#为控制变量添加回调函数进行合法性检查
15  entry = Entry(app,width="10",textvariable=text)#创建单行文本框控件
```

```
16  entry.pack(pady=2) #对控件进行布局，pack()方法将在 12.4 节具体介绍
17  output = Label(app,width=25,text="")
18  output.pack(pady=2)
19  app.mainloop()
```

12.3.5　Checkbutton

Checkbutton

Checkbutton 表示复选按钮控件，也称“多选按钮”，用于向用户提供一个可选的选项。复选按钮在外观上由一个小方框和一个与之相邻的描述性标题组成。其中的方框在未选中时里面为空白，选中后里面会出现对钩，描述性标题类似一个标签控件，可以包含图片或者文本。同时，复选按钮也具有类似 Button 的性质，默认响应鼠标单击事件，每次单击方框或标题时，复选按钮的选择状态发生改变（从选中到未选中，或相反），同时执行 command 属性对应的回调函数。除了具有 Label 和 Button 的各种属性，Checkbutton 其他常用属性和方法如下。

- variable：用于绑定复选按钮选择状态的控制变量，一般设为某个 IntVar 类型的对象。默认情况下，复选按钮选中时其值为 1，未选中为 0。如果设置 onvalue/offvalue 属性为非整型值，则要改变控制变量为相应类型。
- onvalue/offvalue：复选按钮选中和未选中时控制变量对应的值，默认值分别为 1 和 0。
- select()：将复选按钮设为选中状态。
- deselect(): 将复选按钮设为未选中状态。
- toggle()：改变复选按钮的选中状态。

提供现成的选项让用户选择是图形用户界面设计中经常使用的做法。用户不需要记住各种复杂的命令，只需要用鼠标在已有的选项上单击即可。下例中创建了 4 个复选按钮，分别表示 4 个可选项，并在用户单击“检查”按钮时检查复选按钮的选择情况，单击“提示”按钮时给出正确答案，如图 12-9 所示。

图 12-9　test_checkbutton.py 的执行效果

【例 12-6】使用 Checkbutton 控件实现多项选择。

```
01  # -*- coding: utf-8 -*-
02  # 例 12-6: test_checkbutton.py
03  from tkinter import *
04  app = Tk()
05  options = [IntVar() for _ in range(4)]#每个复选按钮所绑定的控制变量
06  def check():
07      for opt in options:
08         if (opt.get()!=1): #正确答案是每个可选项都应该被选择
09              info['text']="请再想想!"
10              return
11      info['text']="你真棒!"
12  def hint():
13      cb1.select() #选择相应的复选按钮
14      cb2.select()
15      cb3.select()
16      cb4.select()
17  Label(app,width=35,text="下面哪些是计算机语言的名字:").pack()
```

```
18  cb1 = Checkbutton(app,variable=options[0],text="Python")
19  cb1.pack()
20  cb2 = Checkbutton(app,variable=options[1],text="Java")
21  cb2.pack()
22  cb3 = Checkbutton(app,variable=options[2],text="Ruby")
23  cb3.pack()
24  cb4 = Checkbutton(app,variable=options[3],text="Scala")
25  cb4.pack()
26  frm = Frame(app) #创建一个框架用于容纳后面的按钮控件，将在 12.3.8 节介绍
27  frm.pack() #对框架进行布局
28  Button(frm,text="检查",command=check).pack(side=LEFT,padx=2)
29  Button(frm,text="提示",command=hint).pack(side=LEFT,padx=2)
30  info = Label(app,width=10,text="")
31  info.pack(pady=2)
32  app.mainloop()
```

12.3.6 Radiobutton

Radiobutton

Radiobutton 表示单选按钮控件。与复选按钮类似，单选按钮也是向用户提供选项的控件，在外观上是一个小圆圈加上与之相邻的描述性标题，其中的圆圈在未选中时里面为空白，选中后里面会出现一个小圆点。与复选按钮不同的是，单选按钮被选中后，再次单击不会改变其选中状态。实际上，单选按钮通常是多个一起出现，以表示一组互斥的选项，这组单选按钮共享一个绑定的控制变量，当选中某个选项时，自动取消同一组中原先被选中的选项。Radiobutton 的属性与方法与 Checkbutton 基本一致，只是 Radiobutton 没有 onvalue 和 offvalue 两个属性，而以一个 value 属性表示选中时控制变量的取值，未选中就是其他值。简单演示如下，执行效果如图 12-10 所示。

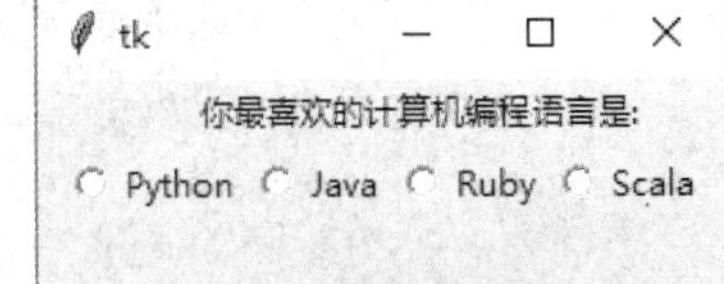

图 12-10　test_radiobutton.py 的执行效果

【例 12-7】使用 Radiobutton 控件实现单项选择。

```
01  # -*- coding: utf-8 -*-
02  # 例12-7: test_radiobutton.py
03  from tkinter import *
04  app = Tk()
05  favorite = IntVar()
06  favorite.set(-1) #-1 不同于任何选项的 value，表示默认没有选项被选中
07  languages = ['Python','Java','Ruby','Scala']
08  def greet():#单选按钮的回调函数，通过共享控制变量的值获取已选择的选项
09      info['text']="你是一个{}控".format(languages[favorite.get()])
10  Label(app,width=35,text="你最喜欢的计算机编程语言是:").pack()
11  frm = Frame(app) #创建一个框架用于容纳后面的单选按钮控件，将在 12.3.8 节介绍
12  frm.pack()
13  for i, language in enumerate(languages):#创建多个单选按钮，共享同一个 variable，但
value 的值不同
14      Radiobutton(frm, text=language, variable=favorite, value=i, command=greet).pack
(side=LEFT)
15  info = Label(app,text="")
16  info.pack()
17  app.mainloop()
```

12.3.7 Listbox

Listbox

Listbox 表示列表框控件。主要用于较多相关项的选择。Listbox 将这些相关的选项包含在一个多行文本框内，每一行代表一个选项。根据需求，可以设置成单选或者多选。不同于上面的 Checkbutton 和 Radiobutton，Listbox 没有 command 属性，即默认没有绑定单击事件。Listbox 的主要属性和方法如下。

- get(index)：返回指定索引对应的选项文本。
- selectmode：选择模式。可选取值包括 4 个预定义的常量，分别是 BROWSE（默认值）、SINGLE、MULTIPLE 和 EXTENDED。BROWSE 和 SINGLE 都表示只能单选，但前者支持按住鼠标左键上下移动选择；与之类似，EXTENDED 和 MULTIPLE 都表示多选，前者支持鼠标框选，而后者只能一个个地选择。
- curselection()：返回当前所有被选中的各项索引（行号）构成的元组。
- insert(index,*elements)：在指定索引 index 对应的选项后插入一个或多个新的选项，常量 END 表示末尾位置。
- selection_set (first, last=None：选择从索引 first 到 last 之间所有的选项，且不改变已有的选择。
- selection_clear(first, last=None)：取消从索引 first 到 last 之间所有已选择的选项。

下面的例子建立了一个包含若干选项的 Listbox，并演示了不同选择模式下的效果，如图 12-11 所示。

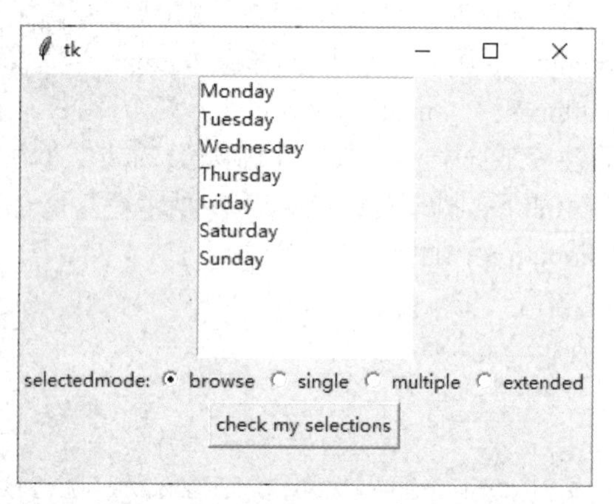

图 12-11 test_listbox.py 的执行效果

【例 12-8】使用 Listbox 控件实现单项或多项选择。

```
01  # -*- coding: utf-8 -*-
02  # 例 12-8: test_listbox.py
03  from tkinter import *
04  app = Tk()
05  selectmode = IntVar()
06  modes = [BROWSE,SINGLE,MULTIPLE,EXTENDED]#表示不同选择模式
07  days = ["Monday", "Tuesday", "Wednesday", "Thursday","Friday", "Saturday",
"Sunday"]
08  def check(): #按钮的回调函数
09      selected = options.curselection() #取得选择的索引号
```

```
10    info['text']= "你选择的是:"+str([options.get(i) for i in selected])
11  def change_mode(): #单选按钮的回调函数
12      options['selectmode']=modes[selectmode.get()]#改变选择模式
13      options.selection_clear(0,END) #清除已有的所有选择
14  options=Listbox(app,selectmode=modes[0])#创建一个空的列表框
15  options.pack()
16  options.insert(END,*days)#在列表框中添加选项
17  frm = Frame(app) #创建一个框架用于容纳后面的单选按钮控件，将在 12.3.8 节介绍
18  frm.pack()
19  Label(frm,text="selectedmode:").pack(side=LEFT)
20  for i, mode in enumerate(modes):
21      Radiobutton(frm, text=mode, variable=selectmode, value=i, command =change_mode).
pack(side=LEFT)
22  Button(text="check my selections",command=check).pack()
23  info = Label(app,text="")
24  info.pack()
25  app.mainloop()
```

12.3.8 Frame/LabelFrame

Frame/
LabelFrame

Frame 和 LabelFrame 表示框架控件和标签框架控件。这两个控件都是容器类的控件，主要用途是作为父窗口对前面讲的各种非容器类控件进行组织，以便于界面的布局。两个控件的使用几乎一样，只需要调用相应的构造器，指定父窗口，并进行合适的布局。一旦创建好，其作用就类似前面所有例程中 Tk 对象对应的根窗口，只需要将相关子控件的父窗口设置为 Frame 对象或者 LabelFrame 对象，并进行布局即可。

两个控件唯一的区别是，Frame 控件的边框 relief 属性默认值为 FLAT，使得其在外观上是不可见的，而 LabelFrame 控件的 relief 属性默认值为 GROOVE，同时在左上方的边框线上还会显示由 text 属性设置的文本。

利用框架和标签框架对窗口进行层次化的组织，就可以便捷地建立布局更加美观的图形界面了。在下例中（为了代码简洁，省略了事件处理程序部分），建立了两个 LabelFrame 分别容纳用户输入框和复选按钮，并且在第一个 LabelFrame 内再建立两个 Frame，便于用简单的 Pack 布局进行对齐。不难发现，通过引入框架容器，可以使得界面层次更加清晰。如果结合后面介绍的 Grid 布局管理器，将可以进行更加复杂的界面的布局。执行效果如图 12-12 所示。

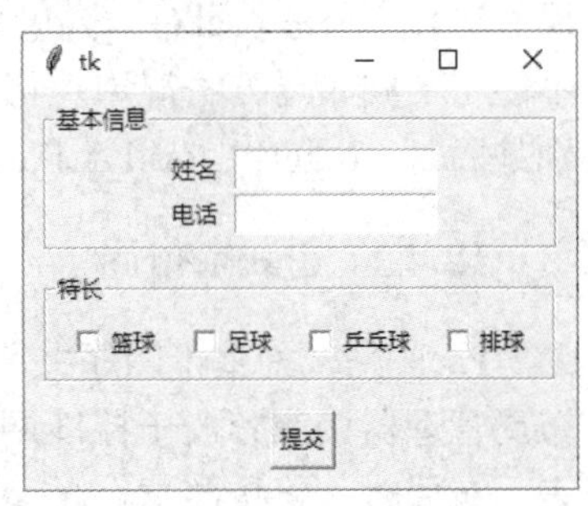

图 12-12　test_label_frame.py 的执行效果

【例 12-9】使用 Frame 和 LabelFrame 控件实现控件的布局。

```
01  # -*- coding: utf-8 -*-
02  # 例 12-9: test_label_frame.py
03  from tkinter import *
04  app = Tk()
05  # 基本信息录入
06  frame_inf= LabelFrame(app,padx=60, pady=5,text="基本信息")
```

```
07  frame_inf.pack(padx=10, pady=5)
08  frame_name=Frame(frame_inf) # 包含姓名信息的子框架
09  frame_name.pack()
10  Label(frame_name, text="姓名").pack(side=LEFT,padx=3)
11  Entry(frame_name,width=15).pack(side=LEFT,padx=3)
12  frame_ph = Frame(frame_inf) # 包含电话信息的子框架
13  frame_ph.pack()
14  Label(frame_ph, text="电话").pack(side=LEFT,padx=3)
15  Entry(frame_ph,width=15).pack(side=LEFT,padx=3)
16  # 特长选择
17  frame_spec = LabelFrame(app, padx=5, pady=5,text="特长")
18  frame_spec.pack(padx=10, pady=5)
19  Checkbutton(frame_spec,text="篮球").pack(side=LEFT,padx=5)
20  Checkbutton(frame_spec,text="足球").pack(side=LEFT,padx=5)
21  Checkbutton(frame_spec,text="乒乓球").pack(side=LEFT,padx=5)
22  Checkbutton(frame_spec,text="排球").pack(side=LEFT,padx=5)
23  # 提交
24  Button(app, text="提交").pack(padx=10, pady=10)
25  app.mainloop()
```

12.4 tkinter 中的布局管理

一个 GUI 应用程序的美观在很大程度上取决于各个控件在平面上的整体布局。tkinter 通过所谓的布局管理器来实现不同的布局需求。有三种布局管理器，分别对应名为 Pack、Grid 和 Place 的三个类。在类的层次结构上，需要布局的控件类都继承了上面三个布局类，因此，对控件进行布局时，不需要直接实例化这些布局类，只需要调用控件对象对应的布局方法，分别是 pack()、grid()和 place()。同一个容器窗口中的控件只能使用一种布局方法，不能将不同布局方法混用。将控件从现有的布局中移除，只需要调用对应的移除方法，分别是 pack_forget()、grid_forget()和 place_forget()。下面将分别介绍这些布局的使用。

12.4.1 Pack 布局

Pack 布局

Pack 是一种基于顺序关系的布局管理器。对于同一个容器窗口，Pack 布局管理器按照容器子控件调用 pack()方法的顺序维护了一个布局顺序列表，布局时，将按照这个顺序列表依次将控件放入容器的某一侧，同时另一侧的剩余空间作为下一个控件的容器。例如，如果前一个控件沿左侧放置，则下一个控件只能放置在剩余的右侧空间；如果前一个控件沿上侧放置，则下一个控件只能放置在剩余的下侧空间。pack()方法的常用参数如下。

- side：表示沿着容器窗口剩余空间的哪条边放置控件，取值选项包括预定义常量 TOP（默认值）、BOTTOM、LEFT、RIGHT，分别表示上侧、下侧、左侧和右侧。
- padx/pady：在控件外围四周保留的外边距，padx 为水平方向边距，pady 为垂直方向边距。默认值为 0，单位为像素，也可以采用其他单位。
- ipadx/ipady：在控件边框和内容之间保留的内边距，其在视觉上的作用将和控件本身的 padx 和 pady 累加，但值互不影响。默认值及单位同上。

- anchor：类似 Label 中的 anchor 属性，表示控件在分配的空间中的放置方位，默认值为 CENTER，表示居中放置。其他值包括 NW、W 等。
- fills：按照 side 属性在某侧放置控件后，如果这一侧的高度或宽度大于控件的高度或宽度，fill 属性指定是否在相应方向拉伸控件。取值选项包括预定义常量 NONE（默认值，不拉伸）、X（沿着水平方向拉伸）、Y（沿着垂直方向拉伸）以及 BOTH（沿着水平、垂直两个方向拉伸）。
- expand：按照 side 属性在某侧放置控件后，expand 属性指定是否允许控件放大以填充容器的另一侧空间，默认值为 False。当多个控件的 expand 都为 True 时，将由同方向放置的各个控件平分剩余空间，即沿 LEFT 和 RIGHT 方向的控件平分 X 方向上的剩余空间，沿 TOP 和 BOTTOM 方向的控件平分 Y 方向上的剩余空间。

为了帮助大家理解 Pack 布局，下面的 test_pack.py 是一个较为复杂的布局例子，执行效果如图 12-13 所示。该程序创建了 6 个标签控件，其对应的 side、fill 及 expand 属性取值不同，执行程序后，读者可以先调整窗口到合适大小，再单击两个按钮一步步观察布局情况，其中按钮"pack next"开始布局下一个标签，按钮"forget previous"移除上一个标签。首先，标签 A 和 B 沿 TOP 放置，且 fills 值为 BOTH，因此将在 X 方向上拉伸，但 expand 值为 false，因此不会填充下侧的剩余空间；标签 C 沿 LEFT 放置，且 fills 值为 BOTH，expand 值为 True，因此将占据剩余的所有空间；标签 D 沿 BOTTOM 放置，虽然 fills 值为 BOTH，expand 值为 True，但 X 方向已被 C 填充，因此 D 只在 Y 方向上拉伸填充；标签 E 沿 RIGHT 放置，fills 值为 BOTH，expand 值为 True，由于 Y 方向已经被 D 填充，因此只在 X 方向上与 C 平分剩余空间；标签 F 沿 TOP 放置，fills 值为 BOTH，expand 值为 True，因此在 Y 方向上与 D 平分剩余空间。需要提醒的是，每次单击后，布局管理器都进行了一次重新布局。实际上，Pack 布局仅适合比较简单的布局需求。当涉及如本例所示的稍复杂的布局要求时，强烈建议用后面讲的 Grid 布局管理器。

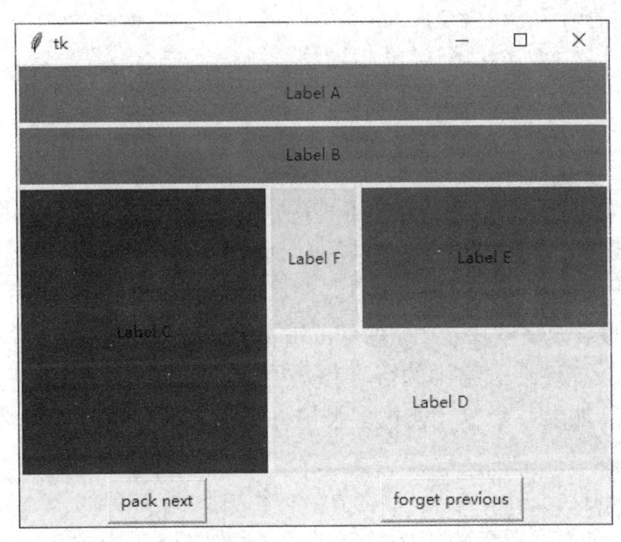

图 12-13　test_pack.py 的执行效果

【**例 12-10**】演示 Pack 布局方法的使用。

```
01  # -*- coding: utf-8 -*-
02  # 例12-10: test_pack.py
03  from tkinter import *
04  app = Tk()
05  frame = Frame(app)
06  frame.pack(fill=BOTH,expand=True)#允许框架随着主窗体大小自动拉伸
07  pading = {'padx': 2, 'pady': 2,'ipadx':10,'ipady':10}
08  A_label = Label(frame,text="Label A", bg="red" )
09  B_label = Label(frame,text="Label B", bg="green")
10  C_label = Label(frame,text="Label C", bg="blue")
11  D_label = Label(frame,text="Label D", bg="yellow")
12  E_label = Label(frame,text="Label E", bg="purple")
13  F_label = Label(frame,text="Label F", bg="pink")
14  labels = (A_label,B_label,C_label,D_label,E_label,F_label)
15  #可以尝试调整下面三个参数的不同组合，测试不同的布局结果
16  sides=(TOP,TOP,LEFT,BOTTOM,RIGHT,TOP)#每个标签的放置方向不一样
17  fills=(BOTH,BOTH,BOTH,BOTH,BOTH,BOTH)
18  expands=(False,False,True,True,True,True)
19  i = 0
20  def pack_next(): #回调函数
21      global i
22      if i<6: #依次布局下一个标签
23        labels[i].pack(pading, side=sides[i], fill=fills[i], expand =expands[i])
24        i+=1
25  def forget_pre():#回调函数
26      global i
27      if i>0: #依次移除上一个标签
28          labels[i-1].forget()
29          i-=1
30  btn1 = Button(text="pack next",command=pack_next)
31  btn2 = Button(text="forget previous",command = forget_pre)
32  btn1.pack(pading,ipadx=5,ipady=2,side=LEFT,expand=True)
33  btn2.pack(pading,ipadx=5,ipady=2,side=LEFT,expand=True)
34  app.mainloop()
```

12.4.2 Grid 布局

Grid 布局

Grid 布局管理器将容器窗口按照行和列划分为纵横的二维表格，每一个单元格按行号和列号进行编号。布局控件时只需要指定相应的行号和列号。单元格的宽度由所在列中所有控件的最大宽度决定，单元格的高度由所在行中所有控件的最大高度决定。控件可以占据多个单元格。grid()方法的常用参数如下。

- row/column：控件在表格中的行号和列号。左上角的单元格对应第 0 行和第 0 列，默认值为 0。如果一个单元格被多个控件指定，这些控件在视觉上可能将重叠，应避免这种情况。
- padx/pady/ipadx/ipady：布局控件时的内外边距，同 12.4.1 节 pack()方法。
- sticky：确定控件在单元格中的放置方式。类似 pack()中的 anchor 参数，sticky 的取值可以是 N、NW 等除 CENTER 以外表示方位的常量，如果不设置该参数，表示居中放置。另外，sticky 还可以取这些方位的组合，这时候的作用就相当于在某个

方向对控件进行拉伸。例如，N+S 表示水平居中且沿着垂直方向拉伸控件，E+W 表示上下居中且沿着水平方向拉伸控件，NW+S 表示靠左并垂直拉伸控件。

- rowspan/columnspan：表示在 row/column 对应的单元格基础上向下或向右合并多个单元格。例如，“w.grid(row=0, column=2, columnspan=3)”表示将控件 w 放置在第 0 行和第 2～4 列。

默认情况下，Grid 布局完成后，二维表格的大小不会随着容器的缩放而改变，如果需要表格跟随容器缩放，需要调用容器的下列两个方法为各行各列设置缩放的权重。

- rowconfigure(*n*,weight)：设置指定行允许缩放，其中 *n* 表示行号，weight 为缩放时该行占的权重。
- columnconfigure(*n*,weight)：设置指定列允许缩放，其中 *n* 表示列号，weight 为缩放时该列占的权重。

下例是采用 Grid 布局完成图 12-13 的布局效果，它将容器划分为 4 行 3 列。不难发现，相比 Pack 布局，采用 Grid 布局的程序更加简单清晰。

【例 12-11】演示 Grid 布局方法的使用。

```
01  # -*- coding: utf-8 -*-
02  # 例 12-11:test_grid.py
03  from tkinter import *
04  app = Tk()
05  pading = {'padx': 2, 'pady': 2,'ipadx':10,'ipady':10}
06  A_label = Label(app,text="Label A", bg="red" )
07  B_label = Label(app,text="Label B", bg="green")
08  C_label = Label(app,text="Label C", bg="blue")
09  D_label = Label(app,text="Label D", bg="yellow")
10  E_label = Label(app,text="Label E", bg="purple")
11  F_label = Label(app,text="Label F", bg="pink")
12  A_label.grid(pading, row=0, column=0, columnspan=3, sticky = NW+SE) #占据第 0
行，第 0～2 列。sticky 的取值表示拉伸以填充单元格
13  B_label.grid(pading, row=1, column=0, columnspan=3, sticky = NW+SE) #占据第 1
行，第 0～2 列
14  C_label.grid(pading, row=2, column=0, rowspan=2, sticky = NW+SE) #占据第 2～3
行，第 0 列
15  D_label.grid(pading,row=3,column=1,columnspan=2,sticky=NW+SE) #占据第 3 行，第 1～
2 列
16  E_label.grid(pading,row=2,column=2,sticky= NW+SE) #占据第 2 行，第 1 列
17  F_label.grid(pading,row=2,column=1,sticky= NW+SE) #占据第 2 行，第 2 列
18  app.mainloop()
```

12.4.3 Place 布局

Place 布局

Place 布局将容器窗口看成一个原点在左上角的二维坐标系，并直接采用绝对坐标或相对坐标对控件进行精确定位。当容器窗口改变大小时，采用绝对坐标布局的控件位置固定不变，而采用相对坐标布局的控件将随之调整。place()方法的基本用法很简单，只需要指定坐标和锚点即可，相关参数介绍如下。

- anchor：表示放置“锚点”，该点将与设定的坐标点对齐，取值是 N、NW 等，默

认为NW，表示左上角。

- x/y：放置位置的绝对坐标，默认单位为像素，也可以采用其他单位，参见12.3.1节中关于单位的介绍。
- relx/rely：放置位置的相对坐标，取值为0至1的数值，表示在容器窗口中的相对位置，例如，relx=0.25表示在容器宽度方向上的四分之一处。

对于大部分布局需求，前面介绍的Grid布局管理器都能胜任。如果还需要自由度更高的布局管理，可以采用Place布局。下例是Place布局的简单演示，其中Label A采用绝对定位，而Label B采用相对定位，读者可以调整窗口大小查看效果。

【例12-12】演示Place布局方法的使用。

```
01  # -*- coding: utf-8 -*-
02  # 例12-12:test_place.py
03  from tkinter import *
04  app = Tk()
05  pading = {'padx': 10, 'pady': 10}
06  A_label = Label(app,pading,text="Label A", bg="red" )
07  B_label = Label(app,pading,text="Label B", bg="green")
08  A_label.place(x=0,y=0) # 采用绝对坐标固定在窗口左上角
09  B_label.place(relx=0.5,rely=0.5,anchor=CENTER)# 采用相对坐标放置在容器中间
10  app.mainloop()
```

程序执行效果如图12-14所示。

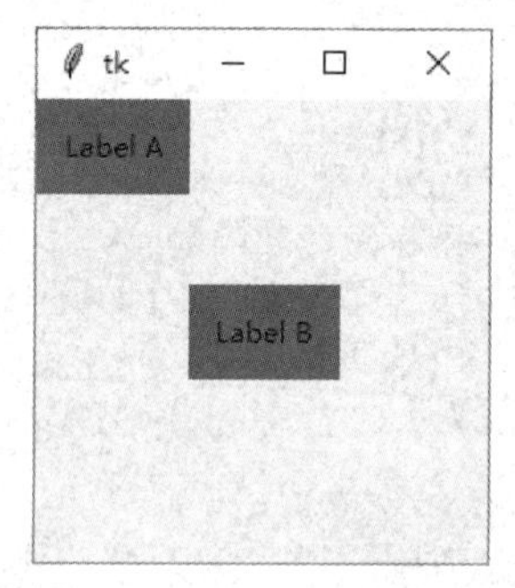

图12-14　test_place.py的执行效果

12.5 tkinter中的事件处理

tkinter中的事件处理

12.1节已经提到，GUI编程的主要任务包括界面的外观设计和事件处理程序设计。前面较为详细地介绍了tkinter中的界面外观设计，本节我们将开始学习tkinter中的事件处理程序设计。

12.5.1 事件的表示

tkinter采用事件模式标识符来表示不同种类的事件，事件模式标识符是一个形如“<modifier-type-detail>”的字符串。其中，type表示事件的一般类型，最常用的取值包括Button（鼠标键按下）、ButtonRelease（鼠标键释放）、Key（键盘键按下）、KeyRelease（键盘键释放）、Enter（鼠标进入控件的可视化区域）、Motion（移动鼠标）等；modifier

是可选的修饰符，表示是否有一些组合键按下，常用取值为 Control/Alt/Shift（相应键被按下）、Double（事件连续两次快速发生）；detail 是可选的事件具体信息，例如，1、2、3 分别表示鼠标的左、中、右三个键，a 表示键盘的 A 键被按下。各项完整的取值列表请参考 Tk 的官方文档。下面列出了一些最常用的事件模式标识符。

- <Button-1>：按下鼠标左键。
- < ButtonRelease-1>：释放鼠标左键。
- <Button-3>：按下鼠标右键。
- <Double-Button-1>：双击鼠标左键。
- <Motion>：移动鼠标。
- <Key>: 按下键盘任意键。
- <Shift-Key-a>: 同时按下 Shift 键和 A 键。
- <Return>：按下回车键。

一旦有事件发生，系统将自动实例化一个 Event 类的对象，并将该对象传递给事件处理程序。事件对象包含了一些属性用于描述事件发生时的相关信息，常用属性如下。

- x/y：事件发生时鼠标相对于控件左上角的位置坐标，单位是像素。
- x_root/y_root：事件发生时鼠标相对于屏幕左上角的位置坐标，单位是像素。
- num：按下的鼠标键，1、2、3 分别表示左、中、右键。
- char：对于 Key 或 KeyRelease 事件类型，如果按下的是 ASCII 字符键，此属性的值即是该字符；如果按下特殊键，此属性为空。

12.5.2 事件处理程序的绑定

包括 Button、Checkbutton 及 Radiobutton 在内的一些控件默认与鼠标左键单击事件绑定，对于这类控件，只需要设定相应的 command 属性，即建立起了鼠标左键单击事件与相应事件处理程序之间的关系。如果要绑定非默认事件，就必须手动地在事件与事件处理程序之间建立绑定关系。tkinter 提供了三种级别的绑定方法。

（1）控件对象级别的绑定：将某个控件对象上发生的特定事件与事件处理程序进行绑定。通过调用控件对象的 bind()方法实现绑定。基本用法为“控件对象.bind(事件模式标识符,事件处理程序)”。例如，下述语句为控件对象 w 绑定了鼠标右键按下事件：

```
w.bind('<Button-3>',callback) #w 是某个控件对象，callback 为回调函数
```

（2）控件类级别的绑定：将某一控件类的所有实例上发生的特定事件与事件处理程序进行绑定。在任意控件对象上调用 bind_class()方法实现控件类级别绑定。基本用法为“控件对象.bind_class(控件类名,事件模式标识符,事件处理程序)”，例如，下述语句为 Entry 类绑定了 Enter 事件。

```
w.bind_class("Entry","<Enter>",callback) #w 是某个 Entry 控件对象
```

（3）应用程序级别的绑定：将应用程序中的所有控件进行特定的事件绑定，在程序的任意一个控件对象上调用 bind_all()方法实现应用程序级别的绑定。基本用法为“控件对象.bind_all(事件模式标识符,事件处理程序)”。例如，下述语句在应用程序级别将 F1 功能键与一个回调函数绑定，当应用程序窗口处于活动状态时，按下 F1 键将调用相应函数。

```
w.bind_all('<Key-F1>', callback) #w 是某个控件对象
```

通过上述三个方法绑定的事件处理程序可以是一个简单的匿名函数，也可以是一般的自定义函数，还可以是类里面的方法。如果是前两种，函数包含一个位置参数，表示事件对象；如果是类里面的方法，方法的第二个位置参数为事件对象（第一个是类实例）。

关于事件绑定的演示请参考下节的综合应用案例。

tkinter 的综合应用案例

12.6 tkinter 的综合应用案例

在前面几节的实例代码中，由于涉及控件较少，我们都是在全局空间内操纵各个控件对象。在实际项目中，当涉及较多控件以及复杂的业务逻辑时，为了使代码层次结构更清晰，一般都需要采用自定义类来进行组织。

本节通过一个简单的计算器程序帮助大家进一步掌握 tkinter 的基本使用方法。该程序可以实现不带括号的四则运算，既可以用鼠标单击相应按钮完成计算，也可以直接使用键盘输入。

在该例中，我们通过继承 Tk 类构建了一个自定义类 Calculator，在 Calculator 的构造函数中完成了控件的设计与布局。整个界面采用 7×4 的 Grid 布局，其中，第一行和第二行对应两个标签控件，第二个标签显示当前待计算的表达式，按回车键计算结束后，第一行显示计算完毕的表达式，第二行显示计算结果。后五行对应 18 个按钮控件，分别是 0～9 的数字按键、四则运算按键、小数点、退格键、清空键和回车键。在事件处理程序设计上，数字键、四则运算按键以及小数点键都采用一个匿名函数来调用一个统一的方法；退格键、清空键以及回车键的事件处理程序分别对应一个类方法。为了用户使用方便，该程序还在应用程序级别绑定了各个按钮对应的键盘事件。下面的 calculator.py 给出了程序代码，其执行效果如图 12-15 所示。

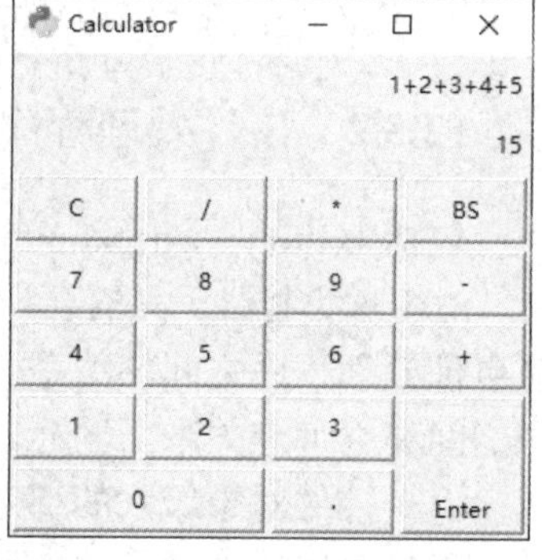

图 12-15　calculator.py 的执行效果

【例 12-13】控件综合应用（一个简单的计算器）。

```
01  # -*- coding: utf-8 -*-
02  # 例 12-13: calculator.py
03  import tkinter as tk
04  class Calculator(tk.Tk):
05   def __init__(self):
06      super().__init__() # 调用父类的构造器
07      self.title("Calculator")
08      self.iconbitmap("python.ico")
09      # 7*4 布局，第一行和第二行是两个标签控件，后五行是 18 个按钮控件
10      opts={'padx': 2, 'pady': 2,'ipadx':3,'ipady':2, 'sticky':tk.NSEW}
11      buttonwidth=7
12      self.exp = tk.StringVar() # 输入表达式标签的控制变量
13      self.res = tk.StringVar(self,"0")# 计算结果标签的控制变量
14      exp_label=tk.Label(self,anchor=tk.E,textvariable=self.exp)# 输入表达式标签控件
15      exp_label.grid(opts,row = 0, column = 0, columnspan = 4)
```

```
    16        res_label=tk.Label(self,anchor=tk.E,textvariable=self.res) # 计算结果（开始
计算前用于显示待计算表达式）标签控件
    17        res_label.grid(opts,row = 1, column = 0, columnspan = 4)
    18   tk.Button(self, text = "C", width=buttonwidth, command = self.clear).grid(opts,
row = 2, column = 0)
    19   tk.Button(self,text="/", width=buttonwidth, command = lambda:self.show("/")).
grid(opts,row=2,column=1)
    20   tk.Button(self,text="*",width=buttonwidth, command= lambda:self.show("*")).grid
(opts,row=2,column=2)
    21      tk.Button(self,text="BS",width=buttonwidth, command= self.backspace).grid
(opts,row=2,column=3)
    22      tk.Button(self,text="-",width=buttonwidth, command= lambda:self.show('-')).
grid(opts,row=3,column=3)
    23      tk.Button(self,text="+",width=buttonwidth, command= lambda:self.show('+')).
grid(opts,row=4,column=3)
    24      tk.Button(self,text="Enter",anchor=tk.S,width=buttonwidth,  command  =
self.calculate).grid(opts,row=5,column=3,rowspan=2)
    25      tk.Button(self,text=".",width=buttonwidth, command=lambda:self.show('.')).
grid(opts,row=6,column=2)
    26      tk.Button(self,text="0",width=buttonwidth, command=lambda:self.show('0')). Grid
(opts,row=6,column=0,columnspan=2)
    27      tk.Button(self,text="7",width=buttonwidth, command=lambda:self.show("7")).
grid(opts,row=3,column=0)
    28      tk.Button(self,text="8",width=buttonwidth, command=lambda:self.show("8")).
grid(opts,row=3,column=1)
    29      tk.Button(self,text="9",width=buttonwidth, command=lambda:self.show("9")).
grid(opts,row=3,column=2)
    30      tk.Button(self,text="4",width=buttonwidth, command=lambda:self.show("4")).
grid(opts,row=4,column=0)
    31      tk.Button(self,text="5",width=buttonwidth, command=lambda:self.show("5")).
grid(opts,row=4,column=1)
    32      tk.Button(self,text="6",width=buttonwidth, command=lambda:self.show("6")).
grid(opts,row=4,column=2)
    33      tk.Button(self,text="1",width=buttonwidth, command=lambda:self.show("1")).
grid(opts,row=5,column=0)
    34      tk.Button(self,text="2",width=buttonwidth, command=lambda:self.show("2")).
grid(opts,row=5,column=1)
    35      tk.Button(self,text="3",width=buttonwidth, command=lambda:self.show("3")).
grid(opts,row=5,column=2)
    36      # 允许除第一行和第二行以外的各行各列等比例缩放
    37      for i in range(2,7):
    38         self.rowconfigure(i,weight=1)
    39      for i in range(0,4):
    40         self.columnconfigure(i,weight=1)
    41      # 添加应用程序级别键盘输入事件
    42      self.bind_all("<Return>",lambda e:self.calculate()) # 回车键
    43      self.bind_all("<Key-BackSpace>",lambda e:self.backspace()) # 退格键
    44      self.bind_all("<Key-Delete>",lambda e:self.clear()) # 删除键
    45      self.bind_all("<Key-plus>",lambda e:self.show('+'))
    46      self.bind_all("<Key-minus>",lambda e:self.show('-'))
    47      self.bind_all("<Key-asterisk>",lambda e:self.show('*'))
    48      self.bind_all("<Key-slash>",lambda e:self.show('/'))
    49      self.bind_all("<Key>",self.check_key) # 其他数字及操作符
    50
    51   def check_key(self,event): # 检查数字键及操作符键事件
    52     if (event.char>='0') and (event.char<="9"):
```

```
53            self.show(event.char)
54
55    def calculate(self): # 调用 eval()函数计算表达式结果
56        res = eval(self.res.get()) # 计算当前的表达式
57        self.exp.set(self.res.get())
58        self.res.set(str(res))
59
60    def clear(self): # 清除当前的表达式
61        self.exp.set("")
62        self.res.set("0")
63
64    def show(self,key): # 在开始计算前将当前的输入添加到待计算表达式
65        content = self.res.get()
66        if content == "0":
67            content = ""
68        self.res.set(content + key)
69
70    def backspace(self): # 输入回撤一位
71        self.res.set(str(self.res.get()[:-1]))
72
73 if __name__ == "__main__":
74     app = Calculator()
75     app.mainloop()
```

12.7 本章小结

本章较为系统地介绍了怎样使用 Python 中的 tkinter 库进行图形界面编程：首先对图像界面编程进行了简单的概述，使读者熟悉控件及事件等 GUI 编程中的基本概念；然后详细地介绍了 tkinter 库的基本使用，包括常用的控件、布局管理和事件处理。通过本章的学习，读者应该可以利用 tkinter 编写基本的表单式 GUI 程序。由于篇幅有限，tkinter 中还有很多内容未在本章中介绍，包括 Text、Canvas 以及对话框等控件。读者在完成本章的学习后，如果要进行更为复杂的 GUI 程序开发，应该继续深入学习 tkinter 或者其他 GUI 库。

12.8 习题

编程题

1. 请编写一个简单的填表界面，包括用户名和密码两个文本输入框。提交时要求检查输入的合法性，其中用户名和密码都只能为英文字符，且用户名不能为空。符合以上条件即提交成功，否则失败。在合适位置上显示提交成功与否。

2. 用 Checkbutton 控件实现例 12-8 中 Listbox 在多选模式（MULTIPLE）下的功能。

3. 用 Listbox 实现例 12-6 中 Checkbutton 的功能。

4. 用 Listbox 实现例 12-7 中 Radiobutton 的功能。

5. 请测试在一个固定大小的窗口中，组合不同的 side 属性、fill 属性和 expand 属性放置一个较小控件的效果。

6. 调整例 12-10 的相关布局参数（第 16～18 行），达到如图 12-16 所示的布局结果。

7. 修改例 12-11，使得各行各列跟随窗口的缩放等比例缩放。

8. 请用 Grid 布局实现例 12-9 的界面布局。

9. 请创建一个初始窗口处于最大化状态的程序，并绑定鼠标双击事件，在鼠标双击处输出一个随机大写字母，运行界面截图如图 12-17 所示。

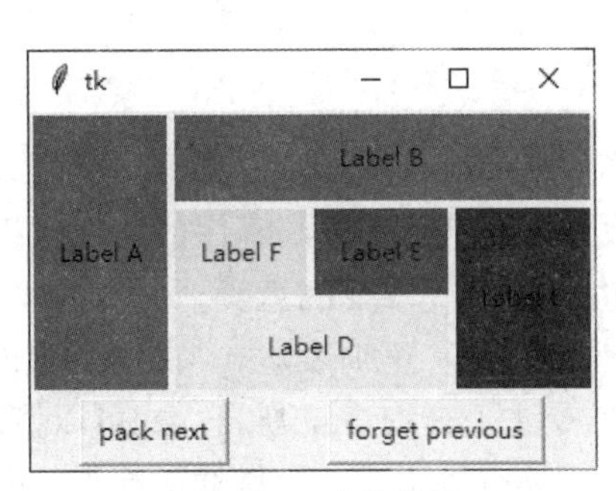

图 12-16　布局结果

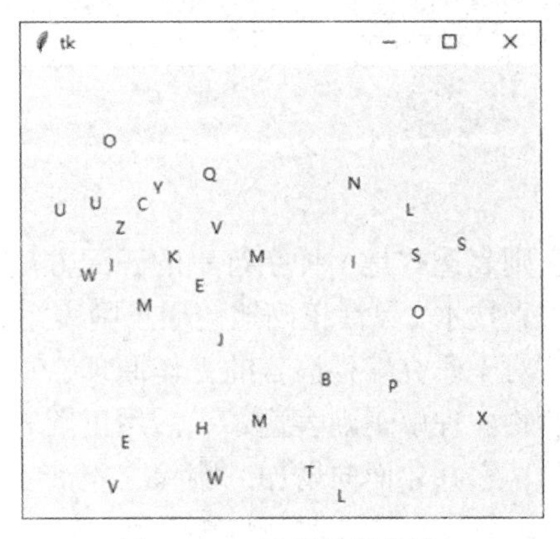

图 12-17　运行界面截图

10. 请尝试改进第 12.6 节的计算器程序，包括但不限于界面美工、支持括号、支持历史记录等。

第13章 正则表达式

正则表达式是一种字符串的匹配方法，常用于模式搜索和模式替换。这是一种非常实用的搜索技术，灵活正确地使用正则表达式可以极大地简化代码，提高程序的智能化程度。同时，对于研究编程语言的工作原理，正则表达式也有着极其重要的意义。所以，学好正则表达式、理解正则表达式、活用正则表达式是非常重要的。正则表达式与一般的数据结构不同，它并非面向增加、删除、查询、修改，而是专注于查询。正则表达式可以使用在各种查询场合，并且拥有非常不错的效率。正则表达式具有易上手、难精通的特点，因此，如果只是需要使用正则表达式，那么只要简单地了解正则表达式的一些规则和写法就可以，不必去探究底层深奥的原理。

本章只介绍正则表达式在 Python 中的使用方法，并不介绍其工作原理，也不过多探讨非常深奥的查询形式。从实际应用出发，正则表达式的主要使用场景包括验证用户的输入是否符合某些规则、在字符串中快速定位某些重要内容、将一段文本从一种形式替换为另一种形式、使用网络爬虫抓取网络上的指定内容等，本章将围绕上述场景介绍正则表达式的各种使用方法。

13.1 正则表达式概述

正则表达式概述

正则表达式（regular expression）也可以称为“规则表达式”，在各大计算机语言中，一般记为“regex”，也经常简写为“re”。一个正则表达式应当由模式字符串和被搜索字符串共同组成。下面是一个使用正则表达式的具体实例，该实例使用了正则表达式来快速匹配短信文本中的验证码：

```
>>> import re
>>> regex = re.compile(r".*验证码.*(\d{6,8}).*")
>>> source = "此验证码只用于登录你的微信或更换绑定，验证码提供给他人将导致微信被盗。123456（微信验证码）。再次提醒，请勿转发"
>>> match = regex.search(source)
>>> print(match.group(1))
123456
```

从上面实例可以看出，在使用正则表达式时，需要先引用 Python 的内置模块 re。之后，使用 re 的相关函数进行操作。为简洁起见，在本章接下来的所有实例中将不再出现 re 模块的引用代码“import re”，默认视为已经在 IDLE 中引用了 re 模块。

上面第 2 行代码将模式字符串编译为正则表达式对象。编译函数的第一个参数是用以描述搜索模式的原始字符串，也就是“.*验证码.*(\d{6,8}).*”，这个字符串应当称为“正则表达式中的模式字符串”，本书中简写为“模式字符串”。不过，在实际的沟通和交流中，为了减少学习和沟通成本，可以约定俗成地把“正则表达式中的模式字符串”直接称为“正则表达式”。

模式字符串规定了在查询中按照什么样的模式进行匹配。比如，本例中模式字符串“.*验证码.*(\d{6,8}).*”，实际要表达的含义是“查询原字符串，找出出现在‘验证码’三个字之后的、一个 6 位到 8 位长的数字”。

上面第 4 行代码调用了正则表达式对象的 search()函数。search()函数用来判断某个字符串是否与规定的模式匹配，被搜索的字符串称为“原字符串”。在上面这个微信验证码短信的例子中，search()函数可以找到一组满足模式字符串的要求的数字，即“123456”。

众所周知，每一个表达式都包括运算符、操作数和计算结果。因此，在正则表达式中，search()函数就可以理解为一个二元操作符，它拥有两个操作数，即“模式字符串”和“原字符串”，计算结果是一个名为“match”的对象。也就是说，在上面这个实例中，第 2～4 行代码合在一起才能称为一个正则表达式。

13.2 正则表达式的基本规则

通过前面的介绍我们不难理解，学习正则表达式的要点就是学习模式字符串的写法。本节将介绍模式字符串的常用语法规则。模式字符串的用法规则虽然在各种编程语言中都差不多，但是基本上每种语言都对模式字符串有自己的扩展和一些特别的记法。当然，Python 也不例外。所以，学习了 Python 的模式字符串的写法后，再学习其他语言时，虽然模式字符串大体上的写法是不会变的，但是细节上的要求，比如组名的定义，仍然要参考具体语言的帮助文档。同时，这里只介绍在实际应用中常用的一些语法，如果要具体地学习 Python 中模式字符串的全部语法规则，应当查阅 Python 的帮助文档。

13.2.1 正则表达式中的字符串类型

一个正则表达式其实包含两个部分，分别是“模式字符串”和“原字符串”。根据第 5 章的内容我们知道，在 Python 中字符串的表现形式包括 Unicode 字符串（str）和字节串（bytes）。在使用正则表达式的过程中，模式字符串和原字符串的表现形式必须相同，即不能使用 Unicode 字符串匹配字节串，反之亦然。

同样，在使用正则表达式进行替换操作时，将要替换的字符串也必须和模式字符串、原字符串的类型保持一致。总之，在使用正则表达式时，涉及的所有字符串都必须是同一类型。

13.2.2 模式字符串中的普通字符

正则表达式可以包含所有普通或者特殊字符。普通字符的含义就是匹配它们本身，模式字符串中，除了图 13-1 所示的字符以外，其他字符都是普通字符。

模式字符串中的普通字符

. ^ $ * + ? { } [ ] \ | ( )

图 13-1　Python 正则表达式中的特殊字符

比如，模式字符串“Python”在没有任何特殊设置的情况下，只能匹配大小写与之一致的字符串。在使用过程中，如果只使用普通字符作为模式字符串进行匹配，一般是为了验证原字符串是否包含某些内容，那么，在这种情况下，其作用就和字符串的 find()函数没有什么区别。具体实例如下：

```
>>> print(re.search("Python", "这是一本介绍 Python 的书"))
<re.Match object; span=(6, 12), match='Python'>
>>> print("这是一本介绍 Python 的书".find("Python"))
6
>>> print(re.search("Python", "这是一本介绍 Pyhon 的书") != None)
True
>>> print("这是一本介绍 Python 的书".find("Python") != -1)
True
```

当然，在使用正则表达式匹配时，返回的匹配结果不仅表达了原字符串是否包含模式字符串，更包含了模式字符串所在的位置信息。在模式字符串只出现一次的情况下，其功能和 find()函数没有什么区别。因为，find()函数也可以通过返回的索引值给出模式字符串出现的起止位置。

不过，如果模式字符串所对应的匹配出现了多次，那么 search()函数只返回第一个匹配的位置和内容。可是在实际使用过程中，有些场景（比如解析 HTML）必须得到所有的匹配，这就需要用到 finditer()函数，它可以返回一个迭代器，通过循环语句取出所有的匹配，具体实例如下：

```
>>> for m in re.finditer("Python", "这是一本用 Python 写的、介绍 Python 的书"):
        print(m)
<re.Match object; span=(5, 11), match='Python'>
<re.Match object; span=(16, 22), match='Python'>
```

13.2.3 模式字符串中的转义字符

在介绍普通字符时，图 13-1 中一共列出了 14 个特殊字符，其中，最重要的莫过于转义字符“\”，这个字符可以将特殊字符的含义消除，和 Python 字符串中的转义字符含义类似。比如，在正则表达式中，如果需要判断一个字符串是否是一个存在于 C 盘的文件，就要写如下代码：

```
>>> re.search("C:\\\\.*", r"C:\msdia80.dll")
<re.Match object; span=(0, 14), match='C:\\msdia80.dll'>
```

可以看到，由于路径分隔符“\”在正则表达式中是一个特殊字符，因此在写的时候要使用转义字符消去其特殊含义，即写成“\\”。但是，反斜杠“\”在 Python 的字符串里也是特殊字符，其含义同样是转义，这样，“\\”在经过 Python 字符串解释后，就变成了一个反斜杠。因此，为了表示两个反斜杠“\\”，就要写成四个反斜杠“\\\\”。再如，如果需要匹配字符串“\]”，由于这两个字符都是特殊字符，因此，在书写模式字符串时都要进行转义，应当写成“\\\]”。这种写法即不美观也不易读，所以，在这里应当使用第 5 章中学习到的原始字符串来书写，简单易读也好懂，具体实例如下：

```
>>> re.search(r"\\\]", r"在正则表达式中，|\][都是特殊字符")
<re.Match object; span=(9, 11), match='\\]'>
```

```
>>> re.search("\\\\\\]", r"在正则表达式中，|\][都是特殊字符")
>>> <re.Match object; span=(9, 11), match='\\]'>
```

13.2.4 模式字符串的其他特殊字符

模式字符串的其他特殊字符

在匹配字符串时，有时不仅要匹配模式字符串包含的字符，还要匹配一些不确定的字符，比如匹配手机号码时，只知道手机号是一个 11 位的数字，但不确定这 11 位分别是什么数字，这时就需要使用通用字符。

所谓"通用字符"指的是可以表示一系列字符的字符。在正则表达式的默认配置中，模式字符串使用特殊字符"."来代表除了换行符以外的一个任意字符，实例如下：

```
>>> re.search("133........", "您好，您拨打的电话已经更换为：133****2457。现在这个号码已经不再使用了。")
<re.Match object; span=(15, 26), match='133****2457'>
```

可以看到，这个实例的目标是匹配一个 133 开头的手机号。众所周知，手机号是一个 11 位的数字。也就是说，133 后面应当跟着 8 位数字，因此，这个实例中就书写了 8 个可以匹配任意字符的"."。于是，系统也为用户匹配出了出现在短信里的文本"133****2457"。但是，匹配结果的手机号"133****2457"中出现了"*"，并不是数字，而通用字符"."也将它们匹配出来了。如果我们不想出现包含"*"的匹配结果，就需要使用指定匹配的通用字符"[]"。

使用方括号包裹起来的内容应当视为一个字符，即意味着，出现在这个位置的字符必须是方括号中出现字符中的其中一个。比如模式字符串 "[Pp]ython"的匹配结果可以是"Python"，也可以是"python"，但是绝对不可能是"Ppython"，具体实例如下：

```
>>> for m in re.finditer("[Pp]ython", "这是一本用 Python 写的介绍 Python 的书，不过你不可以把 pyThon 写成"Ppython"。"):
        print(m)
<re.Match object; span=(5, 11), match='Python'>
<re.Match object; span=(15, 21), match='Python'>
<re.Match object; span=(41, 47), match='python'>
```

在上面这个实例中，正则表达式的默认设置是区分大小写的，所以第三个"pyThon"显然无法匹配。

那么，如何书写模式字符串才能匹配一个数字呢？显然，一个数字只有 0～9 这十种情况，所以可以直接写成"[0123456789]"这样的形式。不过，这种写法显然太麻烦了，实际上可以使用"[0-9]"来表示。同理，"[4-6]"表示这个位置应当出现数字 4、5 或者 6。具体实例如下：

```
>>> re.search("[4-6]", "您说的这个号码是什么？我没有听清。当中的 4 位是什么？")
<re.Match object; span=(20, 21), match='4'>
```

在这个实例中，"[4-6]"就匹配了原字符串中唯一出现的数字 4。同理，字母也可以使用这种写法，"[a-z]"表示的是所有小写字母，"[A-Z]"表示的是所有大写字母。当然，这种写法还可以连用，比如，"[a-gx-zR-U]"是 a～g、x～z 和 R～U 三段的组合。即 a、b、c、d、e、f、g、x、y、z、R、S、T、U 中的任何一个字母。具体实例如下：

```
>>> for m in re.finditer("[a-gx-zR-U]", "这是一本用 Python 写的介绍 Python 的书，不过你不可以把 pyThon 写成"Ppython"。"):
        print(m)
<re.Match object; span=(6, 7), match='y'>
<re.Match object; span=(16, 17), match='y'>
<re.Match object; span=(32, 33), match='y'>
<re.Match object; span=(33, 34), match='T'>
<re.Match object; span=(42, 43), match='y'>
```

回到本小节最开始的例子，要表示一个 133 开头的手机号，需要使用 8 个数字，那么应当写成“133[0-9] [0-9] [0-9] [0-9] [0-9] [0-9] [0-9] [0-9]”。可以看出，这里重复写了 8 次“[0-9]”，这种写法显然有些麻烦，如果匹配的是具有 20 位的手机 SIM 卡的编号，这么写就不合适了。所以，在正则表达式中，可以使用花括号“{}”来表示一个字符出现了多少次，具体实例如下：

```
>>> re.search(r"\*{4}", r"不好意思先生，我说的是 133****2457 中间四位数是**5*啊")
<re.Match object; span=(14, 18), match='****'>
```

需要注意的是，花括号只能匹配出现在它前面的一个字符。在上面这个实例中，花括号前面看似有两个字符，即“*”。但是，由于“*”是特殊字符，所以转义字符串“*”实际只代表着一个字符，也就是星号“*”。因此，这里花括号中出现的数字 4，指的就是前面的星号出现了 4 次。既然已经指定了次数，其他任何次数不正确的星号都不能匹配，这也是为什么后一个“**5*”无法被匹配。

不过，在一些情况下，字符出现次数其实是不固定的，比如，出现 4 次到 6 次都满足要求，那么就可以在花括号中给出这些匹配次数，具体实例如下：

```
>>> re.search("[cC][oO]{4,6}[lL]", "这真的是太 cool 了。VERY COOOOOL!VERY VERY COOOOOOOOOOL!!!")
<re.Match object; span=(16, 23), match='COOOOOL'>
```

在匹配时，系统会尽可能多地匹配重复部分，比如“ba{4,6}”在匹配原字符串“baaaaaa”时，会将整个字符串匹配到，而不是只匹配其中 4 个 a。当然，逗号前后的数字都可以不写。如果写成“ba{,6}”，则说明这里的 a 应当出现 0 至 6 次。如果写成“ba{4,}”，则说明这里的 a 应当出现 4 次以上，直到无限次。如果逗号前后数字都不写，就是匹配任意次。具体实例如下：

```
>>> re.search("\*{2,}", r"您那里信号是不是有问题啊，我这听到的都是*。一堆的*******")
<re.Match object; span=(25, 32), match='*******'>
```

在上面这个实例中，由于匹配会在重复次数中选择尽可能多的那一个，所以，第一个星号由于只出现一次，不能匹配，而后面连续出现的 7 个星号，就全部匹配成功了。这里需要注意，如果不指定具体的重复次数，逗号是一定不能省略的。“{2,}”指的是 2 次或者 2 次以上。“{2}”指的是只出现 2 次，这是完全不一样的含义。

在书写模式字符串时，有一些重复次数是非常常见的。比如任意次数，再比如 1 次或者 1 次以上。所以，可以使用特殊字符“*”代表重复任意次，也就是等价于“{,}”。可以使用特殊字符“+”表示出现 1 次或者 1 次以上，也就是等价于“{1,}”。可以使用特殊字符“?”表示出现 0 次或者 1 次，也就是等价于“{0,1}”。具体实例如下：

```
>>> for m in re.finditer("colou?r", "This colour is very good. I like this color."):
        print(m)
<re.Match object; span=(5, 11), match='colour'>
<re.Match object; span=(38, 43), match='color'>
```

再次强调，“*”“+”和“?”都是用来简化书写的，在使用时它们也只能修饰其前面的一个字符。比如，在下面的实例中，“信号+”就只能匹配“信号号”和“信号”，但不能匹配“信号信号”：

```
>>> for m in re.finditer("信号+", "没有啊，我这的信号信号非常...嗯？信号号~~"):
        print(m)
<re.Match object; span=(7, 9), match='信号'>
<re.Match object; span=(9, 11), match='信号'>
<re.Match object; span=(18, 21), match='信号号'>
```

在实际应用中，还有可能需要匹配所有不是指定字符的字符，这时，就可以使用特殊字符“^”对方括号中的内容“取非”，表达的含义是，除了这些字符以外，其他的都可以匹配。具体实例如下：

```
>>> for m in re.finditer("[^*]", "喂*喂**，你**在**，我**不知***~~~"):
        print(m)
<re.Match object; span=(0, 1), match='喂'>
<re.Match object; span=(2, 3), match='喂'>
<re.Match object; span=(5, 6), match='，'>
<re.Match object; span=(6, 7), match='你'>
<re.Match object; span=(9, 10), match='在'>
<re.Match object; span=(12, 13), match='，'>
<re.Match object; span=(13, 14), match='我'>
<re.Match object; span=(16, 17), match='不'>
<re.Match object; span=(17, 18), match='知'>
<re.Match object; span=(21, 22), match='~'>
<re.Match object; span=(22, 23), match='~'>
<re.Match object; span=(23, 24), match='~'>
```

可以看到，这里就匹配了所有不是星号的字符。需要注意的是，由于方括号内只表示一个字符，所以用来表示重复的特殊字符“*”“+”和“？”以及后面要介绍的“|”在这里都会失去含义，这时，它们就不再需要转义了。当然，写了转义也不会出问题。具体实例如下（在模式字符串中使用了转义字符）：

```
>>> for m in re.finditer(r"[^\*]", r"喂*喂\\**，你**在**，我**不知***~~~"):
        print(m)
<re.Match object; span=(0, 1), match='喂'>
<re.Match object; span=(2, 3), match='喂'>
<re.Match object; span=(3, 4), match='\\'>
<re.Match object; span=(4, 5), match='\\'>
<re.Match object; span=(7, 8), match='，'>
<re.Match object; span=(8, 9), match='你'>
<re.Match object; span=(11, 12), match='在'>
<re.Match object; span=(14, 15), match='，'>
```

```
<re.Match object; span=(15, 16), match='我'>
<re.Match object; span=(18, 19), match='不'>
<re.Match object; span=(19, 20), match='知'>
<re.Match object; span=(23, 24), match='~'>
<re.Match object; span=(24, 25), match='~'>
<re.Match object; span=(25, 26), match='~'>
```

由于记忆哪些需要转义哪些不需要转义会非常麻烦，所以，为了简化内容，建议初学者对特殊字符全部使用转义。同时，上面这个实例中，我们想要的结果是去掉文本中的所有星号，这时其实不应该使用匹配，而应该使用后面要介绍的模式替换。

不过，并不是所有匹配都可以按一个一个字符来的。比如，要想知道一个网址是不是教育机构或者非营利性组织的，众所周知，判断网址的类型可以看顶级域名，在这里，我们假设所有网站都遵守这个规则，也就是说，教育机构的顶级域名一定是".edu"，非营利性组织的顶级域名一定是".org"。那么，如何判断字符串"你可以在 http://python.org 找到 Python 的详细资料，也可以访问 http://www.xmu.edu.cn 关注厦门大学的最新信息。"中包含多少个教育机构和非营利性组织的网址呢？这时就要用到特殊符号"()"，具体实例如下：

```
>>> for m in re.finditer("(.edu)|(.org)", "你可以在 http://python.org 找到 Python 的详细资料，也可以访问 http://www.xmu.edu.cn 关注厦门大学的最新信息"):
        print(m)
<re.Match object; span=(17, 21), match='.org'>
<re.Match object; span=(54, 58), match='.edu'>
>>> re.search("(.edu)|(.org)", "你可以在 http://python.org 找到 Python 的详细资料，也可以访问 http://www.xmu.edu.cn 关注厦门大学的最新信息")
<re.Match object; span=(17, 21), match='.org'>
>>> re.search("(.edu)|(.org)", "你可以访问 http://www.xmu.edu.cn 关注厦门大学的最新信息，也可以在 http://python.org 找到 Python 的详细资料")
<re.Match object; span=(19, 23), match='.edu'>
```

在括号中的正则表达式被称为一个组，关于组的更多内容将在 13.3 节介绍，在这里读者只需要知道每个组都会被当成一个整体即可。

可以看到，匹配结果里将".edu"和".org"当成了一个整体进行匹配。另外，上面例子在模式字符串中使用了一个新的特殊字符"|"，这个特殊字符表示"或"，它连接的是两个正则表达式，匹配文字只要满足"或"连接的第一个正则表达式，就视为匹配成功，就不再继续匹配另一个正则表达式。具体实例如下：

```
>>> re.search("你好|是我", "你是我啊")
<re.Match object; span=(1, 3), match='是我'>
>>> re.search("你(好|是)我", "你是我啊")
<re.Match object; span=(0, 3), match='你是我'>
>>> re.search("我|我们", "这是我们的歌")
<re.Match object; span=(2, 3), match='我'>
```

在上面这个实例中，前后两条 re.search 语句中的模式字符串就差一对圆括号，却返回了不同的结果，其中的原因是，"|"连接的是两个正则表达式，所以这里第一个 re.search 语句的真实含义是匹配"你好"或者"是我"，那么在原字符串"你是我啊"里面，只存在"是我"，而在第二个 re.search 语句中，圆括号限定了取"或"的范围，"|"连接的两

个正则表达式是“好”和“是”，因此，这个 re.search 语句的真实含义是匹配一个“你”字，一个“好”或者“是”字，以及一个“我”字，等同于“你[好是]我”。最后一个 re.search 语句中，“|”连接的是“我”和“我们”。由于在匹配时，只要满足任何一个就不再匹配，所以匹配出“我”字之后，这个正则表达式就不会再匹配后面的部分。因此，可以得出一个结论，这个正则表达式永远也不可能匹配出“我们”二字。

现在回到前面手机号匹配的场景，要匹配一个 133 开头的 11 位手机号，就可以写作“133[0-9]{8}”。当然，实际使用过程中不可能只匹配 133 一个号段，需要匹配所有可用的号段。通过查询各大运营商使用号段可以知道：13 开头的和 18 开头的，所有号段都能用，也就是 130～139 和 180～189 都有手机号存在；15 和 19 开头的，除了 154 和 194 都可以用；17 开头的，170～178 都可以用；14 开头的，除了 142 和 143 其他都可以用；16 开头的，只有 2、5、6、7 可以用。所以，这个正则表达式可以写成如下形式：

```
1(3[0-9]|4[01456879]|5[0-35-9]|6[2567]|7[0-8]|8[0-9]|9[0-35-9])[0-9]{8}
```

15 开头的号段分成了两个部分，书写时绝对不可以把“5[0-35-9]”书写成“5[0-3,5-9]”。表面上看，这里加了个逗号使得表达式更加易读了。但是，逗号在正则表达式里不是特殊字符，于是它就被视为了一个普通字符，因此，就会导致如下严重错误：

```
>>> re.search("1(3[0-9]|4[01456879]|5[0-3,5-9]|6[2567]|7[0-8]|8[0-9]|9[0-35-9])\
d{8}", "15,11122233")
<re.Match object; span=(0, 11), match='15,11122233'>
```

在正则表达式中，如果每个数字都写成“[0-9]”其实也很麻烦，所以，有一些特殊的记法用来简化它，表 13-1 给出了一些常用的简化记法。

表 13-1　常用的简化记法

记法	匹配内容
\d	匹配一个数字，可以是半角的，也可以是全角的。如果在 ASCII 码中，就等同于[0-9]
\D	除了数字其他都可以匹配，相当于[^0-9]
\w	匹配一个单词字符，在 ASCII 码中相当于[0-9A-Za-z_]。在 Unicode 中，包括所有构成单词的字符，如希腊字符、中文字符等
\W	匹配所有\w 不能匹配的字符，在 ASCII 码中相当于[^0-9A-Za-z_]
\s	所有的空白符，在 ASCII 码中就是[\t\n\r\f\v]。在 Unicode 中，所有显示为空白的字符都可以匹配，如全角的空格
\S	匹配所有\s 不能匹配的字符，在 ASCII 码中相当于[^ \t\n\r\f\v]

在使用过程中，尤其是在表单验证中，不建议使用“\d”来代替“[0-9]”，因为这会使得原本不应该被匹配的内容变得可以匹配，具体实例如下：

```
>>> re.search("1(3[0-9]|4[01456879]|5[0-3,5-9]|6[2567]|7[0-8]|8[0-9]|9[0-35-9])\
d{8}", "155２２２２３３３３")
<re.Match object; span=(0, 11), match='155２２２２３３３３'>
```

一般而言，短信服务提供商会要求输入的短信字符是半角字符，但是，上面例子中使用了“\d”，使得全角字符也被匹配成功，这显然是错误的。所以，表 13-1 中的记法如果无法正确区分包含哪些内容，请尽量不要使用除了“\w”以外的其他简要记法。之所以可以使用“\w”，是因为这个符号通常用来匹配文字，它一般不会引发什么问题。

最后要介绍的特殊字符是出现在方括号外的“^”和写在任意位置的“$”。这两个比较简单，前者用以匹配字符串的开头，如果正则表达式的模式设置为多行模式，它还能匹配每一行的开头。后者用以匹配字符串的结束，在多行模式下，还可以匹配换行符。比如上面例子所示的正则表达式，其实它可以匹配“+8615522223333”，但是，加上“^”就不行了，因为这个符号代表当前位置必须是字符串开头，实例如下：

```
>>> re.search("1(3[0-9]|4[01456879]|5[0-35-9]|6[2567]|7[0-8]|8[0-9]|9[0-35-9])\
d{8}", "+8615522223333")
<re.Match object; span=(3, 14), match='15522223333'>
>>> print(re.search("^1(3[0-9]|4[01456879]|5[0-35-9]|6[2567]|7[0-8]|8[0-9]|9[0-
35-9])\d{8}", "+8615522223333"))
None
```

特别注意一点，“^”只有出现在方括号外才有此含义。如果“^”是出现在方括号里的第一个字符，那么它就表示取反。

13.3 正则表达式的组

正则表达式的组，是用特殊字符“()”包裹起来的正则表达式，在使用过程中，它们被视为一个整体一同使用。不过，这只是组的初级用法。正则表达式中，组的用法非常多，包括捕获组、条件匹配、断言组等。本节将依次介绍这些具有特别功能的组。需要指出的是，13.3.2 节和 13.3.3 节，即“条件匹配”和“断言组”这两部分内容具有一定的难度，读者可以根据自己的需求有选择性地学习。

13.3.1 捕获组

捕获组

在使用正则表达式时，往往不仅需要获知原字符串是否符合某规则，更重要的是从原字符串提取出想要的信息。比如本章开始的例子，就不仅需要验证一条短信息是否包含验证码，还需要将其中的验证码提取出来。这时就需要使用匹配结果中的“捕获组（capture group）”，也可以简称为“捕获”。

在使用正则表达式的分组功能时，每一个括号内的内容就是一个捕获组，其中包含的内容就是捕获的内容。每个组的左括号出现的顺序就是捕获组的编号，编号从 1 开始。第 0 个捕获组则是被匹配的字符串本身，即相当于每个模式字符串都在最外层加一个括号。下面是一个具体实例：

```
>>> import re;
>>> regex = re.compile(r".*验证码.*(?P<code>\d{6,8}).*");
>>> source = "此验证码只用于登录你的微信或更换绑定，验证码提供给他人将导致微信被盗。123456（微信验证码）。再次提醒，请勿转发";
>>> match = regex.search(source) ;
>>> print(match.group(0)) ;
此验证码只用于登录你的微信或更换绑定，验证码提供给他人将导致微信被盗。123456（微信验证码）。再次提醒，请勿转发
>>> print(match.group(1)) ;
123456
>>> print(match.group("code"));
123456
```

在这个实例中，捕获组 1 的正则表达式是“(?P<code>\d{6,8})”，其中，“(?P<组名>)”是给捕获组命名的语法，其含义是，将该组命名为指定的名称，这种分组也称为“具名组”。在检查捕获时，group()函数的参数就可以使用此名称来取代对应的顺序。

在使用 group()函数时，还可以一次取多个捕获，这样将返回一个元组。下面的实例就从 URL 中获取了相关的信息：

```
>>> match = re.search("(((ht|f)tp(s?))\://){1}(www\.|[a-zA-Z]+\.)([a-zA-Z0-9\-
\.]+)\.(com|edu|gov|mil|net|org|biz|info|name|museum|us|ca|uk)(\:[0-9]+)*", "https://
www.xmu.edu.cn")
>>> match.group(1,2,3,4,5,6,7,8)
('https://', 'https', 'ht', 's', 'www.', 'xmu', 'edu', None)
```

事实上，在这个捕获组里，太多的信息是没有用的。如果需要返回指定的信息，除了可以使用“(?P<组名>)”的方式命名，还可以使用非捕获组“(?:)”的方式命名。

非捕获组的意思是，在使用 group()函数或者 groups()函数时，不会将这些内容视为一个捕获。比如上面例子中，“(ht|f)”如果不使用非捕获组，就会出现元组中的第三个值“ht”。如果使用了非捕获组“(?:ht|f)”，就不会有“ht”这个值了，如下面例子所示：

```
>>> match = re.search("((?:(?:ht|f)tp(?:s?))\://){1}(www\.|[a-zA-Z]+\.)([a-zA-Z0-
9\-\.]+)\.(com|edu|gov|mil|net|org|biz|info|name|museum|us|ca|uk)(\:[0-9]+)*",
"https://www.xmu.edu.cn")
>>> match.groups()
('https://', 'www.', 'xmu', 'edu', None)
```

对于非捕获组而言，它只是不产生捕获，圆括号原本的组的含义和用法保持不变。

显而易见的是，在正则表达式中需要分组的内容肯定远多于需要捕获的内容，所以在正常的代码开发过程中，一般都会使用具名组的方式书写。

13.3.2 条件匹配

条件匹配

正则表达式中的组除了包含之前介绍的功能以外，还可以用来限定当前位置的内容是否满足指定条件，这种匹配方法称为“条件匹配”。条件匹配有以下两种情况。

（1）根据前文是否出现某些字符，判断当前位置应当匹配什么值。使用的语法是“(?(前文组的 id/前文组的名字)存在匹配|不存在匹配)”。

（2）在指定位置匹配前文已经出现过的内容，使用的语法是“(?P=前文组的名字)”。

接下来，将分别介绍这两种情况的具体使用方法。

比如在电子邮件应用中，许多电子邮箱地址都使用尖括号包裹，那么在匹配时，假设需求是如果电子邮箱地址包括尖括号则匹配出一对尖括号和邮箱地址，如果电子邮箱地址不包括尖括号则匹配出邮箱地址，如果只有一边有尖括号则不匹配，那么就要写成如下的形式：

```
>>> re.search(r"(<)?(\w+@\w+(?:\.\w+)+)(?(1)>|$)", "<some_email@domain.com>")
<re.Match object; span=(0, 23), match='<some_email@domain.com>'>
>>> re.search(r"(<)?(\w+@\w+(?:\.\w+)+)(?(1)>|$)", "some_email@domain.com")
<re.Match object; span=(0, 21), match='some_email@domain.com'>
>>> print(re.search(r"(<)?(\w+@\w+(?:\.\w+)+)(?(1)>|$)", "some_email@domain.com>"))
None
```

这里使用的语法是“(?(id/组名)存在匹配|不存在匹配)”，也就是正则表达式"(<)?(\w+@\w+(?:\.\w+)+)(?(1)>|$)"的最后一部分“(?(1)>|$)”，它表示的是判断 ID 为 1 的组是否存

在，如果存在，则匹配“>”，如果不存在则匹配行尾“$”。可以看到，匹配结果只包含两种情况，要么是包含尖括号的电子邮箱地址，要么是不包含尖括号的电子邮箱地址。

在正则表达式的组中，不仅可以使用是否存在作为条件进行匹配，还可以使用前面已经捕获的内容进行匹配。比如，要想知道一个字符串的文本内容是否包含另一个字符串，可以使用如下正则表达式进行匹配：

```
>>> re.search("(?P<q>['\"]).*(?P=q)", "'python'")
<re.Match object; span=(0, 8), match="'python'">
>>> re.search("(?P<q>['\"]).*(?P=q)", "'python\"")
>>> re.search("(?P<q>['\"]).*(?P=q)", "\"python\"")
<re.Match object; span=(0, 8), match='"python"'>
```

在上面这个实例中，先匹配了一个具名组 q，其内容是单引号或者双引号，然后在后面使用“(?P=组名)”的语法匹配前面已经出现过的组中的内容，所以，如果前面使用了单引号，那么后面只有出现单引号才能匹配成功，如果前面使用了双引号，那么后面只有出现双引号才能匹配成功。这种匹配方式经常用于匹配 HTML 的语法是否正确，因为在 HTML 中，属性名需要使用引号包裹，但是和 Python 一样，单引号或者双引号只要配对使用就可以。如果需要检查引号是否配对，就必须使用条件匹配的方式。注意，与指定条件匹配不同，这里不能使用编号，只能使用具名组的方式进行匹配。

13.3.3 断言组

断言组

断言（assert）是一种判断，比如“我说你的枪里没有子弹”，这就是一个断言。在正则表达式中，根据判断文本的方向，断言可以分为“先行”和“后行”。根据判断存在还是不存在，断言可以分为“肯定”和“否定”（也可以称为“正向”和“负向”）。所以，正则表达式中的断言一共可以分为 4 种：先行肯定断言、先行否定断言、后行肯定断言以及后行否定断言。接下来，将一一举例介绍。

所谓“后行断言”，指的是被断言的内容出现在断言之后的一种情况。比如，现在银行发送的短信验证码往往都有一个短信编号，那么在匹配短信编号时，就需要使用后行断言。

例如，我们收到一条银行发来的短信，内容为“【某某银行】您正在登录手机银行，短信验证码：330033（短信编号：135361），请勿泄露短信验证码”，现在需要匹配其中的短信验证码。

观察短信编号和验证码不难发现，两者都是一个 6 位的数字。如果使用前文所述的“验证码.*(?P<code>\d{6,8})”就会有如下结果：

```
>>> re.search(r"验证码.*(?P<code>\d{6,8})", "【某某银行】您正在登录手机银行，短信验证码：
330033（短信编号：135361），请勿泄露短信验证码")
<re.Match object; span=(18, 40), match='验证码：330033（短信编号：135361'>
```

实际上，该实例需要匹配的是出现在“验证码”三个字后面的数字。在这里“出现在‘验证码’三个字后面”就是一个断言。断言本身不会产生匹配，也不消耗正在匹配的字符，它只做一个判断。在该实例中，需要匹配的内容在断言的后面，所以这种断言是“后行断言”。再者，需要匹配的是包含“验证码”的字样，所以这种断言是肯定断言。综上所述，该实例所演示的就是“后行肯定断言”，其书写方法如下：

```
>>> re.search(r"(?<=验证码.)(?P<code>\d{6,8})", "【某某银行】您正在登录手机银行，短信验证码：330033（短信编号：135361），请勿泄露短信验证码")
<re.Match object; span=(22, 28), match='330033'>
```

后行肯定断言在书写时，被断言的内容写在后面。在上面这个实例中，“***(?<=验证码.)***(?P<code>\d{6,8})”中的斜体部分就是该断言。前导符“?<=”里，“<”代表这个断言是一个后行断言，为方便记忆，可以视其为一个箭头，指的是被断言内容的方向；“=”代表这个断言是一个肯定断言。断言的内容是“验证码.”这4个字符，其中，“.”按照正则表达式中的含义，可解释为一个任意的字符。

后行肯定断言指的是只有在出现断言内容之后，才能出现需要匹配的内容。比如，在上面这个实例中，符合“(?P<code>\d{6,8})”的字符串及其前四个字符分别是“验证码：330033”和“信编号：135361”。在这里，只有前一个符合断言内容。所以，返回的结果只有短信验证码。

需要注意的是，在Python中后行断言的内容必须是一个定长的字符串，比如下面的断言就不正确：

```
>>> re.search(r"(?<=(验证码)|(短信验证码))(?P<code>\d{6,8}", "【某某银行】您正在登录手机银行，短信验证码：330033（短信编号：135361），请勿泄露短信验证码")
Traceback (most recent call last):
  File "<pyshell#96>", line 1, in <module>
    re.search(r"(?<=(验证码)|(短信验证码))(?P<code>\d{6,8}", "【某某银行】您正在登录手机银行，短信验证码：330033（短信编号：135361），请勿泄露短信验证码")
…
```

上面的断言之所以错误，是因为断言的内容是3个或者5个字符，这是不符合要求的。这里需要说明的是，不是所有语言都要求后行断言的内容是定长字符串，比如JavaScript。

再来看另外一个实例。假设原字符串是“购买时间截至1月10日，下载时间截至1月20日，招标开始时间为1月30日”，现在需要匹配除下载时间以外的其他时间。

这里，显然需要断言的是除下载时间以外的时间，所以这是一个否定断言。要匹配的内容出现在断言“除下载以外”的后面，所以这是一个后行断言。后行否定断言的书写方法如下：

```
>>> for m in re.finditer(r"((?<!下载)时间)(截至)?(?P<time>(\d+月\d+日))", "购买时间截至1月10日，下载时间截至1月20日，招标开始时间为1月30日"):
        print(m.group("time"))
1月10日
1月30日
```

在该实例中，“(***(?<!下载)***时间)(截至)?(?P<time>(\d+月\d+日))”中的斜体部分是断言。该断言的前导符为“?<!”，其中，“<”代表这个断言是一个后行断言；“!”是取非的符号，代表这个断言是一个否定断言。所以，该断言是一个后行否定断言，它意味着在出现断言之后，才可以出现需要匹配的内容“时间”。所以，符合条件的就只有第一个时间和第三个时间。

在学习了后行断言之后，再来看先行断言。所谓“先行断言”就是指先出现需要匹配的内容，再出现需要断言的内容。与后行断言不同，几乎所有常见的语言里，先行断言都不要求断言内容为固定长度，它可以是任意长度。

例如，现在有一个密码要求如下。

（1）可以使用任意字符。

（2）长度必须为 8～12 位。

（3）必须拥有至少一个小写字母。

（4）必须拥有至少一个大写字母。

（5）必须拥有至少一个数字。

现在需要编写一个正则表达式，验证某个输入的字符串是否为符合以上条件的密码。

在这里，可以将这个问题转换为：字符串开始之后，其内容里一定出现过一个大写字母、一个小写字母和一个数字，并且有 8～12 位的限制。

现在一步步书写该问题对应的模式字符串。首先是最简单的，字符串长度为 8～12 位的任意字符，可以写为“^.{8-12}$”，这里必须使用“^”和“$”来限制字符串的开始和结束，否则任何一个长度大于 8 的字符串都可以匹配。

之后，为“^”增加先行断言“必须拥有至少一个小写字母”，由于这里要求的是“必须拥有”，所以书写为肯定断言，使用先导符“=”，即书写为“^***(?=.*[a-z])***.{8,12}$”，同样，斜体部分是断言，观察其前导符“?=”，与后行断言相比，不需要加入“<”。这种断言表示的是，先出现被匹配内容，再出现断言。在表达式“^(?=.*[a-z]).{8,12}$”中，被匹配内容指的是字符串开始符“^”，断言内容指的是“.*[a-z]”，也就是有一个小写字母，至于出现在哪里无所谓。这里不能书写为“[a-z].*”，因为这样写表达的含义是以小写字母开头。

那么，还有两个条件该如何书写呢？可以发现，这里的条件之间都是“与”关系，所以，直接在断言之后再书写断言就可以了。所以整体的正则表达式如下：

```
>>> re.search(r"^(?=.*[a-z])(?=.*[A-Z])(?=.*[0-9]).{8,12}$", "Dd54x76y")
<re.Match object; span=(0, 8), match='Dd54x76y'>
```

这个实例中，断言之间的关系都是“与”关系。如果该实例的后三个条件是“或”关系，那么使用一个断言“(?=.*([a-z]||[0-9][A-Z]))”就能解决，不需要书写三遍。

到目前为止，我们已经介绍了三种断言，按照上述规律，想必不难总结出，还没有介绍的先行否定断言的前导符是“?!”。这里给出一个具体实例，假设原字符串是“Python 是一门非常热门的语言，2020 年，热门指数已经达到了 9%。在其之后的是热门指数为 7% 的 C 语言”，现在需要匹配其中不是“热门指数”的数字。可以看到，所谓“热门指数”在字符串中表现为一个百分数。所以，需要匹配的内容相当于被匹配的数字后面没有百分号。因此应当书写为如下形式：

```
>>> for m in re.finditer(r"\d+(?!%)", "Python 是一门非常热门的语言，2020 年，热门指数已
经达到了 9%。在其之后的是热门指数为 7%的 C 语言"):
        print(m)
<re.Match object; span=(7, 8), match='1'>
<re.Match object; span=(17, 21), match='2020'>
```

13.4 正则表达式的函数

正则表达式的函数

本节介绍正则表达式的使用方法、正则对象和匹配规则、正则对象的常用成员函数、正则表达式里的 match 对象。

13.4.1 正则表达式的使用方法

正则表达式的使用方法主要有两种。一种方法是将模式字符串编译为正则表达式对象（也称“正则对象”），然后每一次都调用正则对象的成员函数对原字符串进行匹配，具体实例如下：

```
>>> import re
>>> pattern = re.compile(r'1[34578]\d{9}')
>>> string = '收件人是林书凡，联系电话为：13612345678'
>>> result = pattern.sub("1**********", string)
>>> print(result)
收件人是林书凡，联系电话为：1**********
```

另一种方法是使用 re 模块里的相关方法直接操作模式字符串和原字符串，具体实例如下：

```
>>> import re
>>> pattern = r'1[34578]\d{9}'
>>> string = '收件人是林书凡，联系电话为：13612345678'
>>> result = re.sub(pattern,'1**********',string)
>>> print(result)
收件人是林书凡，联系电话为：1**********
```

就这两种不同的使用方法而言，如果一个正则表达式需要在程序里大量地重复使用，那么使用编译为正则表达式对象的方法比较合适，因为这样处理效率是最高的；反之，如果一个正则表达式只是在某些指定场合使用，那么直接调用 re 模块里的方法就比较合适，因为这样代码量小，也简单易读。

但是，无论使用哪种方法，它们的方法名和调用参数都差不多。编程者只需要记忆函数名，具体的参数表在使用过程中查看 IDE 的智能提示就可以了。

13.4.2 正则对象和匹配规则

在正则表达式的第一种使用方法中，首先需要使用 re 的 compile()方法将模式字符串编译为正则对象。该方法的原型是“re.compile(pattern, flags=0)”，其中，第二个可选参数 flags 是一个枚举对象，指定了正则表达式所使用的默认规则，比如，在默认规则下，正则表达式是区分大小写的。修改和配置 flags 参数就可以改变这些规则。常用的规则如下。

（1）按 ASCII 码匹配，使用 re.A 或者 re.ASCII。这使得\w、\W、\d、\D、\s、\S 都只匹配 ASCII 码，具体的匹配内容已经在表 13-1 中给出。这种匹配规则可以很好地处理前面所说的半角或者全角问题。使用 re.A 后，就可以看到如下结果：

```
>>> print(re.search("1(3[0-9]|4[01456879]|5[0-3,5-9]|6[2567]|7[0-8]|8[0-9]|9[0-35-9])\d{8}", "155２２２２３３３３", re.A))
```

```
None
>>> re.search("1(3[0-9]|4[01456879]|5[0-3,5-9]|6[2567]|7[0-8]|8[0-9]|9[0-35-9])\
d{8}", "15522223333", re.A)
<re.Match object; span=(0, 11), match='15522223333'>
```

（2）按 Unicode 匹配。新版 Python 的正则表达式本身就是按 Unicode 字符匹配的，所以不需要加任何标记符。由于之前的版本并不是这样，所以 Python 保留了 re.U 使得早期版本的代码在新版编译器中不会失效，但是，在新版的代码中 re.U 基本没有任何意义。

（3）忽略大小写。在默认的匹配过程中，正则表达式是区分大小写的，如果需要忽略，就可以使用 re.I 或者 re. IGNORECASE。在 ASCII 码的情况下，相当于[a-z]可以匹配[A-Z]，反之亦然。

（4）多行匹配。在正常情况下，无论字符串有多少个换行符，正则表达式都将它们视为一行进行处理，其中，换行符被视为一个普通的字符。所以，行首标记符“^”只能匹配字符串索引位置 0，行尾标记符“$”只能匹配字符串索引位置-1，当中所有的换行符都是普通字符。

不过，使用 re.M 或者 re.MULTILINE，行首标记符除了匹配字符串的开头外，还可以匹配每一个换行符的后一个字符，也就是显示出来的字符串的每一行的开头。而行尾标记符除了匹配字符串的结尾以外，还可以匹配换行符的前一个字符，也就是显示出来的字符串的每一行的结尾。这是一个非常常用的匹配方式，请务必牢记。具体实例如下：

```
>>> mobile = re.compile("^1(3[0-9]|4[01456879]|5[0-35-9]|6[2567]|7[0-8]|8[0-9]|9
[0-35-9])\d{8}$", re.A)
>>> print(mobile.search('''13355552222
13344447777
13322224444
'''))
None
>>> mobile = re.compile("^1(3[0-9]|4[01456879]|5[0-35-9]|6[2567]|7[0-8]|8[0-9]|9
[0-35-9])\d{8}$", re.M)
>>> mobile.search('''13355552222
13344447777
13322224444
''')
<re.Match object; span=(0, 11), match='13355552222'>
```

（5）在默认的匹配规则中，特殊字符“.”只能匹配除换行符外的其他所有字符。如果在特殊情况下，希望匹配包括换行符在内的所有字符，就需要使用 re.S 或者 re.DOTALL。

以上就是常用的正则表达式匹配规则，当然还有 re.DEBUG、re.X 和 re.L 等不常用的匹配规则。这些规则的具体使用方法以及生效情况，请参阅对应版本的 Python 帮助文档。

13.4.3 正则对象的常用成员函数

在了解了正则对象后，接下来学习如何使用正则对象的成员函数。在正则对象里，常用的成员函数有 search()、match()、fullmatch()、finditer()、split()和 sub()等。

1. search()函数

在使用的正则表达式过程中，如果仅需要搜索原字符串中是否出现符合条件的文本，就应该使用 search()函数。假设正则对象为 pattern，调用 search()函数的语法如下：

```
pattern.search(string[, pos[, endpos]])
```

其中，第一个参数指的是原字符串，第二个参数指的是字符串的开始位置，第三个参数指的是字符串的结束位置。参数 pos 如果不指定，相当于搜索原字符串。参数 endpos 如果指定了，即搜索从 pos 至 endpos−1 位置的字符串，并且如果 endpos < pos，那么由于字符串切片结果为空，故不会有任何结果返回。由于这两个参数的作用是对原字符串进行切片，所以可以省略，即如果 rx 是一个编译后的正则对象，则 rx.search(string,0,50) 等价于 rx.search(string[0:50])。

search()函数的返回值有两种可能性：如果可以找到对应匹配结果，则返回对应结果；如果不能找到对应匹配结果，则返回 None。具体实例如下：

```
>>> pattern = re.compile("d")
>>> pattern.search("dog")
<re.Match object; span=(0, 1), match='d'>
>>> print(pattern.search("dog", 1))
None
```

需要特别指出的是，根据 Python 语言的 if 语句对真值的判定，只要返回的对象没有特别规定真假，那么，有对象为真，没对象为假。所以，在使用 if 语句判定时，只需要把 search()函数放在 if 的条件部分即可，不需要写额外的判断条件。

2．match()函数

与 search()函数功能相似但是在使用过程中非常容易混淆的是 match()函数，其参数与 search()完全相同，但是，该函数只能从字符串的“开始位置”搜索。观察如下实例：

```
>>> pattern = re.compile("og")
>>> pattern.search("dog")
<re.Match object; span=(1, 3), match='og'>
>>> print(pattern.match("dog"))
None
```

可以看到，在匹配过程中，search()函数可以匹配字符串任何位置出现的、模式字符串所描述的内容，但是 match()函数不行。在单行模式下，match()函数相当于在 search()函数的模式字符串中加入了行首标识符“^”。在多行模式下，match()函数相当于在 search()函数下加入了含断言的行首标识符“(?<!\n)^”。

3．fullmatch()函数

与 match()函数类似的是 fullmatch()函数，它相当于在单行模式下 search()函数中同时加入了行首标记符“^”和行尾标记符“$”，即只有整个字符串都符合条件，才会得到匹配。具体实例如下：

```
>>> pattern = re.compile(r"\w+@\w+(?:\.\w+)+")
>>> pattern.search("我的电子邮箱是 email@domain.com ")
<re.Match object; span=(8, 24), match='email@domain.com'>
>>> print(pattern.fullmatch("我的电子邮箱是 email@domain.com "))
>>> None
>>> pattern.fullmatch("email@domain.com")
<re.Match object; span=(0, 16), match='email@domain.com'>
```

4．findall()和 finditer()函数

在使用 search()、match()、fullmatch()函数时，一次都只能返回一个匹配结果。那么如果需要一次返回多个匹配结果，就需要使用 findall()和 finditer()函数。需要注意的不同点是，findall()函数返回的是一个列表，而 finditer()函数返回的是一个迭代器。这两个函数的搜索模式与 search()函数是完全相同的。并且，如果在使用 findall()函数时指定了多个捕获组，则返回元组的列表。具体实例如下：

```
>>> pattern = re.compile(".")
>>> pattern.findall("dog")
['d', 'o', 'g']
>>> pattern.finditer("dog")
<callable_iterator object at 0x00000236D06B9F40>
>>> pattern = re.compile("(a)(p)")
>>> pattern.findall("apple")
[('a', 'p')]
```

5．split()函数

search()、match()、fullmatch()、findall()和 finditer()五个函数是正则表达式在使用匹配功能时需要用到的函数。但正则表达式的功能远不止此，正则表达式还拥有切割字符串的功能。比如，在某些应用场景下，对于一段文本内容，如果需要将文本按所有标点符号切割，使用字符串的 split()方法就非常麻烦，而使用正则表达式的 split()函数就很简单。split()函数有两个参数，其中，第一个参数是原字符串，第二个可选参数是切割的最大次数，默认值为 0，即无限次。具体实例如下：

```
>>> pattern = re.compile(r"\W+")
>>> pattern.split("使用正则表达式的 split 函数很简单，如图 1-1 所示。")
['使用正则表达式的 split 函数很简单', '如图 1', '1 所示', '']
>>> pattern = re.compile(r"(\W+)")
>>> pattern.split("使用正则表达式的 split 函数很简单，如图 1-1 所示。")
['使用正则表达式的 split 函数很简单', '，', '如图 1', '-', '1 所示', '。', '']
>>> pattern = re.compile(r"(?:\W+)")
>>> pattern.split("使用正则表达式的 split 函数很简单，如图 1-1 所示。")
['使用正则表达式的 split 函数很简单', '如图 1', '1 所示', '']
```

观察上面这个实例，可以发现几个问题。

（1）在按标点符号切割的时候，“\W”的效果并不好，可以看到字符串“图 1-1”应当是一个整体，而在切割时由于“\W”匹配的是非文本字符，所以将“-”也视为标点符号。这再一次说明了本章前面提到的在使用过程中不推荐使用“\W”“\D”等通用字符的正确性。

（2）在使用 split()函数时，分割匹配的正则表达式加括号和不加括号是不一样的。其区别是，如果分割字符串加了括号，那么括号内的内容也将出现在切割后的字符串里。注意观察上面第二次切割的结果字符串，里面出现了标点符号。

（3）如果在使用 split()函数时，必须要使用分组，又不希望切割内容出现在结果中，那么就可以使用前文所介绍的非捕获组，将这些组忽略掉。

6. sub()函数

sub()函数用于替换字符串中的匹配项，假设正则对象为 pattern，则调用 search()函数的语法如下：

```
pattern.sub( repl, string, count=0)
```

其中，第一个参数 repl 表示替换的字符串；第二个参数 string 表示要被替换的原始字符串；第三个参数 count 是可选参数，默认值为 0，如果其值不为 0，则该值意味着最大替换次数，一般不使用。具体实例如下：

```
>>> import re
>>> phone = "0592-123-4567 # 这是一个厦门市的电话号码"
>>> # 删除字符串中的 Python 注释
>>> pattern = re.compile(r'#.*$')
>>> num = pattern.sub("", phone)
>>> print("电话号码是: ",num)
电话号码是:  0592-123-4567
>>> # 删除非数字字符
>>> pattern = re.compile(r'\D')
>>> num = pattern.sub("",phone)
>>> print("电话号码是: ",num)
电话号码是:  05921234567
```

13.4.4 正则表达式里的 match 对象

在表达式里，除了表达式的运算符和操作数以外，最重要的当然就是表达式的返回结果，正则表达式也不例外。正则表达式返回一种名为“match”的结果。比如，search()和 match()函数都会返回一个“match”对象。match 对象本身可以视为 True 值，所以可以直接用在 if()函数的判断语句里。需要注意这个对象里也有一些成员函数，它们也非常常用。

group()函数就是一个最常用的函数，该函数可以直接返回匹配结果里对应组的内容，它的参数是组的编号或者具名组的名称。该函数已经在捕获组里介绍过，这里再重复一次：如果没有参数，返回的是匹配全文；如果只有一个参数，返回的是对应组；如果有多个参数，返回的是对应组的元组。并且，如果捕获组里有具名组，那么还可以用组名代替组的序号。具体实例如下：

```
>>> m = re.match(r"(?P<first_name>\w+) (?P<last_name>\w+)", "Malcolm Reynolds")
>>> m.group()
'Malcolm Reynolds'
>>> m.group(0)
'Malcolm Reynolds'
>>> m.group(1)
'Malcolm'
>>> m.group(2)
'Reynolds'
>>> m.group("first_name")
'Malcolm'
>>> m.group("last_name")
'Reynolds'
>>> m.group(1, "last_name")
('Malcolm', 'Reynolds')
```

当然，也可以使用groups()函数一次性返回所有组的元组，实例如下：

```
>>> m = re.match(r"(?P<first_name>\w+) (?P<last_name>\w+)", "Malcolm Reynolds")
>>> m.groups()
('Malcolm', 'Reynolds')
```

在使用时，有些组其实是不会参与匹配的。比如，匹配一个小数，那么假定小数点不存在，则小数部分也不存在。那么这时，可以使用groups()函数的参数来指定空匹配时的默认值。该参数默认值为None，即返回一个空值。具体实例如下：

```
>>> m = re.match(r"(\d+)\.?(\d+)?", "24")
>>> m.groups()
('24', None)
>>> m.groups('0')
('24', '0')
>>> m.groups('1')
('24', '1')
```

不过，元组往往不太好操作，在操作时我们可能更希望使用字典，这时就可使用groupdict()函数返回一个字典。该函数同样有一个默认参数，其含义等同于groups()函数。具体实例如下：

```
>>> m = re.match(r"(?P<first_name>\w+) (?P<last_name>\w+)", "Malcolm Reynolds")
>>> m.groupdict()
{'first_name': 'Malcolm', 'last_name': 'Reynolds'}
```

13.5 本章小结

正则表达式是大部分编程语言都具有的功能，多用于解析或者验证字符串，如网络爬虫、词法分析和数据合法性检查等。正则表达式的工作原理非常复杂，还有很多内容没有在这里介绍，如“零长度匹配”“贪婪模式”“非贪婪模式”等。读者在学习时，可以暂时“不求甚解”，也就是学会正则表达式的常用方法即可。

正则表达式在实际使用时，需要注意区分静态函数调用和正则对象调用两种方法。在正则表达式只被使用一次的场合，比如某个字符串需要验证是否符合一些规则，可以使用静态函数的方法以减少代码量。在正则表达式需要在代码中被多次重复使用的场合，应当使用正则对象的方式调用，以保证程序的执行效率。

13.6 习题

简答题

1. 正则表达式中的运算符有哪些？
2. 有如下正则表达式：

```
re.search("\\\\\\]", r"在正则表达式中，!\][都是特殊字符")
```

其中，模式字符串里每一个反斜杠的作用是什么？

3. 解读如下正则表达式：

```
1(3[0-9]|4[01456879]|5[0-35-9]|6[2567]|7[0-8]|8[0-9]|9[0-35-9])\d{8}
```

4. 对下面的正则表达式进行修改，使其匹配不出任何结果：

```
re.search(r"(<)?(\w+@\w+(?:\.\w+)+)(?(1)>|$)", "<some_email@domain.com")
```

5. 在多行模式下，如何修改正则表达式，才能让 search()函数与 fullmatch()函数返回相同的操作结果？

6. 书写正则表达式，匹配一个 URL。

7. 书写一个正则表达式，匹配一个日期。

8. 书写一个正则表达式，匹配一个 IP 地址。

9. 书写一个正则表达式，匹配一个闰年。

10. 书写一个正则表达式，匹配一个带国际区号的手机号码。

编程题

1. 现有长字符串：

厦门市　361000　0592
思明区　361000　0592
湖里区　361000　0592
同安区　361100　0592

将其转换为如下格式：

```
{
{city: "厦门市", zip: "361000", cityCode: "0592"},
…
}
```

2. 使用正则表达式，简要模拟 scanf()函数的操作过程。函数原型是 scanf(template, sourceString)。

其中，template 是指包含%d 和%s 的简单模式字符串，读取的是 sourceString 中的内容。可以使用“%d”读取数字，可以使用“%s”读取字符串，返回的是所有%d 和%s 对应内容的元组。

3. 根据以下内容生成一条通信录的记录，记录的具体格式可以自由设计。

```
BEGIN:VCARD
VERSION:3.0
N:张三
ORG:某公司
TITLE:某职位
ADR:某地址
TEL:13355522222
END:VCARD
```

第14章 网络爬虫

网络爬虫是用于网络数据采集的关键技术，它是一种按照一定的规则自动地抓取万维网信息的程序或者脚本，已经被广泛用于互联网搜索引擎和其他需要网络数据的企业。网络爬虫可以自动采集所有能够访问到的页面内容，以获取或更新这些网站的内容。

本章首先介绍网络爬虫的概念，包括什么是网络爬虫、网络爬虫的类型和反爬机制；然后介绍一些网页基础知识；接下来介绍如何使用 Python 实现 HTTP 请求，如何定制 requests 以及如何解析网页；最后给出网络爬虫的具体实例。

14.1 网络爬虫概述

网络爬虫概述

本节介绍什么是网络爬虫、网络爬虫的类型和反爬机制。

14.1.1 什么是网络爬虫

网络爬虫是一个自动提取网页的程序，它为搜索引擎从万维网上下载网页，是搜索引擎的重要组成部分。网络爬虫的工作原理如图 14-1 所示，网络爬虫从一个或若干个初始网页的 URL 开始，获得初始网页上的 URL，在抓取网页的过程中，不断从当前页面上抽取新的 URL 放入队列，直到满足系统的一定停止条件。实际上，网络爬虫的行为和人们访问网站的行为是类似的。举个例子，用户平时到天猫商城购物（PC 端），他的整个活动过程就是打开浏览器→搜索天猫商城→单击链接进入天猫商城→选择所需商品类目（站内搜索）→浏览商品（价格、详情参数、评论等）→单击链接→进入下一个商品页面……周而复始。现在，这个过程不再由用户自己手动完成，而是由网络爬虫自动完成。

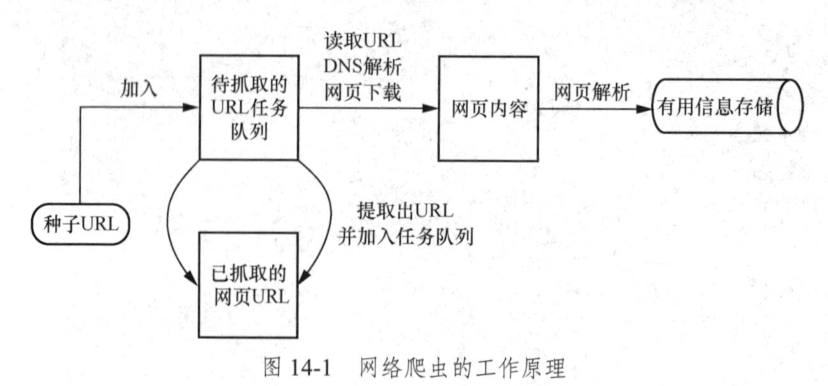

图 14-1 网络爬虫的工作原理

14.1.2　网络爬虫的类型

网络爬虫可以分为通用网络爬虫、聚焦网络爬虫、增量式网络爬虫和深层网络爬虫。

（1）通用网络爬虫。通用网络爬虫又称“全网爬虫（scalable web crawler）”，爬取对象从一些种子 URL 扩充到整个 Web，该架构主要为门户站点搜索引擎和大型 Web 服务提供商采集数据。通用网络爬虫的结构大致包括页面爬取模块、页面分析模块、链接过滤模块、页面数据库、URL 队列和初始 URL 集合。为提高工作效率，通用网络爬虫会采取一定的爬取策略。常用的爬取策略有深度优先策略和广度优先策略。

（2）聚焦网络爬虫。聚焦网络爬虫（focused crawler）又称“主题网络爬虫（topical crawler）”，是指选择性地爬取那些与预先定义好的主题相关的页面的网络爬虫。和通用网络爬虫相比，聚焦网络爬虫只需要爬取与主题相关的页面，极大地节省了硬件和网络资源，保存的页面也由于数量少而更新快，还可以很好地满足一些特定人群对特定领域信息的需求。聚焦网络爬虫的工作流程较为复杂。它需要根据一定的网页分析算法过滤与主题无关的链接、保留有用的链接并将其放入等待抓取的 URL 队列；然后，它将根据一定的搜索策略从队列中选择下一步要爬取的网页 URL，并重复上述过程，直到达到系统的某一条件时停止。另外，所有被爬虫爬取的网页将会被系统存储，接受一定的分析、过滤，并被建立索引，以便用于之后的查询和检索；对于聚焦网络爬虫来说，这一过程所得到的分析结果还可能对以后的抓取过程给出反馈和指导。聚焦网络爬虫常用的策略包括基于内容评价的爬行策略、基于链接结构评价的爬行策略、基于增强学习的爬行策略和基于语境图的爬行策略。

（3）增量式网络爬虫。增量式网络爬虫（incremental web crawler）是指对已下载网页采取增量式更新和只爬行新产生的或者已经发生变化的网页的爬虫，它能够在一定程度上保证所爬取的页面是尽可能新的页面。和周期性爬取和刷新页面的网络爬虫相比，增量式网络爬虫只会在需要的时候爬取新产生或发生更新的页面，并不重新下载没有发生变化的页面，可有效减少数据下载量，及时更新已爬取的网页，减小时间和空间上的耗费，但是增加了爬取算法的复杂度和实现难度。增量式网络爬虫有两个目标：保证本地页面集中存储的页面为最新页面和提高本地页面集中存储的页面的质量。为实现第一个目标，增量式网络爬虫需要通过重新访问网页来更新本地页面集中存储的页面内容。为实现第二个目标，增量式网络爬虫需要对网页的重要性排序，常用的策略包括广度优先策略和 PageRank 优先策略等。

（4）深层网络爬虫。深层网络爬虫将 Web 页面按存在方式分为表层网页（surface web）和深层网页（deep web，也称 invisible web page 或 hidden web）。表层网页是指传统搜索引擎可以索引的、以超链接可以到达的静态网页为主构成的 Web 页面。深层网页是指那些大部分内容不能通过静态链接获取的、隐藏在搜索表单后的、只有用户提交一些关键词才能获得的 Web 页面。深层网络爬虫体系结构包含 6 个基本功能模块（爬行控制器、解析器、表单分析器、表单处理器、响应分析器、LVS 控制器）和两个爬虫内部数据结构（URL 列表、LVS 表）。

14.1.3　反爬机制

为什么会有反爬机制？原因主要有两点：第一，在大数据时代，数据是十分宝贵的财富，很多企业不愿意让自己的数据被别人免费获取，因此，很多企业都为自己的网站运用了反爬机制，防止网页上的数据被爬取；第二，简单低级的网络爬虫数据采集速度快，伪装度低，如果没有反爬机制，它们可以很快地抓取大量数据，甚至因请求过多造成网站服务器不能正常工作，影响企业的业务开展。

反爬机制也是一把双刃剑，一方面可以保护企业网站和网站数据，另一方面，如果反爬机制过于严格，可能会误伤到真正的用户请求，即真正用户的请求被误当成网络爬虫而被拒绝访问。如果既要和网络爬虫“死磕”，又要保证很低的误伤率，那么就会增加网站研发的成本。

通常而言，伪装度高的网络爬虫速度慢，对服务器造成的负担也相对较小，所以，网站反爬重点针对那种简单粗暴的数据采集。有时反爬机制也会允许伪装度高的网络爬虫获得数据，毕竟伪装度很高的数据采集与真实用户的请求没有太大差别。

14.2 网页基础知识

网页基础知识

在学习网络爬虫相关知识之前，读者需要了解一些基本的网页知识，包括超文本、HTML 和 HTTP 等。

14.2.1 超文本和 HTML

超文本（hypertext）是指使用超链接的方法，把文字和图片信息相互联结，形成具有相关信息的体系。超文本的格式有很多，目前最常使用的是超文本标记语言（Hyper Text Markup Language，HTML），我们平时在网页浏览器里面看到的网页就是由 HTML 解析而成的。下面是网页文件 web_demo.html 的 HTML 源代码：

```
<html>
<head><title>搜索指数</title></head>
<body>
<table>
<tr><td>排名</td><td>关键词</td><td>搜索指数</td></tr>
<tr><td>1</td><td>大数据</td><td>187767</td></tr>
<tr><td>2</td><td>云计算</td><td>178856</td></tr>
<tr><td>3</td><td>物联网</td><td>122376</td></tr>
</table>
</body>
</html>
```

使用网页浏览器（如 IE、Firefox 等）打开这个网页文件，就会看到图 14-2 所示的网页内容。

排名	关键词	搜索指数
1	大数据	187767
2	云计算	178856
3	物联网	122376

图 14-2　网页文件显示效果

14.2.2 HTTP

HTTP 是由万维网协会（World Wide Web Consortium，W3C）和因特网工程任务组

（Internet Engineering Task Force，IETF）共同制定的规范。HTTP 的全称是“Hyper Text Transfer Protocol”，中文名叫作“超文本传输协议”。HTTP 是用于从网络传输超文本数据到本地浏览器的传送协议，它能保证高效而准确地传送超文本内容。

HTTP 是基于“客户端/服务器”架构进行通信的，HTTP 的服务器实现程序有 httpd、nginx 等，客户端的实现程序主要是 Web 浏览器，如 Firefox、IE、Google Chrome、Safari、Opera 等。Web 浏览器和 Web 服务器之间可以通过 HTTP 进行通信。

一个典型的 HTTP 请求过程如图 14-3 所示。

（1）用户在浏览器中输入网址，浏览器向网页服务器发起请求。

（2）Web 服务器接收用户访问请求、处理请求、产生响应（即把处理结果以 HTML 形式返回给浏览器）。

（3）浏览器接收来自 Web 服务器的 HTML 内容，进行渲染以后展示给用户。

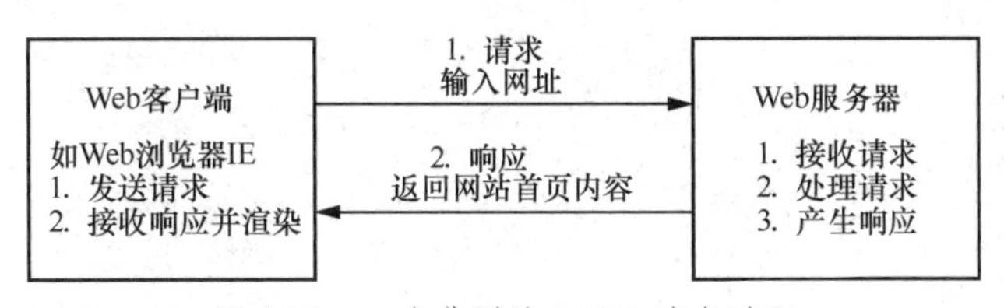

图 14-3　一个典型的 HTTP 请求过程

14.3 用 Python 实现 HTTP 请求

用 Python 实现 HTTP 请求

在网络数据采集中，读取 URL、下载网页是网络爬虫必备而又关键的功能，而这两个功能必然离不开与 HTTP 打交道。本节介绍用 Python 实现 HTTP 请求的 3 种常见方式：urllib 模块、urllib3 模块和 requests 模块。

14.3.1 urllib 模块

urllib 是 Python 自带的模块，该模块提供了一个 urlopen()方法，通过该方法可指定 URL 发送 HTTP 请求来获取数据。urllib 提供了多个子模块，具体名称与功能如表 14-1 所示。

表 14-1　urllib 中的子模块

模块名称	功能
urllib.request	该模块定义了打开 URL（主要是 HTTP）的方法和类，如身份验证、重定向和 cookie 等
urllib.error	该模块主要包含异常类，基本的异常类是 URLError
urllib.parse	该模块定义的功能分为两大类：URL 解析和 URL 引用
urllib.robotparser	该模块用于解析 robots.txt 文件

下面是通过 urllib.request 模块实现发送 GET 请求获取网页内容的实例：

```
>>> import urllib.request
>>> response=urllib.request.urlopen("http://www.baidu.com")
>>> html=response.read()
>>> print(html)
```

下面是通过 urllib.request 模块实现发送 POST 请求获取网页内容的实例：

```
>>> import urllib.parse
>>> import urllib.request
>>> # 1.指定url
>>> url = 'https://fanyi.baidu.com/sug'
>>> # 2.发起POST请求之前，要处理POST请求携带的参数
>>> # 2.1 将POST请求封装到字典
>>> data = {'kw':'苹果',}
>>> # 2.2 使用parse模块中的urlencode(返回值类型是字符串类型)进行编码处理
>>> data = urllib.parse.urlencode(data)
>>> # 将步骤2.2的编码结果转换成byte类型
>>> data = data.encode()
>>> # 3.发起POST请求:urlopen()函数的data参数表示的就是经过处理之后的POST请求携带的参数
>>> response = urllib.request.urlopen(url=url,data=data)
>>> data = response.read()
>>> print(data)
b'{"errno":0,"data":[{"k":"\\u82f9\\u679c","v":"\\u540d.
  apple"},{"k":"\\u82f9\\u679c\\u56ed","v":"apple
  grove"},{"k":"\\u82f9\\u679c\\u5934","v":"apple
  head"},{"k":"\\u82f9\\u679c\\u5e72","v :"[\\u533b]dried
  apple"},{"k":"\\u82f9\\u679c\\u6728","v":"applewood"}]}'
```

把上面print(data)执行的结果拿到JSON在线格式校验网站进行处理，使用“Unicode转中文”功能可以得到如下结果：

```
b'{"errno":0,"data":[{"k":"\苹\果","v":"\名. apple"},{"k":"\苹\果\园","v":"apple
grove"},{"k":"\苹\果\头","v":"apple head"},{"k":"\苹\果\干","v":"[\医]dried apple"},{"k":
"\苹\果\木","v":"applewood"}]}'
```

14.3.2 urllib3模块

urllib3是一个功能强大、条理清晰、用于HTTP客户端的Python库，许多Python的原生系统已经开始使用urllib3模块。urllib3模块提供了Python标准库里所没有的很多重要特性，包括线程安全、连接池、客户端SSL/TLS验证、文件分部编码上传、协助处理重复请求和HTTP重定位、支持压缩编码、支持HTTP和SOCKS代理、100%测试覆盖率等。

在使用urllib3模块之前，需要打开一个cmd命令界面，使用如下命令进行安装：

```
> pip install urllib3
```

下面是通过GET请求获取网页内容的实例：

```
>>> import urllib3
>>> #需要一个PoolManager实例来生成请求，由该实例对象处理与线程池的连接以及线程安全的所有细节，
不需要任何人为操作
>>> http = urllib3.PoolManager()
>>> response = http.request('GET','http://www.baidu.com')
>>> print(response.status)
>>> print(response.data)
```

下面是通过POST请求获取网页内容的实例：

```
>>> import urllib3
>>> http = urllib3.PoolManager()
```

```
>>> response = http.request('POST',
            'https://fanyi.baidu.com/sug'
            ,fields={'kw':'苹果',})
>>> print(response.data)
```

14.3.3 requests 模块

requests 模块是一个非常好用的 HTTP 请求库，可用于网络请求和网络爬虫等。

在使用 requests 模块之前，需要打开一个 cmd 命令界面，使用如下命令进行安装：

```
> pip install requests
```

以 GET 请求方式为例，打印多种请求信息的代码如下：

```
>>> import requests
>>> response = requests.get('http://www.baidu.com')  #对需要爬取的网页发送请求
>>> print('状态码:',response.status_code)  #打印状态码
>>> print('url:',response.url)  #打印请求 URL
>>> print('header:',response.headers)  #打印头部信息
>>> print('cookie:',response.cookies)  #打印 cookie 信息
>>> print('text:',response.text)  #以文本形式打印网页源码
>>> print('content:',response.content)  #以字节流形式打印网页源码
```

以 POST 请求方式发送 HTTP 网页请求的示例代码如下：

```
>>> #导入模块
>>> import requests
>>> #表单参数
>>> data = {'kw':'苹果',}
>>> #对需要爬取的网页发送请求
>>> response = requests.post('https://fanyi.baidu.com/sug',data=data)
>>> #以字节流形式打印网页源码
>>> print(response.content)
```

14.4 定制 requests

定制 requests

通过前面的学习，我们已经可以爬取网页的 HTML 代码数据了，但有时候我们需要对 requests 的参数进行设置，才能顺利获取我们需要的数据，包括传递 URL 参数、定制请求头和设置网络超时等。

14.4.1 传递 URL 参数

为了请求特定的数据，我们需要在统一资源定位符（Uniform Resource Locator，URL）的查询字符串中加入一些特定数据。这些数据一般会跟在一个问号后面，并且以键值对的形式放在 URL 中。在 requests 中，我们可以直接把这些参数保存在字典中，用 params 构建到 URL 中。具体实例如下：

```
>>> import requests
>>> base_url = 'http://httpbin.org'
```

```
>>> param_data = {'user':'xmu','password':'123456'}
>>> response = requests.get(base_url+'/get',params=param_data)
>>> print(response.url)
http://httpbin.org/get?user=xmu&password=123456
>>> print(response.status_code)
200
```

14.4.2　定制请求头

在爬取网页的时候，输出的信息中有时候会出现“抱歉，无法访问”等字样，这就表示禁止爬取，需要通过定制请求头 Headers 来解决这个问题。定制请求头是解决 requests 请求被拒绝的方法之一，相当于我们进入这个网页服务器，假装自己本身在爬取数据。请求头 Headers 提供了关于请求、响应或其他发送实体的消息，如果没有定制请求头或请求的请求头和实际网页不一致，就可能无法返回正确结果。

获取一个网页的 Headers 的方法：使用 360、火狐或 Google Chrome 浏览器打开一个网址，在网页上单击鼠标右键，在弹出的快捷菜单中选择“查看元素”，然后刷新网页，再按照图 14-4 所示的步骤，先单击“Network”选项卡，再单击“Doc”，接下来单击“Name”下方的网址，就会出现类似这样的 Headers 信息：

```
    User-Agent:Mozilla/5.0 (Windows NT 6.1; WOW64) AppleWebKit/537.36 (KHTML, like Gecko) Chrome/46.0.2490.86 Safari/537.36
```

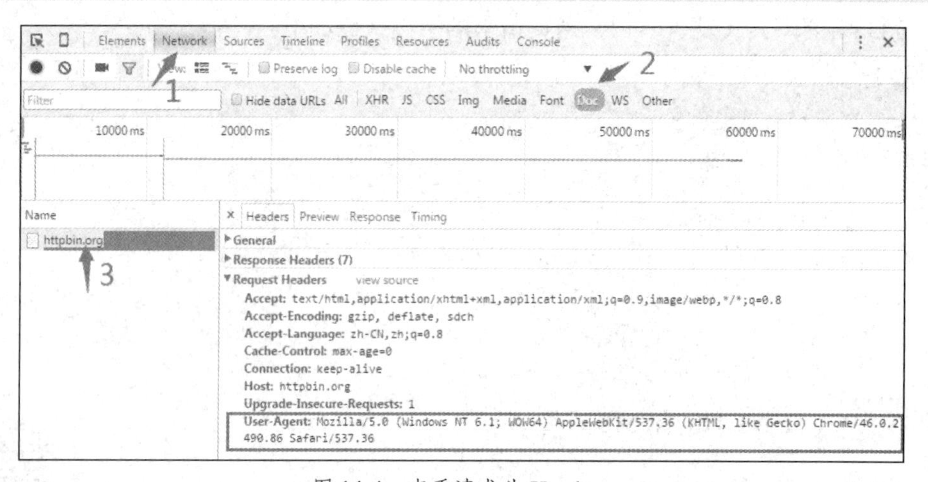

图 14-4　查看请求头 Headers

Headers 中有很多内容，常用的就是“User-Agent”和“Host”，它们是以键值对的形式呈现的，如果把“User-Agent”以字典键值对形式作为 Headers 的内容，往往就可以顺利爬取网页内容。

下面是添加了 Headers 信息的网页请求过程：

```
>>> import requests
>>> url='http://httpbin.org'
>>> # 创建头部信息
>>> headers={'User-Agent':'Mozilla/5.0 (Windows NT 6.1; WOW64) AppleWebKit/537.36 (KHTML, like Gecko) Chrome/46.0.2490.86 Safari/537.36'}
>>> response = requests.get(url,headers=headers)
>>> print(response.content)
```

14.4.3 设置网络超时

网络请求不可避免会遇上请求超时的情况，这个时候，网络数据采集的程序会一直运行等待进程，造成网络数据采集程序不能很好地顺利执行。因此，可以为 requests 的 timeout 参数设定等待秒数，如果服务器在指定时间内没有应答就返回异常。具体代码如下：

```
01  # time_out.py
02  import requests
03  from requests.exceptions import ReadTimeout,ConnectTimeout
04  try:
05      response = requests.get("http://www.baidu.com", timeout=0.5)
06      print(response.status_code)
07  except ReadTimeout or ConnectTimeout:
08      print('Timeout')
```

14.5 解析网页

爬取到一个网页之后，需要对网页数据进行解析，获得我们需要的数据内容。BeautifulSoup 是一个 HTML/XML 的解析器，主要功能是解析和提取 HTML/XML 数据。本节介绍 BeautifulSoup 的使用方法。

14.5.1 BeautifulSoup 简介

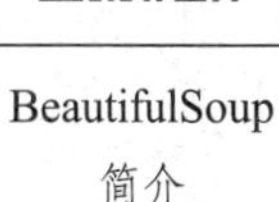
BeautifulSoup
简介

BeautifulSoup 提供一些简单的、Python 式的函数来处理导航、搜索、修改分析树等。BeautifulSoup 是一个工具箱，通过解析文档为用户提供需要抓取的数据，使用它比较简单，不需要多少代码就可以写出一个完整的应用程序。BeautifulSoup 自动将输入文档转换为 Unicode 字符，输出文档转换为 UTF-8 字符。BeautifulSoup 3 已经停止开发，目前推荐使用 BeautifulSoup 4，不过它已经被移植到 bs4 当中了，所以，在使用 BeautifulSoup 4 之前，需要安装 bs4：

```
> pip install bs4
```

使用 BeautifulSoup 解析 HTML 比较简单，API 非常人性化，支持 CSS 选择器、Python 标准库中的 HTML 解析器，也支持 lxml 的 XML 解析器和 HTML 解析器，此外还支持 html5lib 解析器。表 14-2 给出了不同解析器的用法和优缺点。

表 14-2 不同解析器的用法和优缺点

解析器	用法	优点	缺点
Python 标准库	BeautifulSoup(markup,"html.parser")	Python 标准库，执行速度适中	文档容错能力差
lxml 的 HTML 解析器	BeautifulSoup(markup,"lxml")	速度快，文档容错能力强	需要安装 C 语言库
lxml 的 XML 解析器	BeautifulSoup(markup, "lxml-xml") BeautifulSoup(markup,"xml")	速度快，唯一支持 XML 的解析器	需要安装 C 语言库
html5lib	BeautifulSoup(markup, "html5lib")	兼容性好，以浏览器的方式解析文档，生成 HTML5 格式的文档	速度慢，不依赖外部扩展

总体而言，如果需要快速解析网页，建议使用 lxml 解析器；如果使用的 Python 2.x 是

2.7.3 之前的版本，或者使用的 Python 3.x 是 3.2.2 之前的版本，则很有必要安装 html5lib 或 lxml 解析器，因为 Python 内置的 HTML 解析器不能很好地适应这些老版本。

下面给出一个 BeautifulSoup 解析网页的简单实例，使用了 lxml 解析器，在使用之前，需要执行如下命令安装 lxml 解析器：

```
> pip install lxml
```

下面是实例代码：

```
>>> html_doc = """
<html><head><title>BigData Software</title></head>
<p class="title"><b>BigData Software</b></p>
<p class="bigdata">There are three famous bigdata softwares; and their names are
<a href="http://example.com/hadoop" class="software" id="link1">Hadoop</a>,
<a href="http://example.com/spark" class="software" id="link2">Spark</a> and
<a href="http://example.com/flink" class="software" id="link3">Flink</a>;
and they are widely used in real applications.</p>
<p class="bigdata">...</p>
"""
>>> from bs4 import BeautifulSoup
>>> soup = BeautifulSoup(html_doc,"lxml")
>>> content = soup.prettify()
>>> print(content)
<html>
 <head>
  <title>
   BigData Software
  </title>
 </head>
 <body>
  <p class="title">
   <b>
    BigData Software
   </b>
  </p>
  <p class="bigdata">
   There are three famous bigdata softwares; and their names are
   <a class="software" href="http://example.com/hadoop" id="link1">
    Hadoop
   </a>
   ,
   <a class="software" href="http://example.com/spark" id="link2">
    Spark
   </a>
   and
   <a class="software" href="http://example.com/flink" id="link3">
    Flink
   </a>
   ;
and they are widely used in real applications.
  </p>
  <p class="bigdata">
   ...
  </p>
 </body>
</html>
```

如果要更换解析器，比如要使用 Python 标准库的解析器，只需要把上面实例中的“soup = BeautifulSoup(html_doc,"lxml")”这行代码替换成如下代码即可：

```
soup = BeautifulSoup(html_doc,"html.parser")
```

14.5.2 BeautifulSoup 四大对象

BeautifulSoup 将复杂 HTML 文档转换成一个复杂的树形结构，每个节点都是 Python 对象，所有对象可以归纳为四种：Tag、NavigableString、BeautifulSoup、Comment。

1．Tag

Tag 就是 HTML 中的一个个标签，例如：

```
<title>BigData Software</title>
<a href="http://example.com/hadoop" class="software" id="link1">Hadoop</a>
```

上面的<title>、<a>等标签加上里面的内容就是 Tag，利用 soup 加标签名可以轻松地获取这些标签的内容。作为演示，我们可以在 14.5.1 节的实例代码之后继续执行以下代码：

```
>>> print(soup.a)
<a class="software" href="http://example.com/hadoop" id="link1">Hadoop</a>
>>> print(soup.title)
<title>BigData Software</title>
```

Tag 有两个重要的属性，即 name 和 attrs。下面继续执行如下代码：

```
>>> print(soup.name)
[document]
>>> print(soup.p.attrs)
{'class': ['title']}
```

如果想要单独获取某个属性，比如要获取 class 属性的值，可以执行如下代码：

```
>>> print(soup.p['class'])
['title']
```

还可以利用 get()方法获得属性的值，代码如下：

```
>>> print(soup.p.get('class'))
['title']
```

2．NavigableString

NavigableString 对象用于操纵字符串。在网页解析时，已经得到了标签的内容以后，如果我们想获取标签内部的文字，则可以使用.string 方法，其返回值就是一个 NavigableString 对象，具体实例如下：

```
>>> print(soup.p.string)
BigData Software
>>> print(type(soup.p.string))
<class 'bs4.element.NavigableString'>
```

3．BeautifulSoup

BeautifulSoup 对象表示的是一个文档的全部内容，大部分时候，可以把它当作 Tag 对象，即一个特殊的 Tag。例如，可以分别获取它的类型、名称以及属性：

```
>>> print(type(soup.name))
<class 'str'>
>>> print(soup.name)
[document]
>>> print(soup.attrs)
{}
```

4. Comment

Comment 对象是一种特殊类型的 NavigableString 对象，输出的内容不包括注释符号。如果处理不好，它可能会对文本处理造成意想不到的麻烦。为了演示 Comment 对象，这里重新创建一个代码文件 bs4_example.py：

```
01  # bs4_example.py
02  html_doc = """
03  <html><head><title>The Dormouse's story</title></head>
04  <p class="title"><b>The Dormouse's story</b></p>
05  <p class="story">Once upon a time there were three little sisters; and their names were
06  <a href="http://example.com/elsie" class="sister" id="link1"><!-- Elsie --></a>,
07  <a href="http://example.com/lacie" class="sister" id="link2">Lacie</a> and
08  <a href="http://example.com/tillie" class="sister" id="link3">Tillie</a>;
09  and they lived at the bottom of a well.</p>
10  <p class="story">...</p>
11  """
12  from bs4 import BeautifulSoup
13  soup = BeautifulSoup(html_doc,"lxml")
14  print(soup.a)
15  print(soup.a.string)
16  print(type(soup.a.string))
```

该代码文件的执行结果如下：

```
<a class="sister" href="http://example.com/elsie" id="link1"><!-- Elsie --></a>
Elsie
<class 'bs4.element.Comment'>
```

从上面执行结果可以看出，a 标签里的内容“<!-- Elsie -->”实际上是注释，但是使用语句 print(soup.a.string)输出它的内容以后会发现，注释符号被去掉了，只输出了“Elsie”，这可能会给我们带来不必要的麻烦。另外，我们打印输出它的类型，发现它是一个 Comment 类型。

通过上面的介绍，我们已经了解了 BeautifulSoup 的基本概念，现在的问题是，如何从 HTML 中找到我们关心的数据呢？BeautifulSoup 提供了两种方式，一种是遍历文档树，另一种是搜索文档树，我们通常把这两者结合起来完成查找任务。

14.5.3 遍历文档树

遍历文档树就是从根节点 html 标签开始遍历，直到找到目标元素为止。

遍历文档树

1. 直接子节点

(1) .contents 属性

Tag 对象的.contents 属性可以将某个 Tag 的子节点以列表的方式输出，当然，列表会允许用索引的方式来获取列表中的元素。下面是示例代码：

```
>>> html_doc = """
<html><head><title>BigData Software</title></head>
<p class="title"><b>BigData Software</b></p>
<p class="bigdata">There are three famous bigdata softwares; and their names are
<a href="http://example.com/hadoop" class="software" id="link1">Hadoop</a>,
<a href="http://example.com/spark" class="software" id="link2">Spark</a> and
<a href="http://example.com/flink" class="software" id="link3">Flink</a>;
and they are widely used in real applications.</p>
<p class="bigdata">...</p>
"""
>>> from bs4 import BeautifulSoup
>>> soup = BeautifulSoup(html_doc,"lxml")
>>> print(soup.body.contents)
[<p class="title"><b>BigData Software</b></p>, '\n', <p class="bigdata">There are
three famous bigdata softwares; and their names are
<a class="software" href="http://example.com/hadoop" id="link1">Hadoop</a>,
<a class="software" href="http://example.com/spark" id="link2">Spark</a> and
<a class="software" href="http://example.com/flink" id="link3">Flink</a>;
and they are widely used in real applications.</p>, '\n', <p class="bigdata">...</p>, '\n']
```

可以使用索引的方式来获取列表中的元素：

```
>>> print(soup.body.contents[0])
<p class="title"><b>BigData Software</b></p>
```

（2）.children 属性

Tag 对象的.children 属性是一个迭代器，可以使用 for 循环进行遍历，代码如下：

```
>>> for child in soup.body.children:
        print(child)
```

上面代码的执行结果如下：

```
<p class="title"><b>BigData Software</b></p>


<p class="bigdata">There are three famous bigdata softwares; and their names are
<a class="software" href="http://example.com/hadoop" id="link1">Hadoop</a>,
<a class="software" href="http://example.com/spark" id="link2">Spark</a> and
<a class="software" href="http://example.com/flink" id="link3">Flink</a>;
and they are widely used in real applications.</p>


<p class="bigdata">...</p>
```

2．所有子孙节点

在获取所有子孙节点时，可以使用.descendants 属性。与 Tag 对象的.contents 属性和.children 属性仅包含 Tag 对象的直接子节点不同，该属性是将 Tag 对象的所有子孙节点进行递归循环，然后生成生成器。示例代码如下：

```
>>> for child in soup.descendants:
        print(child)
```

上面代码的执行结果较多，因此这里没有给出。在执行结果中，所有的节点都会被打印出来，先生成最外层的 html 标签，再从 head 标签一个个剥离，依次类推。

3．节点内容

（1）Tag 对象内没有标签的情况

```
>>> print(soup.title)
<title>BigData Software</title>
>>> print(soup.title.string)
BigData Software
```

（2）Tag 对象内有一个标签的情况

```
>>> print(soup.head)
<head><title>BigData Software</title></head>
>>> print(soup.head.string)
BigData Software
```

（3）Tag 对象内有多个标签的情况

```
>>> print(soup.body)
<body><p class="title"><b>BigData Software</b></p>
<p class="bigdata">There are three famous bigdata softwares; and their names are
<a class="software" href="http://example.com/hadoop" id="link1">Hadoop</a>,
<a class="software" href="http://example.com/spark" id="link2">Spark</a> and
<a class="software" href="http://example.com/flink" id="link3">Flink</a>;
and they are widely used in real applications.</p>
<p class="bigdata">...</p>
</body>
```

从上面的执行结果中可以看出，body 标签内有多个 p 标签，这时如果使用.string 获取子节点内容，就会返回 None，代码如下：

```
>>> print(soup.body.string)
None
```

也就是说，如果 Tag 包含了多个子节点，Tag 就无法确定.string 应该调用哪个子节点的内容，因此.string 的输出结果是 None。这时应该使用.strings 属性或.stripped_strings 属性，它们获得的都是一个生成器，示例代码如下：

```
>>> print(soup.strings)
<generator object Tag._all_strings at 0x0000000002C4D190>
```

可以使用 for 循环对生成器进行遍历，代码如下：

```
>>> for string in soup.strings:
        print(repr(string))
```

上面代码的执行结果如下：

```
'BigData Software'
'\n'
'BigData Software'
'\n'
'There are three famous bigdata softwares; and their names are\n'
'Hadoop'
',\n'
'Spark'
```

```
' and\n'
'Flink'
';\nand they are widely used in real applications.'
'\n'
'...'
'\n'
```

使用 Tag 对象的.stripped_strings 属性，可以获得去掉空白行的标签内的众多内容，示例代码如下：

```
>>> for string in soup.stripped_strings:
        print(string)
```

上面代码的执行结果如下：

```
BigData Software
BigData Software
There are three famous bigdata softwares; and their names are
Hadoop
,
Spark
and
Flink
;
and they are widely used in real applications.
...
```

4．直接父节点

使用 Tag 对象的.parent 属性可以获得父节点，使用 Tag 对象的.parents 属性可以获得从父到根的所有节点。

下面是获取标签的父节点：

```
>>> p = soup.p
>>> print(p.parent.name)
body
```

下面是获取内容的父节点：

```
>>> content = soup.head.title.string
>>> print(content)
BigData Software
>>> print(content.parent.name)
title
```

Tag 对象的.parents 属性，得到的也是一个生成器：

```
>>> content = soup.head.title.string
>>> print(content)
BigData Software
>>> for parent in content.parents:
        print(parent.name)
```

上面语句的执行结果如下：

```
title
head
html
[document]
```

5．兄弟节点

可以使用Tag对象的.next_sibling属性和.previous_sibling属性分别获取下一个兄弟节点和上一个兄弟节点。需要注意的是，实际文档中Tag的.next_sibling属性和.previous_sibling属性通常是字符串或空白，因为空白或者换行也可以被视作一个节点，所以得到的结果可能是空白或者换行。示例代码如下：

```
>>> print(soup.p.next_sibling)
# 此处返回为换行
>>> print(soup.p.prev_sibling)
None  #没有前一个兄弟节点，返回 None
>>> print(soup.p.next_sibling.next_sibling)
<p class="bigdata">There are three famous bigdata softwares; and their names are
<a class="software" href="http://example.com/hadoop" id="link1">Hadoop</a>,
<a class="software" href="http://example.com/spark" id="link2">Spark</a> and
<a class="software" href="http://example.com/flink" id="link3">Flink</a>;
and they are widely used in real applications.</p>
```

6．全部兄弟节点

可以使用Tag对象的.next_siblings属性和.previous_siblings属性对当前的兄弟节点迭代输出，示例代码如下：

```
>>> for next in soup.a.next_siblings:
        print(repr(next))
```

执行结果如下：

```
',\n'
<a class="software" href="http://example.com/spark" id="link2">Spark</a>
' and\n'
<a class="software" href="http://example.com/flink" id="link3">Flink</a>
';\nand they are widely used in real applications.'
```

7．前后节点

Tag对象的.next_element属性和.previous_element属性，用于获得不分层次的前后元素，示例代码如下：

```
>>> print(soup.head.next_element)
<title>BigData Software</title>
```

8．所有前后节点

使用Tag对象的.next_elements属性和.previous_elements属性可以向前或向后解析文档内容，示例代码如下：

```
>>> for element in soup.a.next_elements:
        print(repr(element))
```

执行结果如下：

```
'Hadoop'
',\n'
<a class="software" href="http://example.com/spark" id="link2">Spark</a>
```

```
'Spark'
' and\n'
<a class="software" href="http://example.com/flink" id="link3">Flink</a>
'Flink'
';\nand they are widely used in real applications.'
'\n'
<p class="bigdata">...</p>
'...'
'\n'
```

14.5.4 搜索文档树

搜索文档树

搜索文档树通过指定标签名来搜索元素，另外还可以通过指定标签的属性值来精确定位某个节点元素，最常用的两个方法就是 find()和 find_all()。这两个方法在 BeatifulSoup 对象和 Tag 对象上都可以被调用。

1．find_all()方法

find_all()方法搜索当前 Tag 的所有子节点，并判断是否符合过滤器的条件，它的函数原型如下：

```
find_all( name , attrs , recursive , text , **kwargs )
```

find_all()方法的返回值是一个标签组成的列表，方法调用非常灵活，所有的参数都是可选的。

（1）name 参数

name 参数可以查找所有名字为 name 的标签，字符串对象会被自动忽略掉。

① 传入字符串

查找所有名字为 a 的标签，代码如下：

```
>>> print(soup.find_all('a'))
[<a class="software" href="http://example.com/hadoop" id="link1">Hadoop</a>, <a
class="software" href="http://example.com/spark" id="link2">Spark</a>, <a class="software"
href="http://example.com/flink" id="link3">Flink</a>]
```

② 传入正则表达式

如果传入正则表达式作为参数，BeautifulSoup 会通过正则表达式的 match()来匹配内容。下面的例子中我们要找出所有以 b 开头的标签，这意味着<body>和<b>标签都应该被找到：

```
>>> import re
>>> for tag in soup.find_all(re.compile("^b")):
        print(tag)
```

执行结果如下：

```
<body><p class="title"><b>BigData Software</b></p>
<p class="bigdata">There are three famous bigdata softwares; and their names are
<a class="software" href="http://example.com/hadoop" id="link1">Hadoop</a>,
<a class="software" href="http://example.com/spark" id="link2">Spark</a> and
<a class="software" href="http://example.com/flink" id="link3">Flink</a>;
and they are widely used in real applications.</p>
<p class="bigdata">...</p>
</body>
<b>BigData Software</b>
```

③ 传入列表

如果传入参数是列表，BeautifulSoup 将与列表中任一元素匹配的内容返回。下面代码会找到文档中所有<a>标签和<b>标签：

```
>>> print(soup.find_all(["a","b"]))
[<b>BigData Software</b>, <a class="software" href="http://example.com/hadoop"
id="link1">Hadoop</a>, <a class="software" href="http://example.com/spark" id="link2">
Spark</a>, <a class="software" href="http://example.com/flink" id="link3">Flink</a>]
```

④ 传入 True

传入 True 可以找到所有的标签。下面的例子是在文档树中查找所有包含 id 属性的标签，无论 id 的值是什么：

```
>>> print(soup.find_all(id=True))
[<a class="software" href="http://example.com/hadoop" id="link1">Hadoop</a>, <a
class="software" href="http://example.com/spark" id="link2">Spark</a>, <a class="software"
href="http://example.com/flink" id="link3">Flink</a>]
```

⑤ 传入方法

如果没有合适的过滤器，那么还可以定义一个方法，方法只接受一个元素参数，如果这个方法返回 True，表示当前元素匹配并且被找到，否则返回 False。下面的例子对当前元素进行校验，如果包含 class 属性却不包含 id 属性，将返回 True：

```
>>> def has_class_but_no_id(tag):
        return tag.has_attr('class') and not tag.has_attr('id')
```

将这个方法作为参数传入 find_all()方法，将得到所有<p>标签：

```
>>> print(soup.find_all(has_class_but_no_id))
[<p class="title"><b>BigData Software</b></p>, <p class="bigdata">There are three
famous bigdata softwares; and their names are
<a class="software" href="http://example.com/hadoop" id="link1">Hadoop</a>,
<a class="software" href="http://example.com/spark" id="link2">Spark</a> and
<a class="software" href="http://example.com/flink" id="link3">Flink</a>;
and they are widely used in real applications.</p>, <p class="bigdata">...</p>]
```

（2）keyword 参数

通过 name 参数可搜索标签的名称，如 a、head、title 等。如果要通过标签内属性的值来搜索，则要通过键值对的形式来指定，实例如下：

```
>>> import re
>>> print(soup.find_all(id='link2'))
[<a class="software" href="http://example.com/spark" id="link2">Spark</a>]
>>> print(soup.find_all(href=re.compile("spark")))
[<a class="software" href="http://example.com/spark" id="link2">Spark</a>]
```

使用多个指定名字的参数可以同时过滤标签的多个属性：

```
>>> soup.find_all(href=re.compile("hadoop"), id='link1')
[<a class="software" href="http://example.com/hadoop" id="link1">Hadoop</a>]
```

如果指定的 key 是 Python 的关键字，则后面需要加下画线：

```
>>> print(soup.find_all(class_="software"))
[<a class="software" href="http://example.com/hadoop" id="link1">Hadoop</a>, <a
class="software" href="http://example.com/spark" id="link2">Spark</a>, <a class="software"
href="http://example.com/flink" id="link3">Flink</a>]
```

（3）text 参数

text 参数的作用和 name 参数类似,但是 text 参数的搜索范围是文档中的字符串内容(不包含注释），并且完全匹配，当然也接受正则表达式、列表、True，实例如下：

```
>>> import re
>>> print(soup.a)
<a class="software" href="http://example.com/hadoop" id="link1">Hadoop</a>
>>> print(soup.find_all(text="Hadoop"))
['Hadoop']
>>> print(soup.find_all(text=["Hadoop", "Spark", "Flink"]))
['Hadoop', 'Spark', 'Flink']
>>> print(soup.find_all(text="bigdata"))
[]
>>> print(soup.find_all(text="BigData Software"))
['BigData Software', 'BigData Software']
>>> print(soup.find_all(text=re.compile("bigdata")))
['There are three famous bigdata softwares; and their names are\n']
```

（4）limit 参数

可以通过 limit 参数来限制使用 name 参数或者 attrs 参数过滤出来的条目的数量，实例如下：

```
>>> print(soup.find_all("a"))
[<a class="software" href="http://example.com/hadoop" id="link1">Hadoop</a>, <a
class="software" href="http://example.com/spark" id="link2">Spark</a>, <a class="software"
href="http://example.com/flink" id="link3">Flink</a>]
>>> print(soup.find_all("a",limit=2))
[<a class="software" href="http://example.com/hadoop" id="link1">Hadoop</a>, <a
class="software" href="http://example.com/spark" id="link2">Spark</a>]
```

（5）recursive 参数

调用 Tag 的 find_all()方法时，BeautifulSoup 会检索当前 Tag 的所有子孙节点，如果只想搜索 Tag 的直接子节点，可以使用参数 recursive=False，实例如下：

```
>>> print(soup.body.find_all("a",recursive=False))
[]
```

在这个例子中，a 标签都是在 p 标签内的，所以在 body 的直接子节点下搜索 a 标签是无法匹配到 a 标签的。

2. find()方法

find()方法与 find_all()方法的区别是，find_all()方法将所有匹配的条目组合成一个列表，而 find()方法仅返回第一个匹配的条目，除此以外，二者的用法相同。

14.5.5 CSS 选择器

BeautifulSoup 支持大部分的 CSS 选择器，在 Tag 对象或 BeautifulSoup 对象的 select()方法中传入字符串参数，即可使用 CSS 选择器的语法找到标签。

CSS 选择器

（1）通过标签名查找

```
>>> print(soup.select('title'))
[<title>BigData Software</title>]
```

```
>>> print(soup.select('a'))
[<a class="software" href="http://example.com/hadoop" id="link1">Hadoop</a>, <a class="software" href="http://example.com/spark" id="link2">Spark</a>, <a class="software" href="http://example.com/flink" id="link3">Flink</a>]
>>> print(soup.select('b'))
[<b>BigData Software</b>]
```

（2）通过类名查找

```
>>> print(soup.select('.software'))
[<a class="software" href="http://example.com/hadoop" id="link1">Hadoop</a>, <a class="software" href="http://example.com/spark" id="link2">Spark</a>, <a class="software" href="http://example.com/flink" id="link3">Flink</a>]
```

（3）通过 id 名查找

```
>>> print(soup.select('#link1'))
[<a class="software" href="http://example.com/hadoop" id="link1">Hadoop</a>]
```

（4）组合查找

```
>>> print(soup.select('p #link1'))
[<a class="software" href="http://example.com/hadoop" id="link1">Hadoop</a>]
>>> print(soup.select("head > title"))
[<title>BigData Software</title>]
>>> print(soup.select("p > a:nth-of-type(1)"))
[<a class="software" href="http://example.com/hadoop" id="link1">Hadoop</a>]
>>> print(soup.select("p > a:nth-of-type(2)"))
[<a class="software" href="http://example.com/spark" id="link2">Spark</a>]
>>> print(soup.select("p > a:nth-of-type(3)"))
[<a class="software" href="http://example.com/flink" id="link3">Flink</a>]
```

在上面的语句中，"p > a:nth-of-type(n)"的含义是选择 p 标签下面的第 *n* 个 a 标签。

（5）属性查找

查找时还可以加入属性元素，属性需要用中括号包裹起来，注意属性和标签属于同一节点，所以中间不能加空格，否则将无法匹配到。

```
>>> print(soup.select('a[class="software"]'))
[<a class="software" href="http://example.com/hadoop" id="link1">Hadoop</a>, <a class="software" href="http://example.com/spark" id="link2">Spark</a>, <a class="software" href="http://example.com/flink" id="link3">Flink</a>]
>>> print(soup.select('a[href="http://example.com/hadoop"]'))
[<a class="software" href="http://example.com/hadoop" id="link1">Hadoop</a>]
>>> print(soup.select('p a[href="http://example.com/hadoop"]'))
[<a class="software" href="http://example.com/hadoop" id="link1">Hadoop</a>]
```

以上的 select()方法返回的结果都是列表形式，可以以遍历的形式进行输出，然后用 get_text()方法来获取它的内容，实例如下：

```
>>> print(type(soup.select('title')))
<class 'bs4.element.ResultSet'>
>>> print(soup.select('title')[0].get_text())
BigData Software
>>> for title in soup.select('title'):
        print(title.get_text())
```

上面语句的执行结果如下：

```
BigData Software
```

14.6 综合实例

综合实例

为了帮助读者深化对前面知识的理解，这里给出 2 个综合实例，包括采集网页数据保存到文本文件、采集网页数据保存到 MySQL 数据库。

14.6.1 采集网页数据保存到文本文件

访问“古诗文网”（https://so.gushiwen.cn/mingju/）的“名句”，会显示图 14-5 所示的页面，页面上列出了很多名句，单击某一个名句（如“山有木兮木有枝，心悦君兮君不知”），就会出现完整的古诗，如图 14-6 所示。

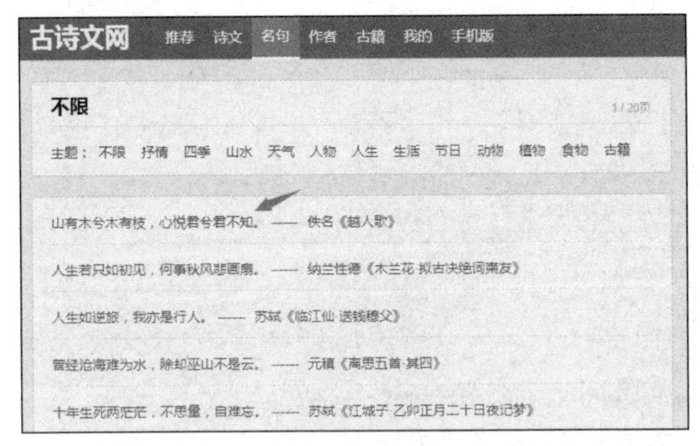

图 14-5 名句页面

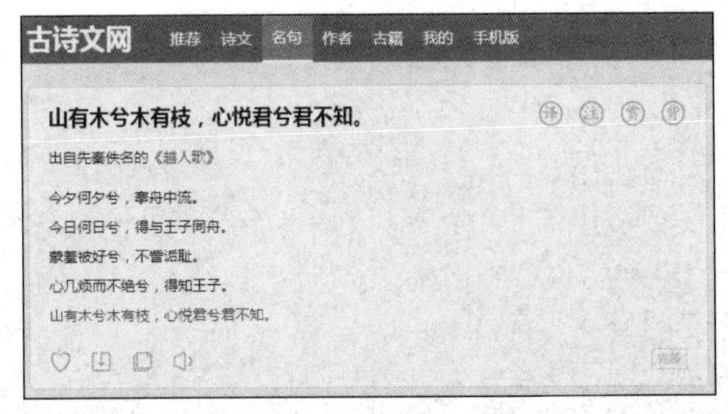

图 14-6 完整古诗页面

下面编写网络爬虫程序，爬取名句页面的内容，保存到一个文本文件中，然后，再爬取每个名句的完整古诗页面，把完整古诗保存到一个文本文件中。可以打开一个浏览器，访问要爬取的网页，然后在浏览器中查看网页源代码，找到诗句内容所在的位置，总结出它们共同的特征，就可以将它们全部提取出来了，具体实现代码如下：

```
01  #parse_poem.py
02  import requests
03  from bs4 import BeautifulSoup
04  import time
05
06  #函数 1：请求网页
07  def page_request(url,ua):
```

```
08        response = requests.get(url,headers = ua)
09        html = response.content.decode('utf-8')
10        return html
11
12   #函数 2：解析网页
13   def page_parse(html):
14        soup = BeautifulSoup(html,'lxml')
15        title = soup('title')
16        sentence = soup.select('div.left > div.sons > div.cont > a:nth-of-type(1)')
17        poet = soup.select('div.left > div.sons > div.cont > a:nth-of-type(2)')
18        sentence_list=[]
19        href_list=[]
20        for i in range(len(sentence)):
21             temp = sentence[i].get_text()+ "---"+poet[i].get_text()
22             sentence_list.append(temp)
23             href = sentence[i].get('href')
24             href_list.append("https://so.gushiwen.org"+href)
25        return [href_list,sentence_list]
26
27   #函数 3：写入文本文件
28   def save_txt(info_list):
29        import json
30        with open(r'C:\\sentence.txt','a',encoding='utf-8') as txt_file:
31            for element in info_list[1]:
32                  txt_file.write(json.dumps(element,ensure_ascii=False)+'\n\n')
33
34   #子网页处理函数：进入并解析子网页/请求子网页
35   def sub_page_request(info_list):
36        subpage_urls = info_list[0]
37        ua = {'User-Agent':'Mozilla/5.0 (Windows NT 6.1; WOW64) AppleWebKit/537.36
(KHTML, like Gecko) Chrome/46.0.2490.86 Safari/537.36'}
38        sub_html = []
39        for url in subpage_urls:
40             html = page_request(url,ua)
41             sub_html.append(html)
42        return sub_html
43
44   #子网页处理函数：解析子网页，爬取诗句内容
45   def sub_page_parse(sub_html):
46        poem_list=[]
47        for html in sub_html:
48             soup = BeautifulSoup(html,' lxml ')
49             poem = soup.select('div.left > div.sons > div.cont > div.contson')
50             poem = poem[0].get_text()
51             poem_list.append(poem.strip())
52        return poem_list
53
54   #子网页处理函数：保存诗句到 txt
55   def sub_page_save(poem_list):
56        import json
57        with open(r'C:\\poems.txt','a',encoding='utf-8') as txt_file:
58             for element in poem_list:
59                  txt_file.write(json.dumps(element,ensure_ascii=False)+'\n\n')
60
61   if __name__ == '__main__':
62        print("****************开始爬取古诗文网站******************")
```

```
63         ua = {'User-Agent':'Mozilla/5.0 (Windows NT 6.1; WOW64) AppleWebKit/537.36
(KHTML, like Gecko) Chrome/46.0.2490.86 Safari/537.36'}
64         for i in range(1,4):
65             url = 'https://so.gushiwen.org/mingju/default.aspx?p=%d&c=&t='%(i)
66             time.sleep(1)
67             html = page_request(url,ua)
68             info_list = page_parse(html)
69             save_txt(info_list)
70             #处理子网页
71             print("开始解析第%d"%(i)+"页")
72             #开始解析名句子网页
73             sub_html = sub_page_request(info_list)
74             poem_list = sub_page_parse(sub_html)
75             sub_page_save(poem_list)
76
77         print("*****************爬取完成********************")
78         print("共爬取%d"%(i*50)+"个古诗词名句，保存在如下路径：C:\\sentence.txt")
79         print("共爬取%d"%(i*50)+"个古诗词，保存在如下路径：C:\\poem.txt")
```

14.6.2 采集网页数据保存到 MySQL 数据库

由于很多网站设计了反爬机制，经常导致爬取网页失败，因此，这里直接采集一个本地网页文件 web_demo.html，它记录了不同关键词的搜索次数排名，其内容如下：

```
<html>
<head><title>搜索指数</title></head>
<body>
<table>
<tr><td>排名</td><td>关键词</td><td>搜索指数</td></tr>
<tr><td>1</td><td>大数据</td><td>187767</td></tr>
<tr><td>2</td><td>云计算</td><td>178856</td></tr>
<tr><td>3</td><td>物联网</td><td>122376</td></tr>
</table>
</body>
</html>
```

参照第 11 章的内容，在 Windows 操作系统中启动 MySQL 后台服务进程，打开 MySQL 命令行界面，执行如下 SQL 语句创建数据库和表：

```
mysql > CREATE DATABASE webdb;
mysql > USE webdb;
mysql > CREATE TABLE search_index(
     -> id int,
     -> keyword char(20),
     -> number int);
```

编写网络爬虫程序，读取网页内容进行解析，并把解析后的数据保存到 MySQL 数据库中，具体代码如下：

```
01  # html_to_mysql.py
02  import requests
03  from bs4 import BeautifulSoup
04
05  # 读取本地 HTML 文件
```

```
06  def get_html():
07       path = 'C:/web_demo.html'
08       htmlfile= open(path,'r')
09       html = htmlfile.read()
10       return html
11
12  # 解析 HTML 文件
13  def parse_html(html):
14       soup = BeautifulSoup(html,'html.parser')
15       all_tr=soup.find_all('tr')[1:]
16       all_tr_list = []
17       info_list = []
18       for i in range(len(all_tr)):
19            all_tr_list.append(all_tr[i])
20       for element in all_tr_list:
21            all_td=element.find_all('td')
22            all_td_list = []
23            for j in range(len(all_td)):
24                 all_td_list.append(all_td[j].string)
25            info_list.append(all_td_list)
26       return info_list
27
28  # 保存数据库
29  def save_mysql(info_list):
30       import pymysql.cursors
31       # 连接数据库
32       connect = pymysql.Connect(
33           host='localhost',
34           port=3306,
35           user='root',  # 数据库用户名
36           passwd='123456',  # 密码
37           db='webdb',
38           charset='utf8'
39       )
40
41       # 获取游标
42       cursor = connect.cursor()
43
44       # 插入数据
45       for item in info_list:
46            id = int(item[0])
47            keyword = item[1]
48            number = int(item[2])
49            sql = "INSERT INTO search_index(id,keyword,number) VALUES ('%d', '%s', %d)"
50            data = (id,keyword,number)
51            cursor.execute(sql % data)
52            connect.commit()
53       print('成功插入数据')
54
55       # 关闭数据库连接
56       connect.close()
57
58  if __name__ =='__main__':
59       html = get_html()
60       info_list = parse_html(html)
61       save_mysql(info_list)
```

执行代码文件，然后到 MySQL 命令行界面执行如下 SQL 语句查看数据：

```
mysql> select * from search_index;
```

可以看到有 3 条数据被成功插入了数据库，如图 14-7 所示。

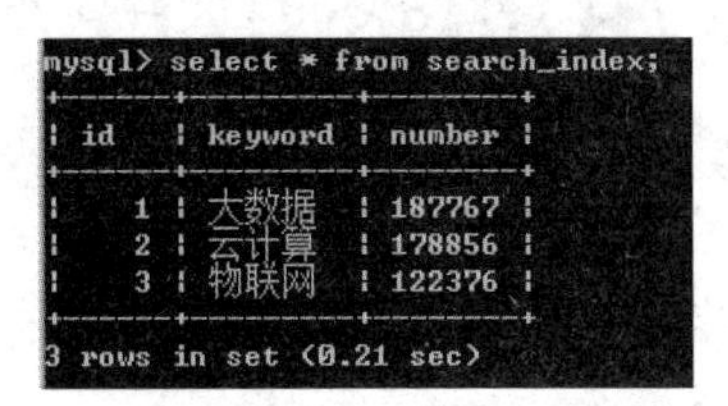

```
mysql> select * from search_index;
+----+---------+--------+
| id | keyword | number |
+----+---------+--------+
|  1 | 大数据  | 187767 |
|  2 | 云计算  | 178856 |
|  3 | 物联网  | 122376 |
+----+---------+--------+
3 rows in set (0.21 sec)
```

图 14-7　search_index 表中的记录

14.7 本章小结

网络爬虫系统的功能是下载网页数据，为搜索引擎系统或需要网络数据的企业提供数据来源。本章介绍了网络爬虫程序的编写方法，主要包括如何请求网页以及如何解析网页。在网页请求环节，需要注意的是，一些网站设置了反爬机制，会导致我们爬取网页失败。在网页解析环节，我们可以灵活运用 BeautifulSoup 提供的各种方法获取我们需要的数据。同时，为了减少程序开发工作量，可以选择包括 Scrapy 在内的一些网络爬虫开发框架编写网络爬虫程序。

14.8 习题

简答题

1. 请阐述什么是网络爬虫。
2. 请阐述网络爬虫有哪些类型。
3. 请阐述什么是反爬机制。
4. 请阐述用 Python 实现 HTTP 请求的常见的 3 种方式。
5. 请阐述如何定制 requests。
6. 请阐述用 BeautifulSoup 解析 HTML 可以使用哪些解析器，各有什么优缺点。

编程题

1. 访问豆瓣电影 Top 250，获取每部电影的中文片名、排名、评分及其对应的链接，按照“排名-中文片名-评分-链接”的格式显示在屏幕上。

2. 访问豆瓣电影 Top 250，在编程题 1 的基础上，获取每部电影的导演、编剧、主演、类型、上映时间、片长、评分人数以及剧情简介等信息，并将获取到的信息保存至本地文件中。

3. 访问微博热搜榜，获取微博热搜榜前 50 条热搜名称、链接及其实时热度，并将获取到的数据通过邮件的形式，每 20 秒发送一次到个人邮箱。

第15章 常用的标准库和第三方库

本章介绍 Python 常用的标准库和第三方库，包括标准库 turtle 库、random 库和 time 库，以及第三方库 PyInstaller 库、jieba 库、wordcloud 库和 Matplotlib 库。标准库是安装 Python 时自带的，不需要额外安装，而第三方库则需要额外安装。

15.1 turtle 库

turtle 库

turtle 库是 Python 语言中一个很流行的绘制图像的函数库。引用 turtle 库的方式有如下三种。

（1）方式 1：使用 import turtle，函数调用时使用的语句格式是 turtle.circle(10)。

（2）方式 2：使用 from turtle import *，函数调用时使用的语句格式是 circle(10)。

（3）方式 3：使用 import turtle as t，函数调用时使用的语句格式是 t.circle(10)。

15.1.1 turtle 库的常用函数

1. 设置画布

设置画布的函数如下：

```
turtle.screensize(canvwidth=None, canvheight=None, bg=None)
```

这个函数中的参数分别为画布的宽（单位是像素）、高、背景颜色，例如：

```
turtle.screensize(800,600, "green")
```

也可以使用如下函数：

```
turtle.setup(width=0.5, height=0.75, startx=None, starty=None)
```

在这个函数中，width、height 表示宽和高，如果输入的值为整数，则表示像素，如果输入的值为小数，则表示占据计算机屏幕的比例。(startx, starty)这一坐标表示矩形窗口左上角顶点的位置，如果为空，则窗口位于屏幕中心。下面是两个实例：

```
turtle.setup(width=0.6,height=0.6)
turtle.setup(width=800,height=800, startx=100, starty=100)
```

2. 设置画笔

可以设置画笔颜色、画线的宽度、画笔的移动速度。

（1）turtle.pensize()：设置画笔的宽度。

（2）turtle.pencolor()：如果没有参数传入，则返回当前画笔颜色，如果有参数传入，则设置画笔颜色，传入的参数可以是字符串，如“green”、“red”，也可以是 RGB 三元组。

（3）turtle.speed(speed)：设置画笔移动速度，画笔绘制的速度范围是[0,10]的整数，数字越大速度越快。

3．绘图函数

表 15-1、表 15-2 和表 15-3 分别给出了常用的画笔运动函数、画笔控制函数和其他函数。

表 15-1　画笔运动函数

函数	说明
turtle.forward(distance)	向当前画笔行进方向移动 distance 像素长度
turtle.backward(distance)	向当前画笔行进相反方向移动 distance 像素长度
turtle.right(degree)	顺时针移动 degree°
turtle.left(degree)	逆时针移动 degree°
turtle.pendown()	移动时绘制图形
turtle.goto(x,y)	将画笔移动到坐标为（x,y）的位置
turtle.penup()	提起笔移动，不绘制图形，用于另起一个地方绘制
turtle.circle()	画圆，半径为正（负），表示圆心在画笔的左边（右边）
turtle. setheading()	设置当前画笔行进方向的角度（角度坐标体系中的绝对角度）

表 15-2　画笔控制函数

函数	说明
turtle.fillcolor(colorstring)	绘制图形的填充颜色
urtle.color(color1, color2)	同时设置 pencolor=color1，fillcolor=color2
turtle.filling()	返回当前是否在填充状态
turtle.begin_fill()	准备开始填充图形
turtle.end_fill()	填充完成
turtle.hideturtle()	隐藏画笔的 turtle 形状
turtle.showturtle()	显示画笔的 turtle 形状

表 15-3　其他函数

函数	说明
turtle.mainloop()或 turtle.done()	启动事件循环程序，调用 Tkinter 的 mainloop()函数
turtle.delay(delay=None)	设置或返回以毫秒为单位的绘图延迟

15.1.2　绘图实例

1．绘制五角星

下面的代码用于绘制一个五角星，绘制效果如图 15-1 所示。

```
01  # five-pointed-star.py
02  from turtle import Turtle
03  p = Turtle()
04  p.speed(3)
05  p.pensize(5)
06  p.color("black", "red")
07  p.begin_fill()
08  for i in range(5):
09        p.forward(200)  #将箭头移到某一指定坐标
10        p.right(144)    #当前方向上向右转动角度
11  p.end_fill()
```

图 15-1　绘制五角星的效果

2．绘制一条蛇

下面的代码用于绘制一条蛇，绘制效果如图 15-2 所示。

```
01  # snake.py
02  import turtle
03  turtle.setup(650,350,200,200)
04  turtle.penup()
05  turtle.forward(-250)
06  turtle.pendown()
07  turtle.pensize(25)
08  turtle.pencolor("purple")
09  turtle.setheading(-40)
10  for i in range(4):
11        turtle.circle(40,80)
12        turtle.circle(-40,80)
13  turtle.circle(40,80/2)
14  turtle.forward(40)
15  turtle.circle(16,180)
16  turtle.forward(40*2/3)
17  turtle.done()
```

图 15-2　绘制一条蛇的效果

3．绘制太阳花

下面的代码用于绘制一朵太阳花，绘制效果如图 15-3 所示。

```
01  # sun-flower.py
02  import turtle
03  import time
```

```
04  turtle.color("red", "yellow")
05  turtle.begin_fill()
06  for i in range(50):
07        turtle.forward(200)
08        turtle.left(170)
09        turtle.end_fill()
10  turtle.mainloop()
```

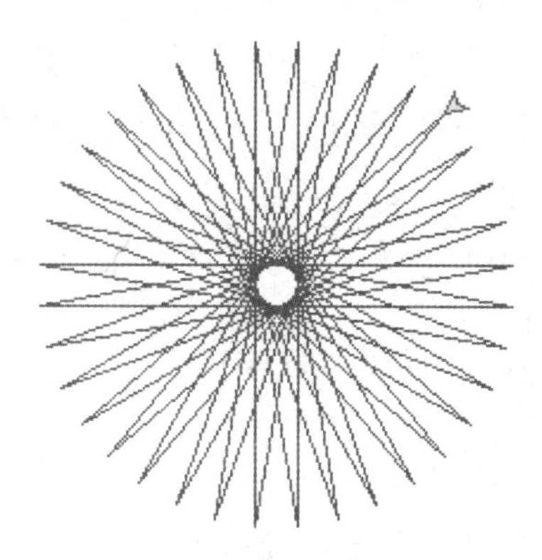

图 15-3 绘制太阳花的效果

15.2 random 库

random 库

random 库是用来生成随机数的 Python 标准库，主要包含如下两类函数。

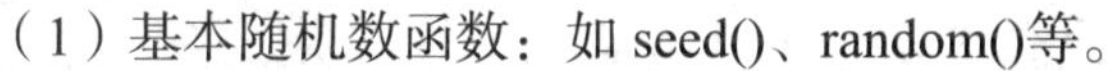

（1）基本随机数函数：如 seed()、random()等。

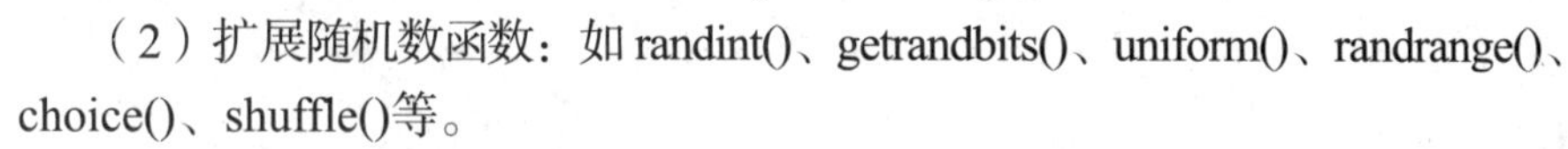

（2）扩展随机数函数：如 randint()、getrandbits()、uniform()、randrange()、choice()、shuffle()等。

15.2.1 基本随机数函数

Python 是通过随机数种子来产生随机数的，只要种子相同，产生的随机序列，无论是每一个数，还是数与数之间的关系，都是确定的，所以随机数种子决定了随机序列的产生。seed()函数用来初始化给定的随机数种子，默认为当前系统时间。具体实例如下：

```
>>> import random
>>> random.seed(8)       #随机数种子取值为 8
>>> random.random()
0.2267058593810488
>>> random.random()
0.9622950358343828
>>> random.seed(8)       #随机数种子取值为 8
>>> random.random()
0.2267058593810488       #生成的随机数可以重现
>>> random.random()
0.9622950358343828       #生成的随机数可以重现
>>> random.seed()        #随机数种子取值为当前系统时间
>>> random.random()
0.9159875847083423
```

```
>>> random.random()
0.9737887393351271
>>> random.seed()       #随机数种子取值为当前系统时间
>>> random.random()
0.1830387102446276      #生成的随机数不可以重现
>>> random.random()     #生成的随机数不可以重现
0.7392871445268515
```

从上面实例可以看出，当随机数种子一样时（比如，都取值为 8），random()产生的随机数是可以重现的。但是，如果不使用随机数种子，seed()函数使用的是当前系统时间，后面产生的结果就是完全不可重现的。

15.2.2 扩展随机数函数

1．randint (*a, b*)

生成一个[*a*,*b*]上的整数，实例如下：

```
>>> import random
>>> random.randint(1,10)
7
```

2．getrandbits (*k*)

生成一个 *k* 比特长的随机整数，实例如下：

```
>>> import random
>>> random.getrandbits(8)
79
```

3．uniform (*a, b*)

生成一个[*a*,*b*]上的随机小数，实例如下：

```
>>> import random
>>> random.uniform(1,10)
8.922182714902174
```

4．randrange (*m, n*[, *k*])

生成一个[*m*,*n*)上以 *k* 为步长的随机整数，当省略 *k* 时，默认步长为 1，实例如下：

```
>>> import random
>>> random.randrange(1,10)
2
>>> random.randrange(1,10)
8
>>> random.randrange(1,10)
3
>>> random.randrange(1,10,2)
5
>>> random.randrange(1,10,2)
1
>>> random.randrange(1,10,2)
3
```

5．choice(seq)

从序列 seq 中随机选择一个元素，实例如下：

```
>>> import random
>>> random.choice([1,2,3,4,5,6,7,8,9])
2
>>> random.choice([1,2,3,4,5,6,7,8,9])
3
>>> random.choice([1,2,3,4,5,6,7,8,9])
4
>>> random.choice([1,2,3,4,5,6,7,8,9])
6
```

6．shuffle(seq)

将序列 seq 中元素随机排列，返回打乱以后的序列，实例如下：

```
>>> import random
>>> s=[1,2,3,4,5,6,7,8,9]
>>> random.shuffle(s)
>>> print(s)
[3, 6, 1, 4, 2, 7, 5, 8, 9]
```

15.3 time 库

time 库

Python 包含若干个能够处理时间的库，time 库就是其中最基本的一个，它是 Python 中处理时间的标准库。time 库能够表达计算机时间，提供获取系统时间并格式化输出的方法，并能够提供系统级精确计时功能。

time 库包含三类函数。

（1）时间获取函数：如 time()、ctime()、gmtime()等。

（2）时间格式化函数：如 strftime()、strptime()等。

（3）程序计时函数：如 sleep()、perf_counter()等。

15.3.1 时间获取函数

1．time()

time()函数用于获取当前时间戳，即当前系统内表示时间的一个浮点数，实例如下：

```
>>> import time
>>> time.time()
1622081846.4055045
```

2．ctime()

ctime()函数用于获取当前时间，并返回一个以人类可读方式表示的字符串，实例如下：

```
>>> import time
>>> time.ctime()
'Thu May 27 10:19:18 2021'
```

3．gmtime()

gmtime()函数用于获取当前时间，并返回计算机可处理的时间格式，实例如下：

```
>>> import time
>>> time.gmtime()
time.struct_time(tm_year=2021, tm_mon=5, tm_mday=27, tm_hour=2, tm_min=20, tm_sec=
30, tm_wday=3, tm_yday=147, tm_isdst=0)
```

15.3.2 时间格式化函数

时间格式化是将时间以合适方式展示出来的方法，类似于字符串的格式化，展示模板由特定格式化控制符组成。

1．strftime(tpl, ts)

tpl 是格式化模板字符串，用来定义输出效果，ts 是系统内部时间类型变量，实例如下：

```
>>> import time
>>> t=time.gmtime()
>>> time.strftime("%Y-%m-%d %H:%M:%S",t)
'2021-05-27 02:48:30'
>>> time.strftime("%Y-%B-%d-%A-%H-%p-%S")
'2021-May-27-Thursday-10-AM-02'
>>> time.strftime("%A-%p")
'Thursday-AM'
>>> time.strftime("%M:%S")
'49:14'
```

时间格式化字符串说明如表 15-4 所示。

表 15-4 时间格式化字符串说明

格式化字符串	日期/时间说明	取值范围和实例
%Y	年份	0000～9999，如 1800
%m	月份	01～12，如 8
%B	月份名称	January～December，如 July
%b	月份名称简写（三个字符）	Jan～Dec，如 Apr
%d	日期	01～31，如 25
%A	星期	Monday～Sunday，如 Tuesday
%a	星期缩写（三个字符）	Mon～Sun，如 Wed
%H	小时（24 小时）	00～23，如 15
%h	小时（12 小时）	01～12，如 9
%p	上/下午	AM/PM，如 AM
%M	分钟	00～59，如 34
%S	秒	00～59，如 42

2．strptime(str, tpl)

str 是字符串形式的时间值，tpl 是格式化模板字符串，用来定义输入效果，实例如下：

```
>>> import time
>>> timeStr='2021-05-27 10:26:21'
>>> time.strptime(timeStr,"%Y-%m-%d %H:%M:%S")
time.struct_time(tm_year=2021, tm_mon=5, tm_mday=27, tm_hour=10, tm_min=26,
tm_sec=21, tm_wday=3, tm_yday=147, tm_isdst=-1)
```

15.3.3 程序计时函数

程序计时是指测量程序从开始到结束所经历的时间，主要包括测量时间和产生时间两部分。time 库提供了一个非常精准的测量时间函数 perf_counter()，该函数可以获取 CPU 以其频率运行的时钟，这个时间往往是以纳秒来计算的，所以这样获取的时间非常精准。time 库提供的产生时间函数 sleep()，可以让程序休眠或产生一段时间。

1．perf_counter()

perf_counter()函数会返回系统运行时间，由于返回值的基准点是未定义的，所以，只有连续调用的结果之间的差值才是有效的。实例如下：

```
>>> import time
>>> start=time.perf_counter()
>>> print(start)
1497.733367483
>>> end=time.perf_counter()
>>> print(end)
1522.141805637
>>> end-start
24.408438154000123
```

2．sleep(s)

在 sleep(s)函数中，s 为休眠时间，单位是秒，可以是浮点数，实例如下：

```
>>> import time
>>> def wait():
        time.sleep(4.5)
>>> wait()
```

3．应用实例

这里使用程序计时函数 perf_counter()和 sleep(s)实现实时显示程序执行进度的效果，具体代码如下：

```
01  #program_process.py
02  import time
03  scale = 40
04  print('执行开始')
05  start = time.perf_counter()
06  for i in range(scale+1):
07      a = '*' * i
08      b = '.' * (scale - i)
09      c = (i / scale) * 100
10      dur = time.perf_counter() - start
11      print("\r{:^3.0f}%[{}->{}]{:.2f}".format(c,a,b,dur))
```

```
12        time.sleep(0.1)
13   print('\n'+'执行结束')
```

上述代码的执行结果如图 15-4 所示。

```
执行开始
 0 %[->........................................]0.00
 2 %[*->.......................................]0.10
 5 %[**->......................................]0.21
 8 %[***->.....................................]0.32
10 %[****->....................................]0.43
12 %[*****->...................................]0.54
15 %[******->..................................]0.65
18 %[*******->.................................]0.76
20 %[********->................................]0.87
22 %[*********->...............................]0.97
25 %[**********->..............................]1.08
28 %[***********->.............................]1.18
30 %[************->............................]1.29
32 %[*************->...........................]1.39
35 %[**************->..........................]1.50
38 %[***************->.........................]1.61
40 %[****************->........................]1.72
42 %[*****************->.......................]1.83
45 %[******************->......................]1.93
48 %[*******************->.....................]2.04
50 %[********************->....................]2.15
52 %[*********************->...................]2.26
55 %[**********************->..................]2.36
57 %[***********************->.................]2.49
60 %[************************->................]2.62
62 %[*************************->...............]2.74
65 %[**************************->..............]2.86
68 %[***************************->.............]2.98
70 %[****************************->............]3.10
72 %[*****************************->...........]3.22
75 %[******************************->..........]3.36
78 %[*******************************->.........]3.49
80 %[********************************->........]3.63
82 %[*********************************->.......]3.74
85 %[**********************************->......]3.87
88 %[***********************************->.....]4.00
90 %[************************************->....]4.12
92 %[*************************************->...]4.24
95 %[**************************************->..]4.36
98 %[***************************************->.]4.50
100%[****************************************->]4.61

执行结束
```

图 15-4　程序执行进度实时显示效果

15.4 PyInstaller 库

PyInstaller 库

PyInstaller库用于将Python源代码文件转换成EXE格式的可执行文件。

在 Windows 操作系统中，打开一个 cmd 命令界面，执行如下命令就可以在 Python 3 环境中安装 PyInstaller 库：

```
> pip install pyinstaller
```

PyInstaller 的常用参数如表 15-5 所示。

表 15-5　PyInstaller 的常用参数

参数	作用
-h	查看帮助
--clean	清理打包过程临时文件
-D	默认值，生成 dist 文件夹
-F	只在 dist 文件夹中生成打包文件
-i<图标文件名.ico>	指定打包文件使用的图标文件

PyInstaller 的最简单的使用方法如下：

```
pyinstaller -F <文件名.py>
```

假设已经有一个代码文件“C:\mycode\hello.py”，里面只有一行代码“print("Hello World")”，可以使用如下命令生成可执行文件：

```
> cd C:\mycode
> pyinstaller -F hello.py
```

执行完上述命令以后，在“C:\mycode”目录下会生成三个新的目录，分别是“__pycache__”“build”和“dist”，进入“dist”目录，里面有一个可执行文件 hello.exe，双击该文件就可以执行。

15.5 jieba 库

jieba 库

15.5.1 jieba 库简介

jieba 库是一款流行的 Python 第三方中文分词库。jieba 分词采用的是基于统计的分词方法，首先给定大量已经分好词的文本，利用机器学习的方法学习分词规律，然后保存训练好的模型，从而实现对新的文本的分词。具体而言，包括如下步骤。

（1）加载自带的字典，生成 trie 树。

（2）给定待分词的句子，使用正则表达式获取连续的中文字符和英文字符，切分成短语列表，对每个短语使用有向无环图（Directed Acyclic Graph，DAG）和动态规划，得到最大概率路径，将 DAG 中那些没有在字典中查到的字组合成一个新的片段短语，使用隐马尔科夫模型（Hidden Markov Model，HMM）进行分词，即识别字典外的新词。

（3）使用 Python 的 yield 语法生成一个词语生成器，逐词语返回。

jieba 中文分词支持三种分词模式。

（1）精确模式：试图将语句进行最精确地切分，不存在冗余数据，适合做文本分析。

（2）全模式：将语句中所有可能是词的词语都切分出来，速度很快，但是存在冗余数据。

（3）搜索引擎模式：在精确模式的基础上，对长词再次切分，提高召回率，适合用于搜索引擎分词。

表 15-6 给出了 jieba 库的常用函数及其说明。

表 15-6　jieba 库的常用函数及其说明

函数	说明
jieba.cut(s)	精确模式，返回一个可迭代的数据类型
jieba.cut(s,cut_all= True)	全模式，输出 s 中的所有可能单词
jieba.cut_for_search(s)	搜索引擎模式
jieba.lcut(s)	精确模式，返回一个列表类型
jieba.lcut(s,cut_all= True)	全模式，返回一个列表类型
jieba.lcut_for_search(s)	搜索引擎模式，返回一个列表类型
jieba.add_word(w)	向分词词典中增加新词 w

15.5.2 jieba 库的安装和使用

在 Windows 操作系统中，打开一个 cmd 命令界面，执行如下命令就可以在 Python 3 环境中安装 jieba 库：

```
> pip install jieba
```

新建一个代码文件 jieba_test.py，内容如下：

```
01  # -*- coding: utf-8 -*-
02  # jieba_test.py
03  import jieba
04  #全模式
05  text ="我来到厦门大学数据库实验室"
06  seg_list = jieba.cut(text, cut_all=True)
07  print(u"[全模式]: ","/ ".join(seg_list))
08
09  #精确模式
10  seg_list = jieba.cut(text, cut_all=False)
11  print(u"[精确模式]: ", "/ ".join(seg_list))
12
13  #默认是精确模式
14  seg_list = jieba.cut(text)
15  print(u"[默认模式]: ", "/ ".join(seg_list))
16
17  #搜索引擎模式
18  seg_list = jieba.cut_for_search(text)
19  print(u"[搜索引擎模式]: ", "/ ".join(seg_list))
```

代码的执行结果如下：

```
[全模式]: 我/ 来到/ 厦门/ 厦门大学/ 大学/ 数据/ 数据库/ 据库/ 实验/ 实验室
[精确模式]: 我/ 来到/ 厦门大学/ 数据库/ 实验室
[默认模式]: 我/ 来到/ 厦门大学/ 数据库/ 实验室
[搜索引擎模式]: 我/ 来到/ 厦门/ 大学/ 厦门大学/ 数据/ 据库/ 数据库/ 实验/ 实验室
```

15.5.3 应用实例

给定一段语句，使用 jieba 中文分词库对语句进行分词，并统计出出现次数排在前 3 位的词语，具体实现代码如下：

```
01  # -*- coding: utf-8 -*-
02  #wordcount.py
03  import jieba
04
05  text="厦门大学设有研究生院、6 个学部以及 30 个学院和 16 个研究院，形成了包括人文科学、社会科学、自然科学、工程与技术科学、管理科学、艺术科学、医学科学等学科门类在内的完备学科体系。学校现有 18 个学科进入 ESI 全球前 1%，拥有 5 个一级学科国家重点学科、9 个二级学科国家重点学科。学校设有 32 个博士后流动站；36 个博士学位授权一级学科，45 个硕士学位授权一级学科；8 个交叉学科；1 个博士专业学位学科授权类别，28 个硕士专业学位学科授权类别。"
06  words = jieba.cut(text)       #使用精确模式对文本进行分词
```

```
07  counts = {}       #通过键值对的形式存储词语及其出现的次数
08
09  for word in words:
10        if len(word) == 1:    #不对单个字的词语进行统计
11              continue
12        else:
13              counts[word] = counts.get(word, 0) + 1  #词语每出现一次，其对应的次数加 1
14
15  items = list(counts.items())
16  items.sort(key=lambda x: x[1], reverse=True)   #根据词语出现的次数进行从大到小排序
17
18  for i in range(3):
19        word, count = items[i]
20        print("{0:<4}{1:>4}".format(word, count))
```

15.6 wordcloud 库

wordcloud 库

wordcloud 是优秀的词云展示第三方库，它可以根据文本中词语出现的频率等参数绘制词云，而且词云的绘制形状、尺寸和颜色都可以设定。

Python 安装好以后，默认是没有安装 wordcloud 库的，需要单独安装。在 Windows 操作系统中打开一个 cmd 命令界面，执行如下命令安装 wordcloud 库：

```
> pip install wordcloud
```

在使用 wordcloud 制作词云时，首先要声明一个 WordCloud 对象，语法如下：

```
w=wordcloud.WordCloud(<参数>);
```

一个 WordCloud 对象 w 可以使用的基本函数如下。

- w.generate()：向 WordCloud 对象中加载文本。
- w.to_file(filename)：将词云输出为图像文件（PNG 或 JPG 格式）。

对于一个 WordCloud 对象 w，可以配置表 15-7 所示的各种参数。

表 15-7　WordCloud 对象 w 的配置参数

参数	描述
width	指定词云对象生成图片的宽度，默认为 400 像素 实例：w=wordcloud.WordCloud(width=500)
height	指定词云对象生成图片的高度，默认为 200 像素 实例：w=wordcloud.WordCloud(height=300)
min_font_size	指定词云中字体的最小字号，默认为 4 号 实例：w=wordcloud.WordCloud(min_font_size=10)
max_font_size	指定词云中字体的最大字号，根据高度自动调节 实例：w=wordcloud.WordCloud(max_font_size=20)
font_step	指定词云中字体字号的步进间隔，默认为 1 实例：w=wordcloud.WordCloud(font_step=2)
font_path	指定文体文件的路径，默认为 None 实例：w=wordcloud.WordCloud(font_path="msyh.ttc")

续表

参数	描述
max_words	指定词云显示的最大单词数量，默认为 200 实例：w=wordcloud.WordCloud(max_words=20)
stop_words	指定词云的排除词列表，即不显示的单词列表 实例：w=wordcloud.WordCloud(stop_words="Python")
mask	指定词云形状，默认为长方形 实例： import imageio　#需要事先安装 imageio 库 mk=imageio.imread("pic.png") w=wordcloud.WordCloud(mask=mk)
background_color	指定词云图片的背景颜色，默认为黑色 实例：w=wordcloud.WordCloud(background_color="white")

绘制词云包含 3 个主要步骤。

（1）配置对象参数。

（2）加载词云文本。

（3）输出文本。

下面是制作词云的简单实例：

```
01  # wordcloud_university.py
02  import jieba
03  import wordcloud
04  txt="厦门大学设有研究生院、6 个学部以及 30 个学院和 16 个研究院，形成了包括人文科学、社会科学、自然科学、工程与技术科学、管理科学、艺术科学、医学科学等学科门类在内的完备学科体系。学校现有 18 个学科进入 ESI 全球前 1% ，拥有 5 个一级学科国家重点学科、9 个二级学科国家重点学科。学校设有 32 个博士后流动站；36 个博士学位授权一级学科，45 个硕士学位授权一级学科；8 个交叉学科；1 个博士专业学位学科授权类别，28 个硕士专业学位学科授权类别。"
05  w=wordcloud.WordCloud(width=1000,font_path="C:\\Windows\\Fonts\\msyh.ttf",height=700)
06  w.generate(" ".join(jieba.lcut(txt)))
07  w.to_file("university.png")
```

程序执行成功后会生成一个名称为“university.png”的词云图片，如图 15-5 所示。

图 15-5　程序执行后生成的词云图片

15.7 Matplotlib 库

Matplotlib 库

Matplotlib 是 Python 最著名的绘图库，它提供了一整套和 Matlab 相似的命令 API，十分适合交互式制图。而且也可以方便地将它作为绘图控件嵌入 GUI 应用程序。Matplotlib 能够创建多种类型的图表，如条形图、散点图、饼图、堆叠图、3D 图和地图图表。

Python 安装好以后，默认是没有安装 Matplotlib 库的，需要单独安装。在 Windows 操作系统中打开一个 cmd 命令界面，执行如下命令安装 Matplotlib 库：

```
> pip install matplotlib
```

下面介绍如何使用 Matplotlib 绘制一些简单的图表。

15.7.1 绘制折线图

首先导入 pyplot 模块：

```
>>> import matplotlib.pyplot as plt
```

接下来，调用 plot()方法绘制一些坐标：

```
>>> plt.plot([1,2,3],[4,8,5])
```

plot()方法需要很多参数，最主要的是前两个参数，分别表示 x 坐标和 y 坐标，比如，上面语句中放入了两个列表[1,2,3]和[4,8,5]，就表示生成了 3 个坐标(1,4)、(2,8)和(3,5)。

下面把图表显示到屏幕上（见图 15-6）：

```
>>> plt.show()
```

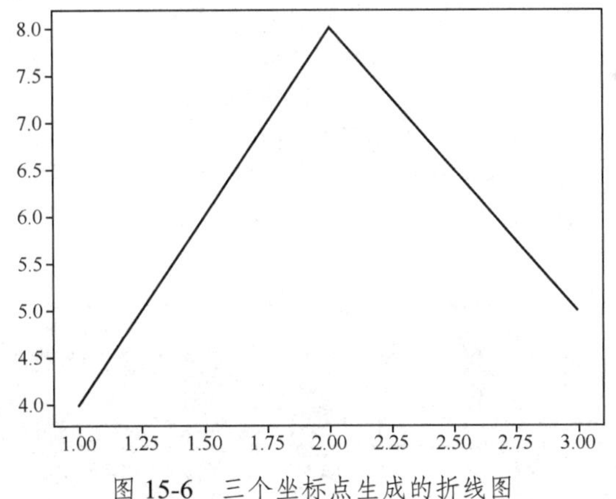

图 15-6　三个坐标点生成的折线图

下面画出两条折线，并且给每条折线设置一个名称（见图 15-7）：

```
>>> x = [1,2,3]          #第 1 条折线的横坐标
>>> y = [4,8,5]          #第 1 条折线的纵坐标
>>> x2 = [1,2,3]         #第 2 条折线的横坐标
>>> y2 = [11,15,13]      #第 2 条折线的纵坐标
>>> plt.plot(x, y, label='First Line')  #绘制第 1 条折线，给折线设置一个名称“First Line”
>>> plt.plot(x2, y2, label='Second Line') #绘制第 2 条折线，给折线设置一个名称“Second Line”
```

```
>>> plt.xlabel('Plot Number')        #给横坐标轴添加名称
>>> plt.ylabel('Important var')      #给纵坐标轴添加名称
>>> plt.title('Graph Example\nTwo lines')  #添加标题
>>> plt.legend()  #添加图例
>>> plt.show()    #显示到屏幕上
```

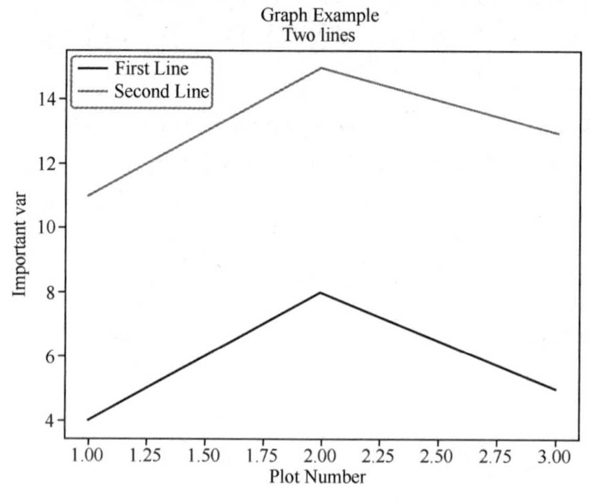

图 15-7　绘制两条折线

15.7.2　绘制条形图

下面演示条形图的绘制方法（见图 15-8）：

```
>>> plt.bar([1,3,5,7,9],[6,3,8,9,2], label="First Bar")    #第 1 个数据系列
>>> #下面的 color='g'，表示设置颜色为绿色
>>> plt.bar([2,4,6,8,10],[9,7,3,6,7], label="Second Bar", color='g')  #第 2 个数据系列
>>> plt.legend()  #添加图例
>>> plt.xlabel('bar number')    #给横坐标轴添加名称
>>> plt.ylabel('bar height')    #给纵坐标轴添加名称
>>> plt.title('Bar Example\nTwo bars!')  #添加标题
>>> plt.show()  #显示到屏幕上
```

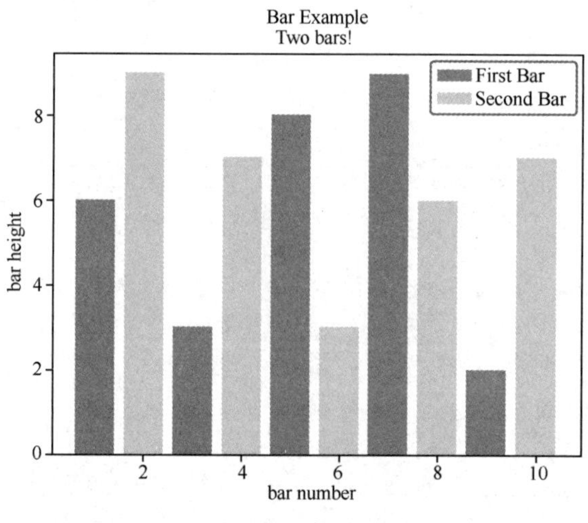

图 15-8　条形图

15.7.3 绘制直方图

下面演示直方图的绘制方法（见图 15-9）：

```
>>> population_ages = [21,57,61,47,25,21,33,41,41,5,96,103,108,
      121,122,123,131,112,114,113,82,77,67,56,46,44,45,47]
>>> bins = [0,10,20,30,40,50,60,70,80,90,100,110,120,130]
>>> plt.hist(population_ages, bins, histtype='bar', rwidth=0.8)
>>> plt.xlabel('x')
>>> plt.ylabel('y')
>>> plt.title('Graph Example\n Histogram')
>>> plt.show()  #显示到屏幕上
```

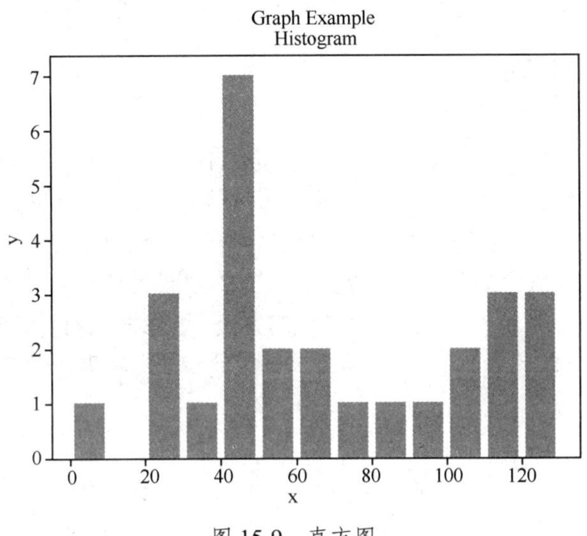

图 15-9　直方图

15.7.4 绘制饼图

下面演示饼图的绘制方法（见图 15-10）：

```
>>> slices = [7,2,2,13]  #即 activities 分别占比 7/24、2/24、2/24、13/24
>>> activities = ['sleeping','eating','working','playing']
>>> cols = ['c','m','r','b']
>>> plt.pie(slices,
        labels=activities,
        colors=cols,
        startangle=90,
        shadow= True,
        explode=(0,0.1,0,0),
        autopct='%1.1f%%')
>>> plt.title('Graph Example\n Pie chart')
>>> plt.show()    #显示到屏幕上
```

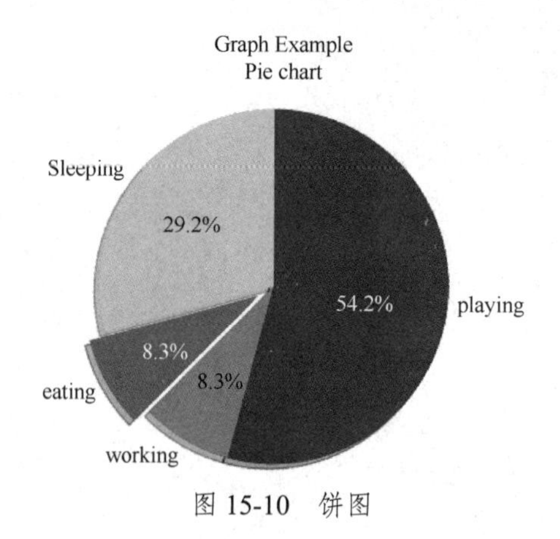

图 15-10　饼图

15.8 本章小结

Python 的标准库和第三方库大大增强了 Python 语言的表达能力。turtle 库是一个入门级的图形绘制函数库，可以帮助我们绘制出各种图像；random 库可以方便快捷地为我们提供随机数；time 库提供了时间获取、时间格式化和程序计时等功能；PyInstaller 库可以将 Python 源代码文件转换成 EXE 格式的可执行文件；jieba 库具有强大的分词功能；wordcloud 是优秀的词云展示第三方库，以词语为基本单位，通过图形可视化的方式，更加直观和艺术地展示文本；Matplotlib 库能够创建多种类型的图表。巧妙使用这些库，可以使我们的编程开发工作事半功倍。

15.9 习题

编程题

1. 使用 turtle 库绘制一组同切圆，如图 15-11 所示。
2. 使用 turtle 库绘制一组同心圆，如图 15-12 所示。
3. 使用 turtle 库绘制一个五角星，如图 15-13 所示。

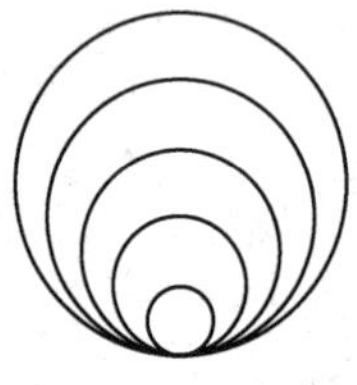
图 15-11　同切圆

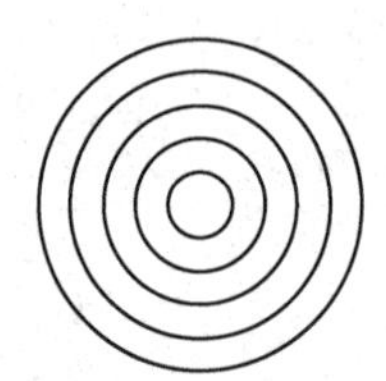
图 15-12　同心圆

图 15-13　五角星

4. 假设有一个文本文件 example.txt，里面只有一行内容“A,B,C,D,E,F,G,H,I,J,K,L,M,N”，请读取文件里的数据并进行随机排序（使用 random 库）。

5. 自己调研 string 库的用法，然后实现用 string 库和 random 库随机生成一个验证码。

6. 设计一个猜数字游戏，由系统随机生成一个数（使用 random 库），然后，让游戏参与者猜数字是多少，如果参与者猜的数字比实际数字大，提醒参与者再猜小一些；如果参与者猜的数字比实际数字小，提醒参与者再猜大一些；如果参与者猜的数字与实际数字相等，祝贺参与者成功猜中。

7. 到高校大数据课程公共服务平台中本书的“下载专区”的“习题/第 15 章常用的标准库和第三方库”目录下把文件 threekingdoms.txt 下载到本地，然后编写程序读取文件中的内容，使用 jieba 库进行分词，最后统计出三国人物的出场次数。

8. 读取第 7 题中的文件 threekingdoms.txt，并使用 wordcloud 库生成一个词云图片。

9. 使用 Matplotlib 库绘制包含两条折线的折线图，如图 15-14 所示。

10. 使用 Matplotlib 库绘制饼图，如图 15-15 所示。

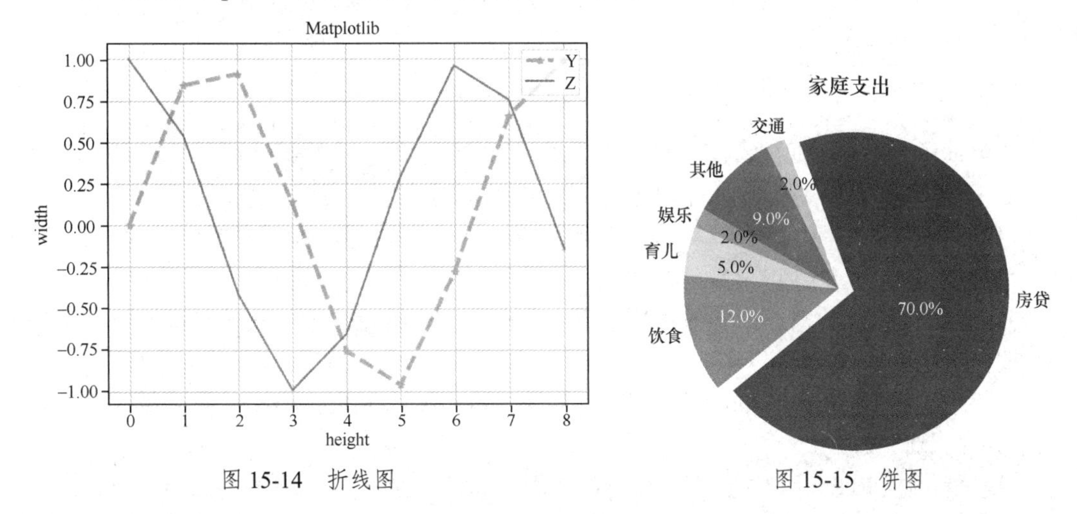

图 15-14　折线图　　　　图 15-15　饼图

11. 假设有两个列表 a 和 b，分别记录了电影名称及其票房收入，请根据 a 和 b 的数据使用 Matplotlib 库绘制条形图，如图 15-16 所示。

```
a = ["流浪地球","复仇者联盟 4:终局之战","哪吒之魔童降世","疯狂的外星人","飞驰人生","蜘蛛侠:英雄远征","扫毒 2 天地对决","烈火英雄","大黄蜂","惊奇队长","比悲伤更悲伤的故事","哥斯拉 2:怪兽之王","阿丽塔:战斗天使","银河补习班","狮子王","反贪风暴 4","熊出没","大侦探皮卡丘","新喜剧之王","使徒行者 2:谍影行动","千与千寻"]
b =[56.01,26.94,17.53,16.49,15.45,12.96,11.8,11.61,11.28,11.12,10.49,10.3,8.75,7.55,7.32,6.99,6.88,6.86,6.58,6.23,5.22]
```

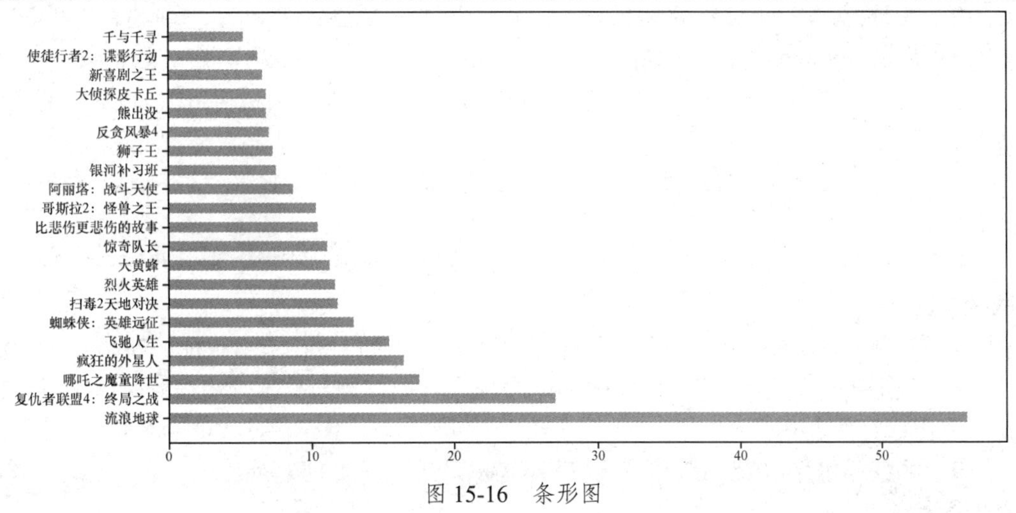

图 15-16　条形图

（注：可以到高校大数据课程公共服务平台本书的“下载专区”的“习题/第 15 章常用的标准库和第三方库”目录下下载文件“列表 a 和 b.txt”。）

参考文献

[1] 林子雨. 大数据技术原理与应用[M]. 3 版. 北京：人民邮电出版社，2021.

[2] 林子雨. 大数据导论[M]. 北京：人民邮电出版社，2020.

[3] 林子雨，郑海山，赖永炫. Spark 编程基础（Python 版）[M]. 北京：人民邮电出版社，2020.

[4] 林子雨. 大数据导论——数据思维、数据能力和数据伦理（通识课版）[M]. 北京：高等教育出版社，2020.

[5] 赖明星. Python Linux 系统管理与自动化运维[M]. 北京：机械工业出版社，2017.

[6] 明日科技. Python 从入门到精通[M]. 北京：清华大学出版社，2018.

[7] 董付国. Python 程序设计基础[M]. 2 版. 北京：清华大学出版社，2018.

[8] 嵩天，礼欣，黄天羽. Python 语言程序设计基础[M]. 2 版. 北京：高等教育出版社，2017.

[9] 王珊，萨师煊. 数据库系统概论[M]. 5 版. 北京：高等教育出版社，2014.

[10] 马瑟斯. Python 编程从入门到实践[M]. 2 版. 袁国忠，译. 北京：人民邮电出版社，2020.

[11] 麦金尼. 利用 Python 进行数据分析[M]. 2 版. 徐敬一，译. 北京：机械工业出版社，2018.

[12] 明日科技. Python 网络爬虫从入门到实践[M]. 长春：吉林大学出版社，2020.

[13] 卢茨. Python 学习手册[M]. 秦鹤，林明，译. 北京：机械工业出版社，2018.

[14] 高博，刘冰，李力. Python 数据分析与可视化从入门到精通[M]. 北京：北京大学出版社，2020.

[15] 约翰逊. Python 科学计算和数据科学应用[M]. 黄强，译. 北京：清华大学出版社，2020.

[16] 陈仲才. Python 核心编程[M]. 3 版. 孙波翔，李斌，李晗，译. 北京：人民邮电出版社，2016.

[17] 李珊. 跟我一起玩 Python 编程[M]. 天津：天津科学技术出版社，2019.

[18] 王宇韬，房宇亮，肖金鑫. Python 金融大数据挖掘与分析全流程详解[M]. 北京：机械工业出版社，2019.

[19] 萨默菲尔德. Python3 程序开发指南[M]. 2 版. 王弘博，孙传庆，译. 北京：人民邮电出版社，2015.